全国公開天文台ガイド

日本公開天文台協会 監修
恒星社厚生閣編集部 編

恒星社厚生閣

望遠鏡で宇宙を見る

すばる望遠鏡の上におうし座の散開星団（プレアデス星団）が見えている。©NAOJ

もっと知りたい！ 宇宙の神秘と謎に挑む すばる望遠鏡 at マウナケア

すばる望遠鏡は、アメリカ・ハワイのマウナケア山頂に建設された口径8・2mの光学赤外線望遠鏡だ。すばる望遠鏡が撮影した美しい天体画像を見てみよう。

赤外線で見た土星の姿

すばる望遠鏡が撮影した土星の赤外線画像。「サーモグラフィー」のような役割も果たすこの画像から、土星リングの明るさや温度が精密に測定された。その結果、可視光線では常に暗いはずの「カッシーニのすき間」などが、赤外線では逆に明るく見えることがあること、そして見え方には大きな季節変化があることが明らかになった。(©NAOJ)

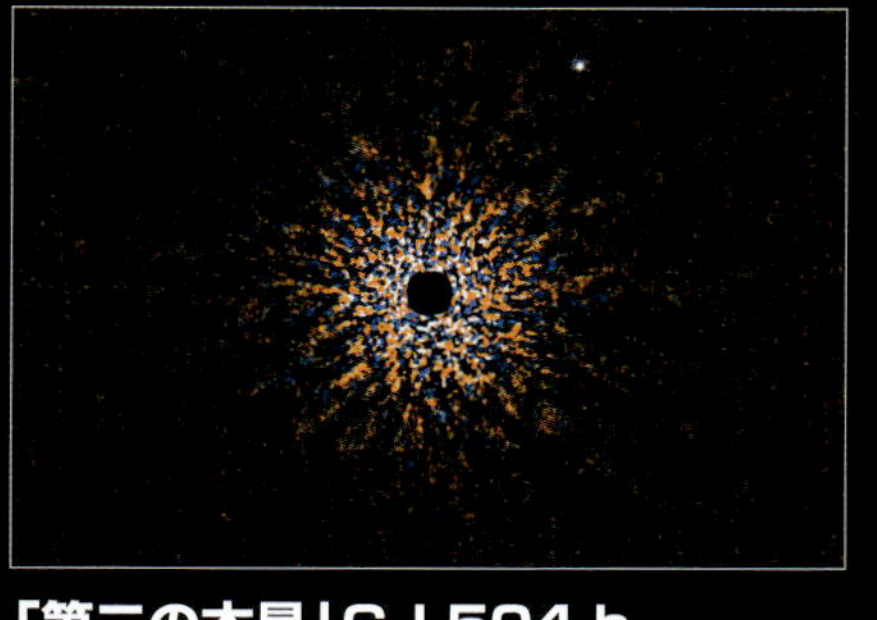

「第二の木星」GJ 504 b

太陽型恒星GJ 504を周回する惑星を世界で初めて直接撮影した赤外線画像。中心星からの明るい光を抑制する「コロナグラフ」という特殊技術により、点状の暗い惑星（画像右上）がくっきりと写し出されている。これまで撮影された惑星の中でも最も暗く低温の惑星の一つであることが分かっており、「第二の木星」の素顔に迫る画像だ。(©NAOJ)

かに星雲M1

かに星雲（M1）は冬の暗い夜空を彩る代表的な惑星状星雲。今からおよそ1000年前の1054年に起こった超新星爆発の残骸で、地球からの距離は約7200光年、大きさは約10光年。藤原定家の書いた日記『明月記』にもこの超新星爆発に関する記述がある。すばる望遠鏡は爆発の残骸であるガスの輝きを詳細に写し出した。(©NAOJ)

星形成領域S106 IRS4

S106は、地球からおよそ2000光年離れた星形成領域。明るい中心付近には、赤外線源IRS4と呼ばれる大質量星がある。その星の年齢は約10万年、質量は太陽の20倍程度。星雲の内部で青く輝いているのは、大質量星が放射する紫外線により周囲の水素ガスが電離して光っているHII領域で、輝線星雲とも呼ばれている。(©NAOJ)

渦巻銀河M81

おおぐま座の方向、地球からおよそ1200万光年の距離にある、私たちの銀河系に最も近い渦巻銀河の一つ。すばる望遠鏡はM81周辺に分布する一つひとつの星を広範囲にわたって写し出すことに成功し、銀河の成長を理解する上でカギを握る外部領域の構造を初めて明らかにした。(©NAOJ)

渦巻銀河NGC 6946

ケフェウス座の方向、地球からおよそ2250万光年の距離にある渦巻銀河。ほぼ正面から観測できるNGC 6946は、銀河の内部構造を調べるのに適した天体で、星形成が活発に進むHII領域が赤く写し出されている。この画像から、星がわずかにしか存在しない領域でも星形成活動が行われていることが明らかになった。(©NAOJ)

望遠鏡で宇宙を見る

もっと知りたい！ 宇宙の神秘と謎に挑む
アルマ望遠鏡 at アカタマ

アルマ望遠鏡は、南米チリの標高5000mの高地に建設された、パラボラアンテナ66台を組み合わせた干渉計方式の巨大電波望遠鏡だ。アルマ望遠鏡がとらえた天体たちの様々な姿を見てみよう。

アンテナの上に輝く天の川（©ESO/B. Tafreshi (twanight.org)）

銀河IC 2163とNGC 2207

アルマ望遠鏡とハッブル宇宙望遠鏡で観測した、銀河IC 2163(左)とNGC 2207(右)。アルマ望遠鏡で観測した一酸化炭素の分布がオレンジで表現されており、衝突しあう銀河での一酸化炭素の分布が詳細に描き出されている。

(©M. Kaufman; B. Saxton (NRAO/AUI/NSF); ALMA (ESO/NAOJ/NRAO); NASA/ESA Hubble Space Telescope)

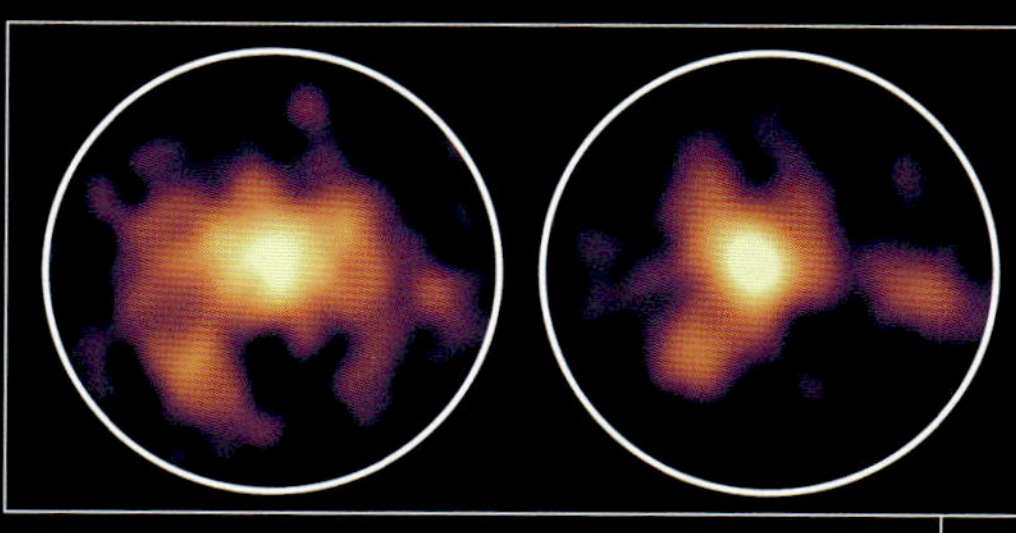

124億光年先のモンスター銀河 COSMOS-AzTEC-1

アルマ望遠鏡で観測したモンスター銀河COSMOS-AzTEC-1。アルマ望遠鏡による観測で、銀河円盤中にある分子ガス(左)と塵(右)の分布をかつてない高い解像度で描き出すことに成功した。中心から少し離れた位置には、2つの大きな塊が見えており、ここでも活発に星が生まれていると考えられている。

(©ALMA (ESO/NAOJ/NRAO), Tadaki et al.)

アルマ望遠鏡がとらえたベテルギウス

オリオン座の1等星ベテルギウスの姿を、アルマ望遠鏡が視力4000を超える超高解像度でとらえた。ベテルギウスは、その一生の終末期である赤色超巨星の段階にあり、太陽のおよそ1400倍の大きさにまでふくらんでいる。アルマ望遠鏡が撮影した画像では、星表面の一部で電波が強くなっており(画像内の白い部分)、周囲より1000度ほど高温になっていることがわかった。また画像左側には、少しふくらんだような構造も見えている。

(©ALMA (ESO/NAOJ/NRAO) /E. O'Gorman/P. Kervella)

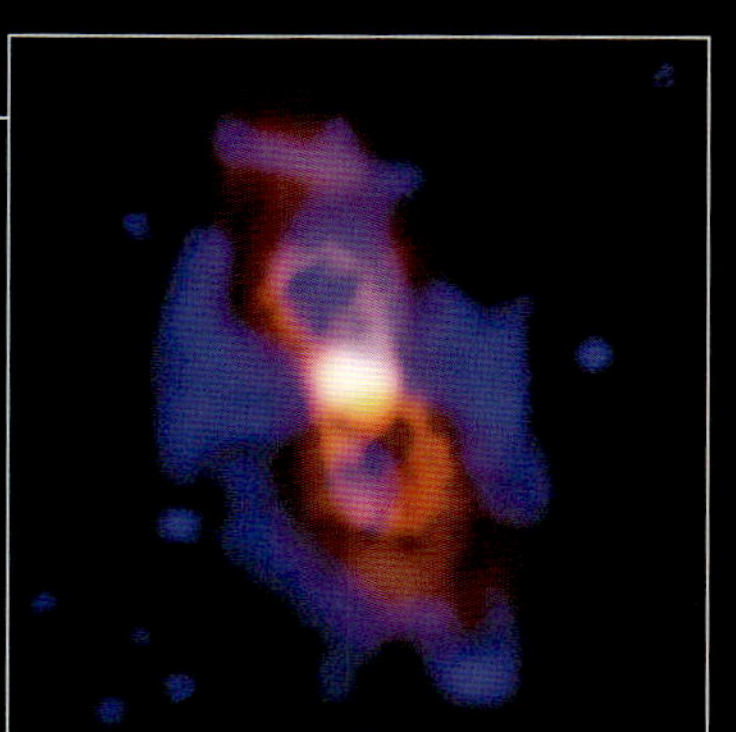

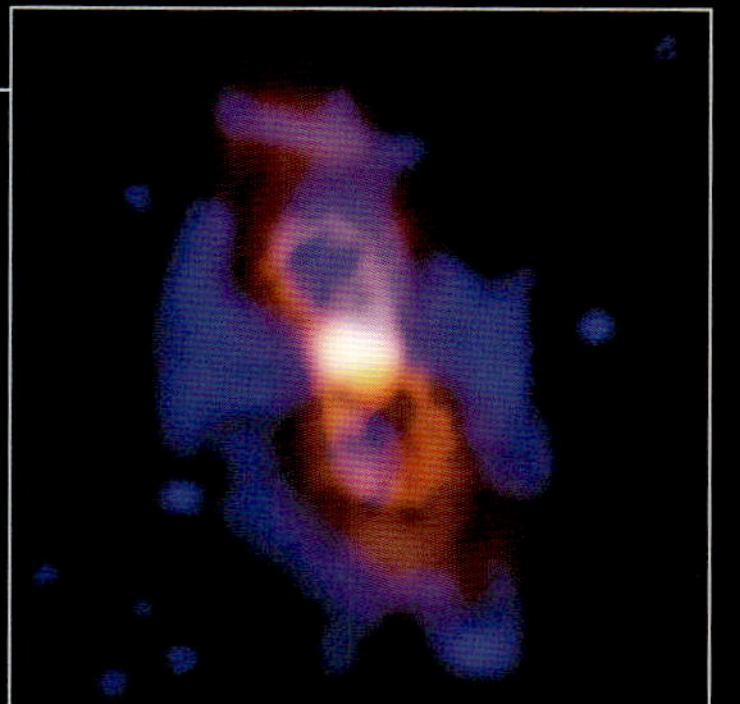

こぎつね座CK星から噴き出したガス

アルマ望遠鏡とジェミニ望遠鏡で観測したこぎつね座CK星。アルマ望遠鏡で検出したフッ化アルミニウムの分布を赤、ジェミニ望遠鏡で検出した水素の光を青で表現している。約350年前に2つの星が衝突したことによって、ガスがまき散らされた。

(©ALMA (ESO/NAOJ/NRAO), T. Kamiński & M. Hajduk; Gemini, NOAO/AURA/NSF; NRAO/AUI/NSF, B. Saxton)

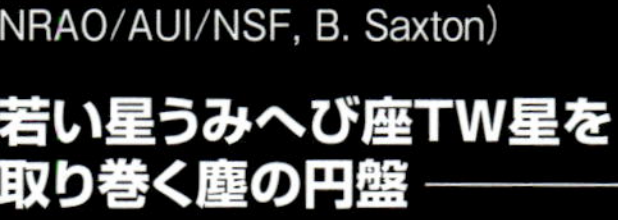

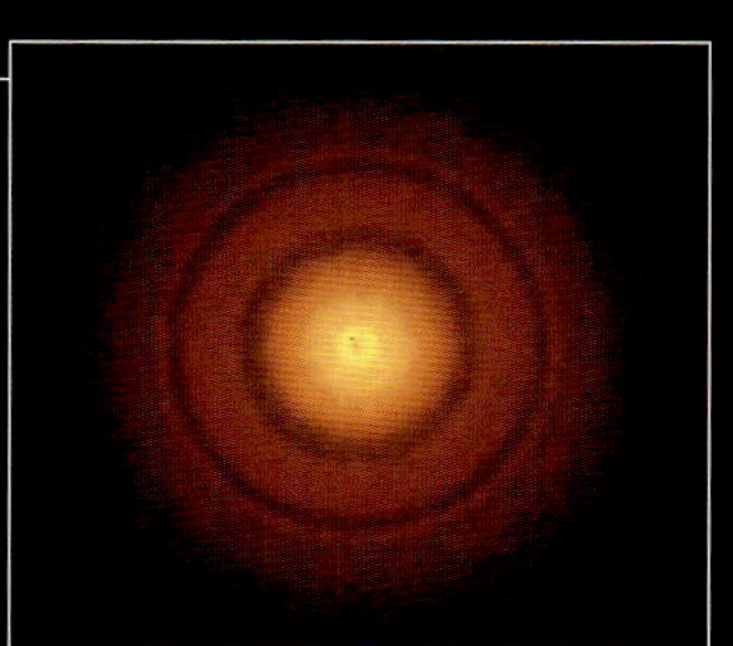

若い星うみへび座TW星を取り巻く塵の円盤

アルマ望遠鏡が超高解像度でとらえた惑星誕生の現場。2本の隙間は、太陽系で言えばそれぞれ天王星・冥王星の軌道サイズに相当する。

(©S. Andrews (Harvard-Smithsonian CfA), ALMA (ESO/NAOJ/NRAO))


アルマ望遠鏡で得られたHD 142527を取り巻く塵の円盤

(©ALMA (ESO/NAOJ/NRAO), Kataoka et al.)

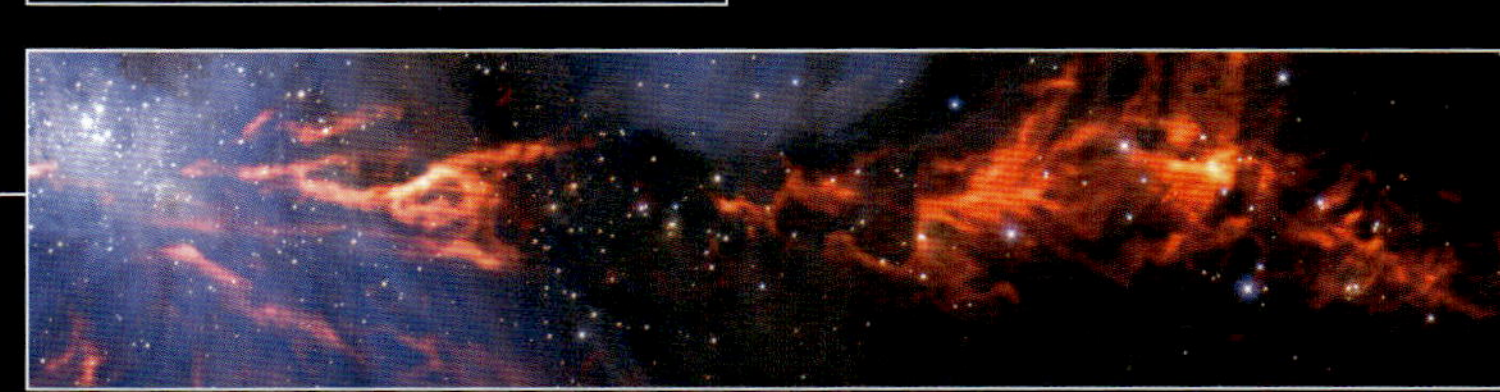

オリオン大星雲からのびるガスの雲

アルマ望遠鏡とIRAM 30m電波望遠鏡のデータを合成して得られた、細くのびるガス雲の画像。背景は、欧州南天天文台VLT望遠鏡が撮影した赤外線画像。画像左端がオリオン大星雲の位置に相当し、右側が北の方角である。
(©ESO/H. Drass/ALMA (ESO/NAOJ/NRAO)/A. Hacar)

rvey with Nobeyama 45-m telescope

人類史上最も広大で詳しい天の川の電波地図づくり

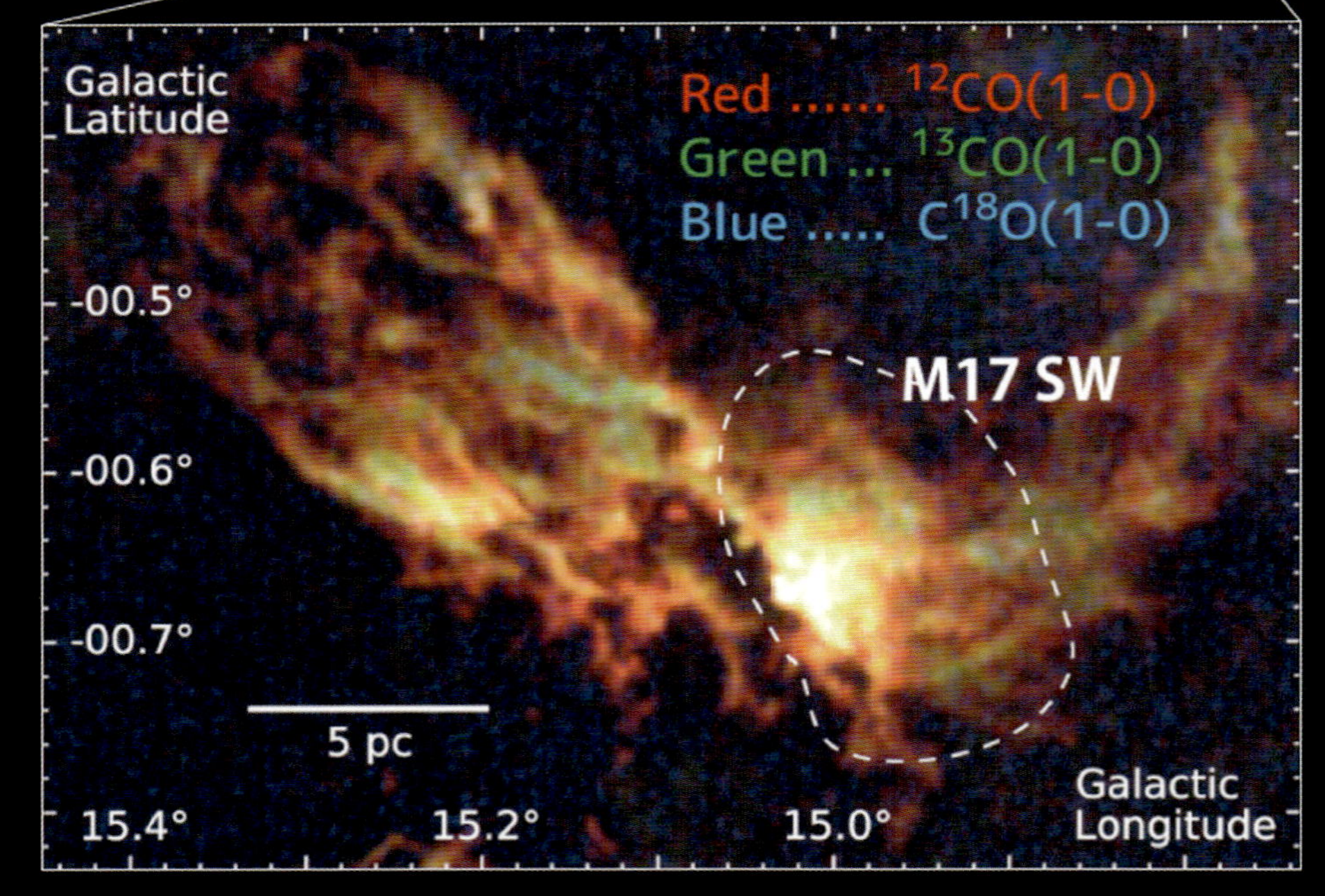

Credit: NAOJ/NASA/JPL-Caltech

ガスや塵(ちり)によって、見えない天の川の大規模探査を、国立天文台野辺山宇宙電波観測所梅本智文助教を中心とした、筑波大、名古屋大、上越教育大、鹿児島大など多くの大学の研究者にて構成された観測チームは、野辺山45m電波望遠鏡を使って、人類史上最も広大で詳細な天の川の電波地図作りを2014-2017年にかけて実施。これによって天の川銀河全体という大きなスケールから個々の星の誕生に直結する分子雲コアなどの構造までの星間物質の構造を調べることが可能となった。

風神 FUGIN FOREST Unbiased Galactic plane Imag

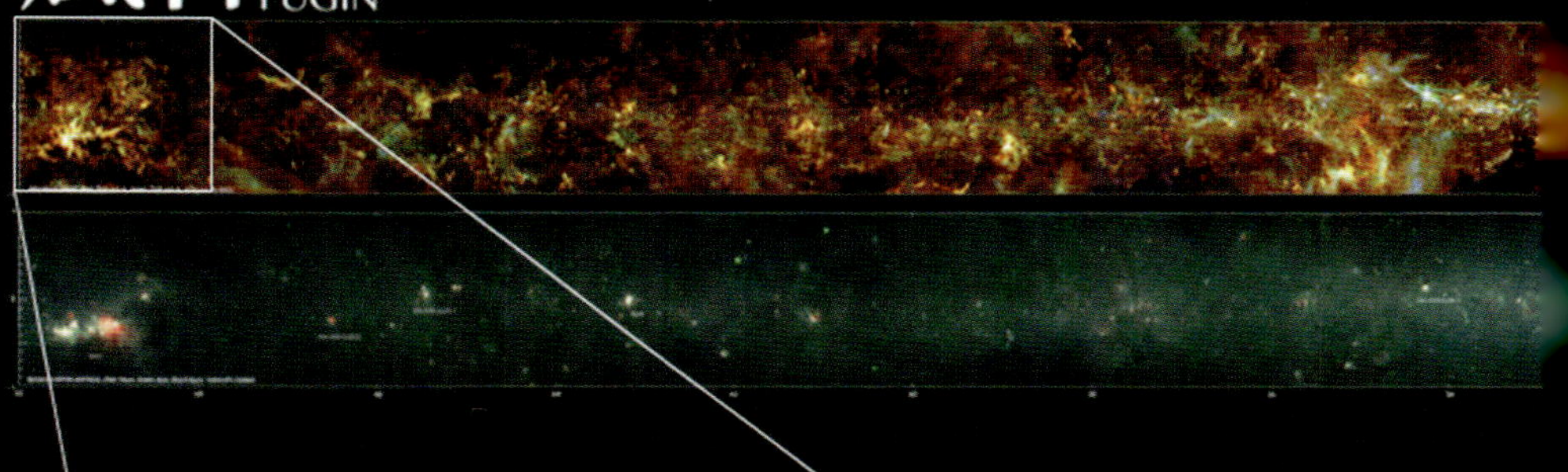

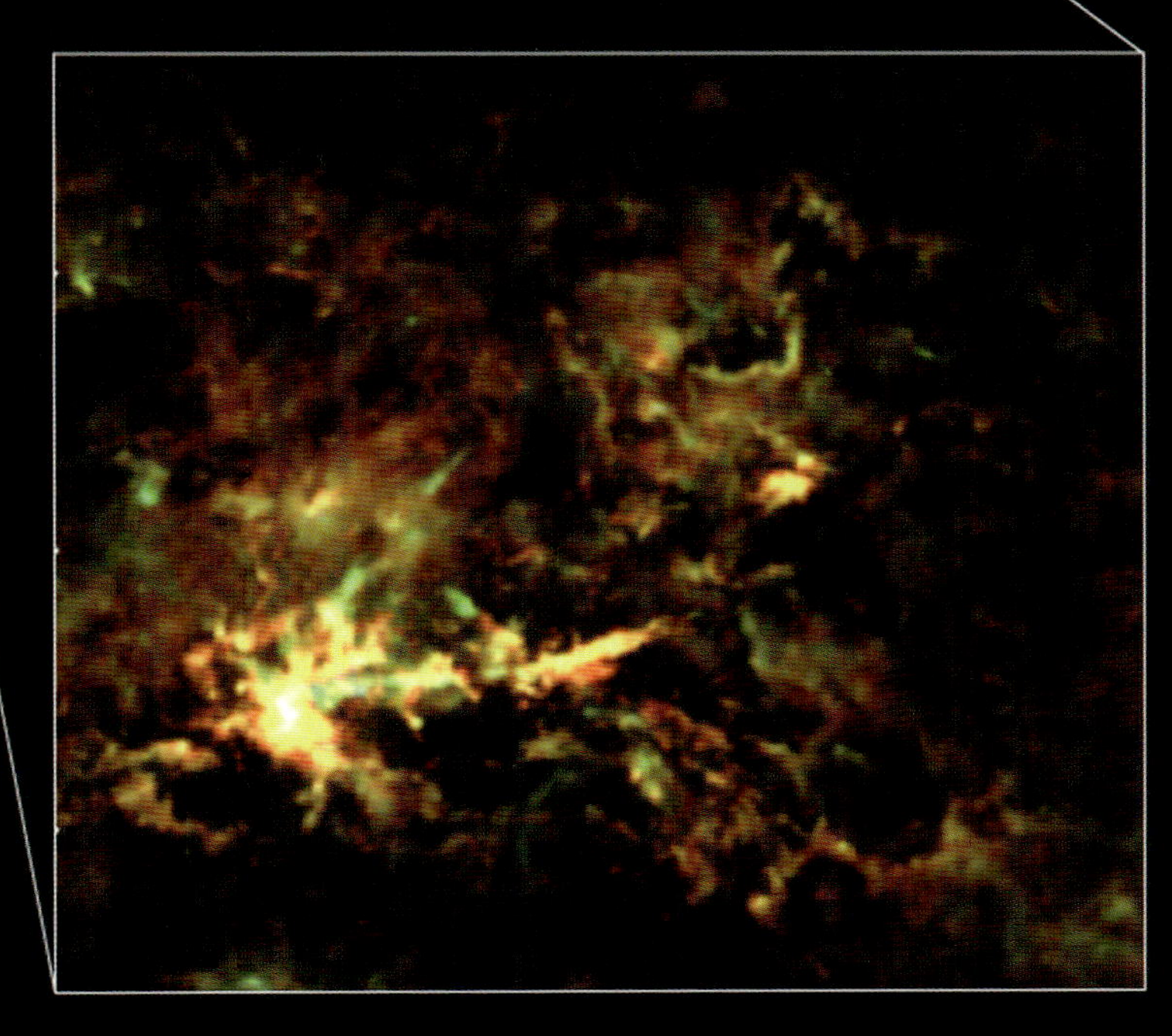

NINS NAOJ NOBEYAMA FOREST

NORIKAZU OKABE

FUGINプロジェクトの観測領域:

野辺山宇宙電波観測所での星景写真（撮影:岡部統一）とFUGIN観測領域（銀経10-50度）。（提供:国立天文台）

UGINプロジェクトで得られた電波強度マップ:

上段上:FUGINにて得られた銀経10-50度における天の川3色電波画像。
それぞれ、赤:^{12}CO、緑:^{13}CO、青:C^{18}Oの分子からの電波強度を示している。
上段下:上段上と同じ領域のSpitzer衛星による赤外線画像。赤:24μm、緑:8μm、青:5.8μmの赤外線の強度を示す。
下段上:FUGINにて得られた銀経12-22度の3色電波画像。配色は上段上と同様。
多数のフィラメント構造が分かる。
下段左下:W51付近の拡大図。配色は上段上と同様。
下段右下:M17付近の拡大図。配色は上段上と同様。

っさき宙と緑の科学館
かわさきぷりん

山梨県立科学館
カガクスキー

福島市浄土平天文台
ももりん

八戸市視聴覚センター・
児童科学館
ダダ、ダダコ、ドッチ、ドッコ

田村市星の村天文台
オリオンちゃん

釧路市こども遊学館
ハロット

札幌市青少年科学館
科学戦隊サイエンジャー

旭川市科学館サイパル
コロッ・クル

プラネターリアム
銀河座天文台
みいちゃん

栃木県
子ども総合科学館
未来くん

はまぎん こども宇宙科学館
フロロ、ビッチョ、アラス

伊勢原市立
子ども科学館
ピコ、ピピ

葛飾区郷土と天文の博物館
タイちゃん、テンちゃん、ドームくん

花立自然公園
スタッピー

北本市文化センター
ダンボロット

栃木県立
太平少年自然の家
ゲッタークン

野市立博物館
はかせ

上越清里
星のふるさと館
くしりん

名古屋市科学館
アサラ

スカイワードあさひ
天体観測室
あさぴー

小山市立博物館
ほっしー

相模原市立博物館
さがぽん

さいたま市青少年宇宙科学館
科学戦隊さいレンジャー

福井市自然史博物館
シジュウオ、カラコ

国立信州高遠
青少年自然の家
ログちゃん

福井県
自然保護センター
ミミちゃん

月光天文台
プラビ君&スタロボ

兵庫県立
大学西はりま天文台
ほしまる

夢と学びの科学体験館
ハバタッキー

国立天文台
野辺山宇宙電波観測所
なおくん、のべやま先生

上田創造館
上田しるる君、真田みるるちゃん

キャラクター紹介

京都市
青少年科学センター
プララちゃん

にしわき経緯度
地球科学館「テラ・ドーム」
テテ・ララ・ロボ

阿南市
科学センター
コスミィ

鳥取市
さじアストロパーク
キラットちゃん

岐阜市科学館天文台
ひららちゃん、てんたいくん

姫路科学館
キュート

紀美野町立
みさと天文台
きいちゃん&きみちゃん

ディスカバリーパーク焼津
天文科学館
かめ子・かめ吉

岡山天文博物館
んもんくん・てんもんちゃん
せいめいくん、ドームくん

岡山市立
犬島自然の家
犬丸くん

春日市
白水大池公園星の館
スコープくん

愛媛県
総合科学博物館
カハクン

明石市立天文科学館
軌道星隊シゴセンジャー

向日市天文館
輝夜(かぐや)くん

山口県立
山口博物館
なっとくん

島根県立
三瓶自然館サヒメル
テンピー

薩摩川内市
せんだい宇宙館
てらちゃん

5-Days
こども文化科学館
ぴょん太

姫路市宿泊型児童館
「星の子館」
ララちゃん

ミューイ天文台
キララちゃん

佐賀市星空学習館
ほし坊、どぽし君

中小屋天文台「昴ドーム」
星小僧

日原天文台
リゲル君

佐賀県立
宇宙科学館
ゆめぎんが★ウーたん

熊本県民天文台
星うさぎ

星の文化館
ホッシーくん

関崎海星館
ドリームくん

北九州市立
児童文化科学館
シリウスくん

リナシティかのや
情報プラザ
リナちゃん

九重青少年の家
めじろん

城里町総合野外活動センター
「ふれあいの里天文台」
ホロル

さかもと八竜天文台
パーロン

アストロコテージガリレオ
へそっぴー

夢天文台
民宿"憩"
ラミ

赤磐市
竜天天文台公園
天太くん

星空とみなさんが繋がる場所に

日本公開天文台協会 会長
安田 岳志

みなさんは、みなさんのお住いの街の近くに「公開天文台」があることをご存知でしょうか？ 実は全国各地に400余りの施設があります。

「天文台」というと、山の上にドームがあって、大きな天体望遠鏡と難しそうな機械、そして難しい顔をした白衣の博士がじっと星を見つめる…というイメージがあるかもしれません。でも「公開天文台」は違います。

日本公開天文台協会（JAPOS）では、公開天文台を「天体観測施設を持ち、天体観望会など公開業務を行っている施設」としています。ですが「これが公開天文台だ」というのは、実は難しいのです。星がよく見える山の上から街中のビルの屋上まで、研究者が毎晩観測をしている施設や児童館にあって子どもたちが楽しむための施設、公立に私設、国内最大級の大型機から天体望遠鏡のサイズも色々… 施設の目的も望遠鏡も大きさも様々なバリエーションがあります。

ただ、共通していることがあります。それは「だれもが気軽にでかけて、天体望遠鏡とスタッフを通じて天体や宇宙の事にふれあえる場所」つまり、みなさんのために開かれた天文台が「公開天文台」です。

現代の公開天文台の歴史は、1926年に設立された「倉敷天文台」に遡ります。一般の人たちが本格的な天体望遠鏡を覗く機会がほとんどなかった時代に、誰もが望遠鏡を通じて宇宙に触れられる機会を作るべく、民間から寄付を募り完成しました。公立の施設が多い中、現在も企業や個人が私財を投じて、人々に本物の星空と触れ合う機会を作っている施設もあります。

施設にバリエーションがあるということは、どこかにみなさんが持つ星空や宇宙のイメージにピッタリの公開天文台があるという事です。全国各地の公開天文台を通じて、みなさんが星空を身近なものと感じ、そして科学としての天文学の知識を学ぶだけでなく、特別な天文現象が無くても普段からみなさんが星空を見上げて何か心を動かす、大きく言えば「星を見る文化」が根付いて欲しいと願っています。

本書は、公開天文台のはじめてのガイドブックです。さぁ、本書を手に取って、お近くの公開天文台に足を運んでみませんか？ 星の話が大好きな人たちと天体望遠鏡が、みなさんを待っています。

2018年9月

全国公開天文台ガイド　目次

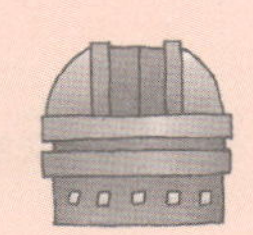

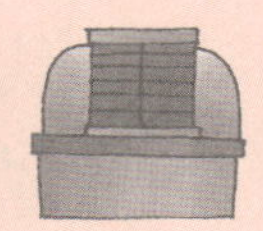

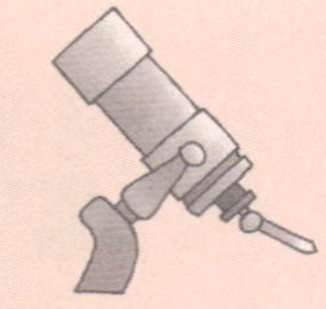

九州・沖縄

グラビア

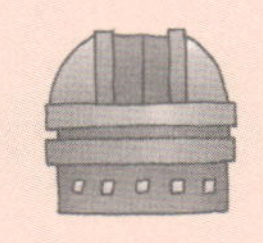

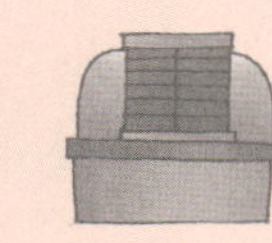

コラム

公開天文台と私 ―― 前日本公開天文台協会会長 小石川正弘 …… 16

ようこそ！ 私の「天文・宇宙の切り絵」その① ―― 国立天文台 図書館司書 小栗順子 …… 20

ようこそ！ 私の「天文・宇宙の切り絵」その② ―― 小栗順子 …… 35

ようこそ！ 私の「天文・宇宙の切り絵」その③ ―― 小栗順子 …… 36

ハワイの白い山から宇宙の謎に挑む「すばる望遠鏡」 ―― 国立天文台ハワイ観測所サイエンティスト 藤原英明 …… 94

アンデスの巨大電波望遠鏡ALMA ―― 国立天文台教授・チリ観測所長 阪本成一 …… 96

ようこそ！ 私の「天文・宇宙の切り絵」その④ ―― 小栗順子 …… 98

電波望遠鏡の仕組み ―― 国立天文台 野辺山宇宙電波観測所 助教 梅本智文 …… 118

宇宙への夢を育む個人天文台 ―― 前川義憲氏 …… 122

宇宙×旅 宙ツーリズムで星空体験 ―― 国立天文台・准教授／宙ツーリズム推進協議会・代表 縣 秀彦 …… 142

●アイコンマークについて

- 有料食事施設あり
- ベビーカーでの入館可
-   バリアフリー（一部含む）
- 夜の閉館・夜間観望あり
-   駐車場あり
-  宿泊施設あり
-  付帯施設（プラネタリウム含む）あり
-  授乳・オムツ替えスペースあり（一部含む）

●データの見方

- 施設名
- 所在地・TEL
- 開館時間
- 休 休館日
- ¥ 料金
- アクセス
- HP Webサイト

●施設の種別表示について

〔天〕：天文台
〔科〕：科学館・博物館・児童館
〔社〕：文化、学習センター・図書館
〔宿〕：宿泊施設（ホテル・ペンション・キャンプ場・休暇村など）
〔野〕：自然の家・野外活動施設
〔他〕：上記に含まれない施設（学校・天文館・公園・寺など）

※データは2018年9月現在のものです。
※施設の休館日、開館時間、入館料金など変更する場合があります。
お出かけの際は、Webサイトなどでご確認ください。

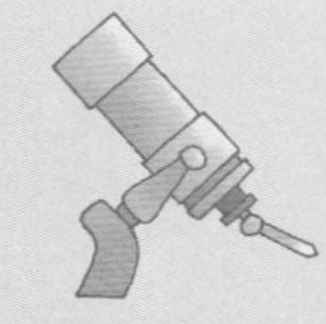

北海道

旭川市科学館サイパル〔科〕

昼間の星や太陽黒点を観測することができます。

DATA

- :旭川市科学館サイパル
- :北海道旭川市宮前1条3 -3-32　TEL 0166-31-3186
- :9:30～17:00まで（入館は16:30まで）
- 休:月曜日（年末年始と6月～9月の期間を除く）
- ¥:無料（天文台）、大人:400円・高校生:250円（常設展示室）、大人:300円・高校生:200円（プラネタリウム）
- :【JR】旭川駅よりバスで「科学館前」下車、5分
- HP:http://www.city.asahikawa.hokkaido.jp/science/index.html

望遠鏡
光学系／反射式
口径／65cm
設置年／2005年

素朴な疑問を大切にすること、それが旭川市科学館のコンセプト「ふしぎからはじまる〈科学〉との出会い」です。1階には常設展示室やプラネタリウム、2階には実験実習室やレファレンスルーム、屋上には天文台を配置し、子どもから高齢者まで誰もが楽しみながら科学を学ぶことができる施設です。天文台は昼間も公開しています。開館日の午前中は20cm屈折望遠鏡で太陽黒点を、午後からは65cm反射望遠鏡で昼間の星（1等星や水星、金星など明るい惑星）を見ることができます。夜の観望会（天体を見る会）開催日はプラネタリウムで当日の星空の事前解説をおこなった後、20cmと65cmそれぞれの望遠鏡で天体を観測します。

プラネタリウムはドイツ・カールツァイス社製の光学式投影機STARMASTER ZMPから投影される星空と全天周ドーム投影システムによる映像を組み合わせ、季節の星座を紹介する一般番組や自主制作の幼児番組の投影、また、コンサートなどの特別番組も定期的に投影しています。

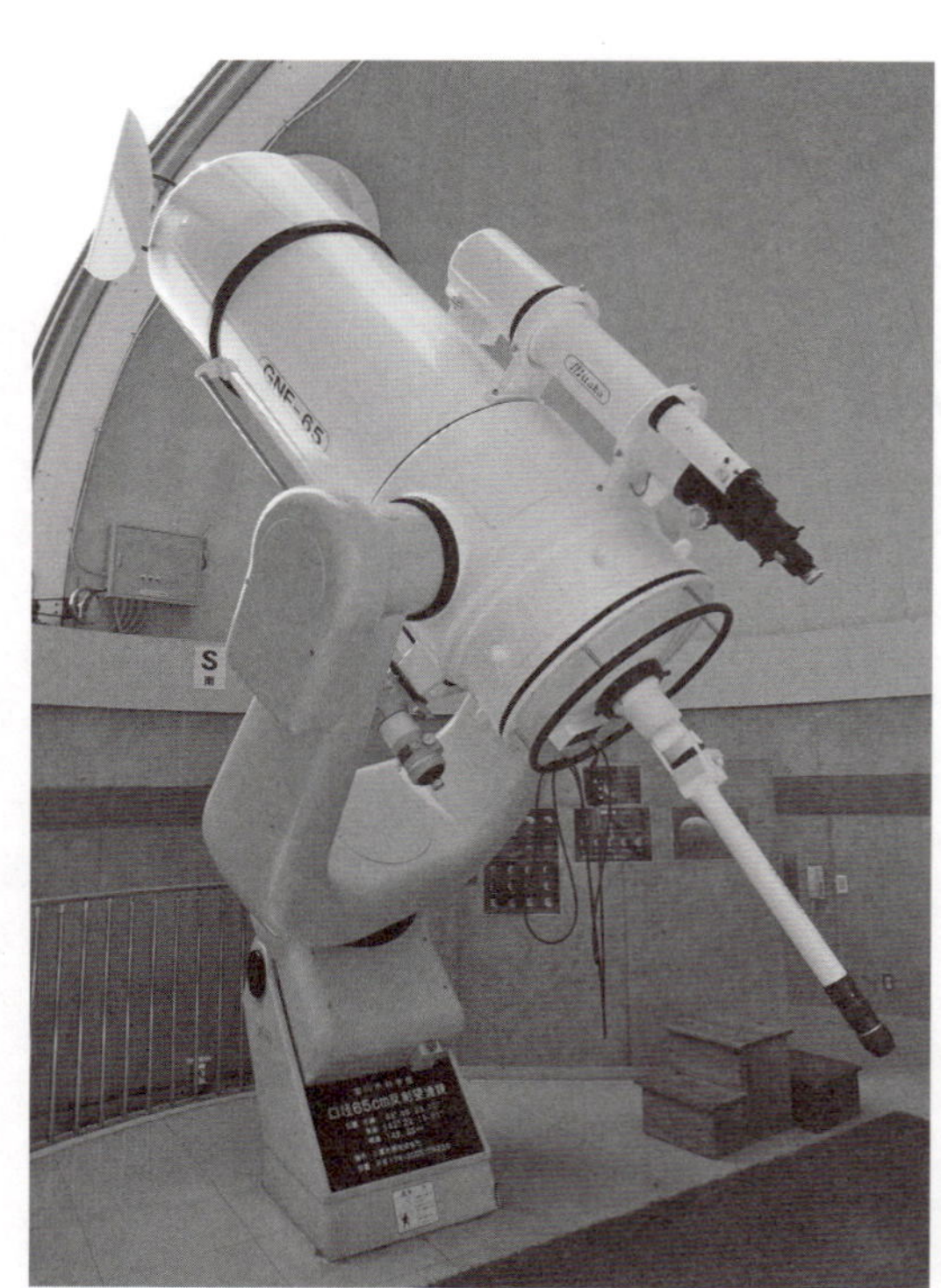

65cm反射式カセグレン望遠鏡

「天体を見る会」は年間20回ほど開催しています。季節の星座の1等星や観望好機の惑星などを観測します。

釧路市こども遊学館〔科〕

移動天文車「カシオペヤ号」、快走中！

DATA

- ：釧路市こども遊学館
- ★：北海道釧路市幸町10-2
  TEL 0154-32-0122
- ：9:30～17:00（入館は16:30まで）
- 休：月曜日（祝日の場合は翌日、ただしGW、市内小中学校長期休み中は無休）、年末年始
- ¥：大人：590円・高校生：240円・小中学生：120円・幼児：無料　※プラネタリウムは別料金、セット割引券あり
- ：【JR根室本線】釧路駅より徒歩8分
- HP：http://kodomoyugakukan.jp

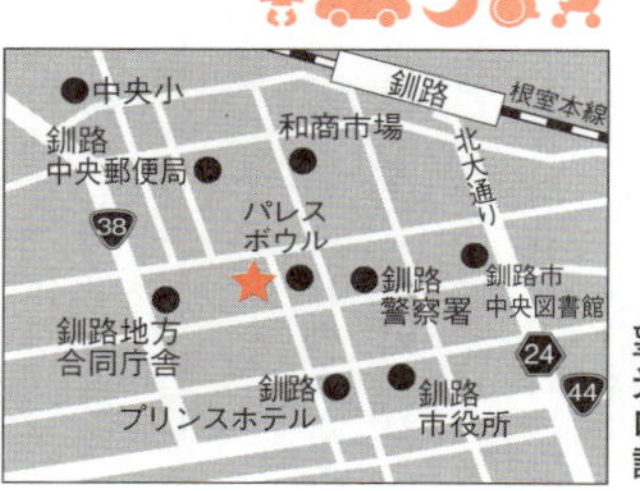

望遠鏡
光学系／屈折
口径／20cm
設置年／1989年

釧路市こども遊学館は、子どもから大人まで、楽しく遊んで学べる科学館です。国内最大級の屋内砂場、宙に浮くネットジャングル、宇宙Q&Aや日食・月食を体験できる科学展示など、五感を使って「遊び」と「学び」を体験できる展示が充実しています。小惑星探査機「はやぶさ」の2分の1スケール模型や「帰還カプセル」レプリカ、ロケット模型など宇宙好きには堪らない展示もあります。宇宙食や組立望遠鏡などの科学グッズを購入できるショップもあります。専門スタッフによる星空生解説が人気のプラネタリウム「スターエッグ」には、世界で1台しかない投影機「ジェミニスターⅡ」が装備され、地域色を生かした番組が上映されます。

不定期に開催される天体観測会では、20cm屈折望遠鏡を搭載した移動天文車「カシオペヤ号」が大活躍！　カシオペヤ号は、全国でも数少ない回転式ドームを備えた移動天文台です。屈折式小型望遠鏡や太陽観測装置も搭載し、地域のお祭りなどにも出向いて、星空の魅力を伝えています。

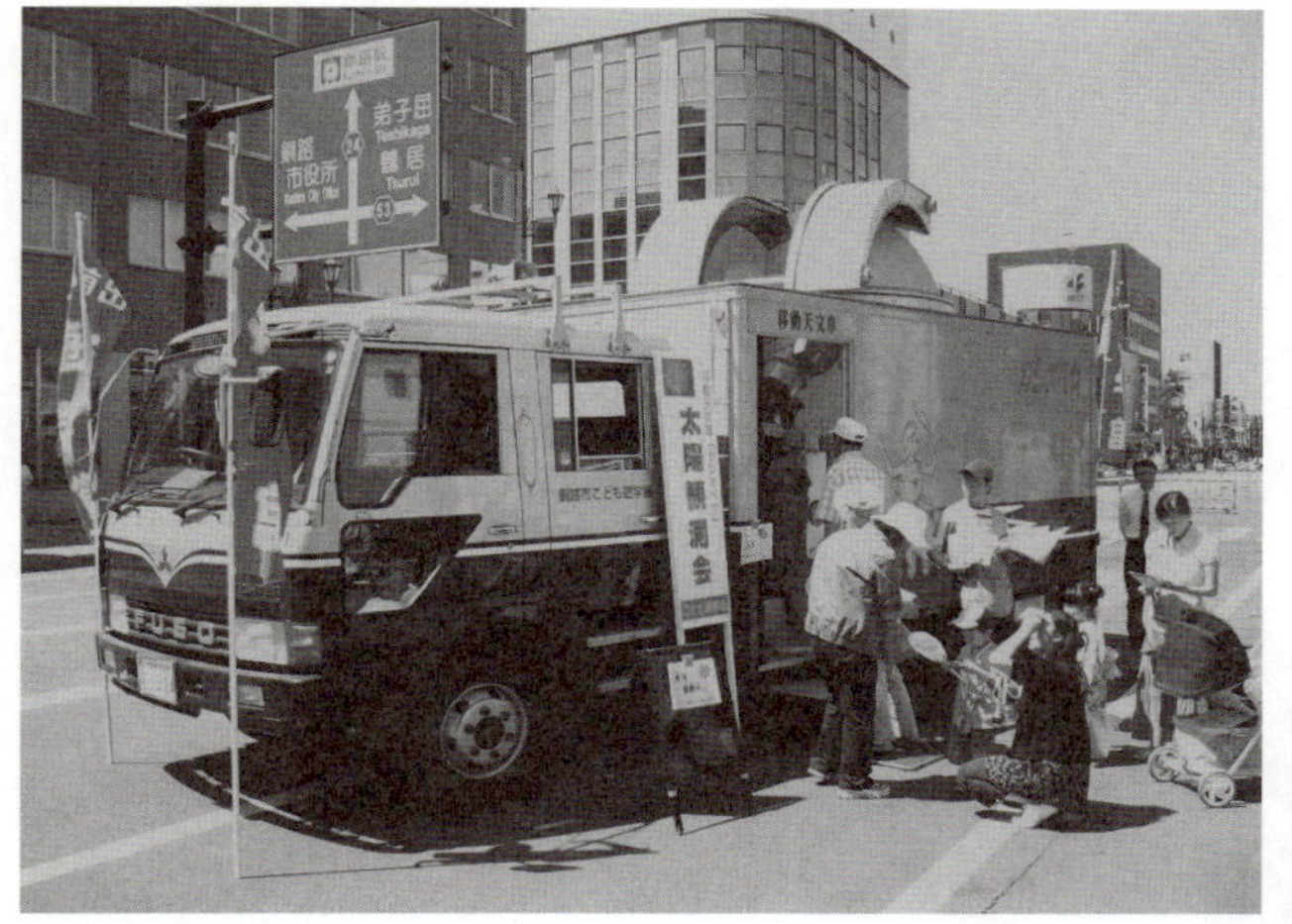

移動天文車「カシオペヤ号」

プラネタリウム「スターエッグ」

天体観測会は不定期開催のため、当館HPにて開催日時、場所をご確認ください。

なよろ市立天文台　きたすばる〔天〕

プラネタリウムも
実際の星空も両方楽しめます。

DATA
- 🏢:なよろ市立天文台　きたすばる
- ★:北海道名寄市字日進157-1（道立サンピラーパーク内）
  TEL 01654-2-3956
- ⏲:13:00～21:30（4～10月）、13:00～20:00（11～3月）
- 休:月曜日、祝日の翌日（土日を除く）、年末年始
- ¥:一般:410円・学生:300円・65歳以上:200円・高校生以下、障がい者:無料（団体料金有）
- 🚃:【JR宗谷本線】名寄駅より車で15分／【旭川空港】より車で2時間30分
- HP:http://www.nayoro-star.jp/

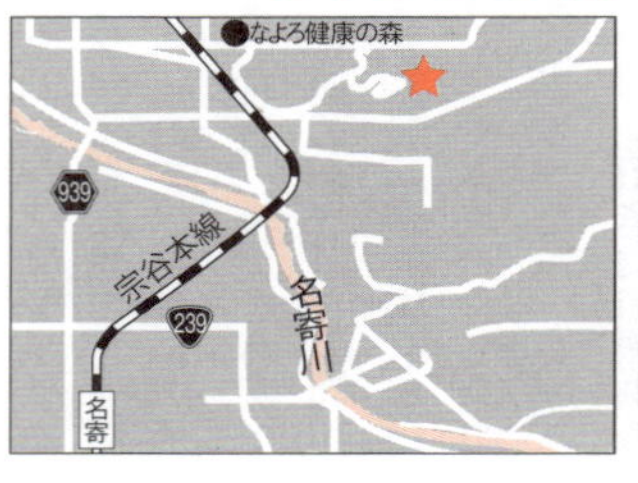

望遠鏡
光学系／反射
口径／160cm（北海道大学所有）、50cm（名寄市所有）
設置年／2011年（北海道大学）、2010年（名寄市）

当天文台は1973年に設置された私設の「木原天文台」が元となっており、1992年に市に移管、2010年に移転・リニューアルオープンしました。

天文台には観測室やプラネタリウムがあり、北海道大学の附属天文台も併設されている全国的に見ても珍しい施設です。天文台は道立公園の中に立地しており、同じ公園内には子どもたちが遊んだり冬季はカーリングしたりできる交流館があります。

市中心部から車だと15分でアクセスできる好条件の立地にありますが、もともと光害の少ない道北ですので、天の川をはじめ、暗い天体が見られます。

屋上観測室は屋根がスライドする「スライディングルーフ」で、中には口径50cmや40cmの複数台の望遠鏡を設置。また、北海道大学の「ピリカ望遠鏡」は口径1・6mと、一般公開している望遠鏡としては日本でも有数の大きさを誇ります。※ピリカ望遠鏡の公開日は要問合せ。

プラネタリウムは8mドームのフルデジタル式で、ピアノも設置されているので、幅広く活用できるスペースとなっています。

日本最大級の口径のピリカ望遠鏡（北海道大学所有）

晴れていれば、いつでも観望会をおこないますが、旬の天体や、その日だけの現象を見る特別観望会もおこないます。

りくべつ宇宙地球科学館（銀河の森天文台）〔天〕

はるか彼方の見知らぬ宇宙へご案内いたします。

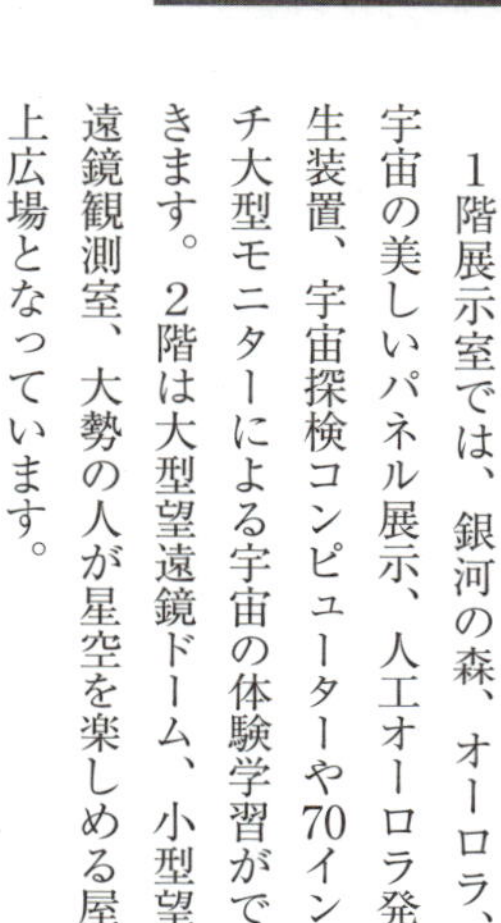

DATA

- 🏛：りくべつ宇宙地球科学館（銀河の森天文台）
- ★：北海道足寄郡陸別町宇遠別 TEL 0156-27-8100
- 🕘：14:00～22:30（4～9月）、13:00～21:30（10～3月）
- 休：月・火曜、5月第3週月曜～第4週金曜、年末年始
- ¥：高校生以上：昼間300円、夜間500円・小中学生：昼間200円、夜間300円・幼児：無料
- 🚉：【道の駅】「オーロラタウン93りくべつ」より車で10分
- HP：http://www.rikubetsu.jp/tenmon/

望遠鏡
光学系／反射
口径／115cm
設置年／1998年

りくべつ宇宙地球科学館（銀河の森天文台）は一般公開型天文台としては日本最大級の115cm反射望遠鏡をはじめ、30cmクラスの小型望遠鏡4基、15cm大型双眼鏡、4連太陽望遠鏡などを備える公開天文台です。

1階展示室では、銀河の森、オーロラ、宇宙の美しいパネル展示、人工オーロラ発生装置、宇宙探検コンピューターや70インチ大型モニターによる宇宙の体験学習ができます。2階は大型望遠鏡ドーム、小型望遠鏡観測室、大勢の人が星空を楽しめる屋上広場となっています。

また、2階総合観測室には名古屋大学宇宙地球環境研究所の「陸別観測所」と国立環境研究所の「陸別成層圏総合観測室」が併設されており、主に成層圏・対流圏の大気やオーロラなどの研究をおこなっています。

晴れていれば115cm大型望遠鏡でその時期見頃の惑星や月、遥か彼方の星雲や星団、銀河などさまざまな天体を随時ご案内しています。昼間でも明るい恒星などを見ることができます。

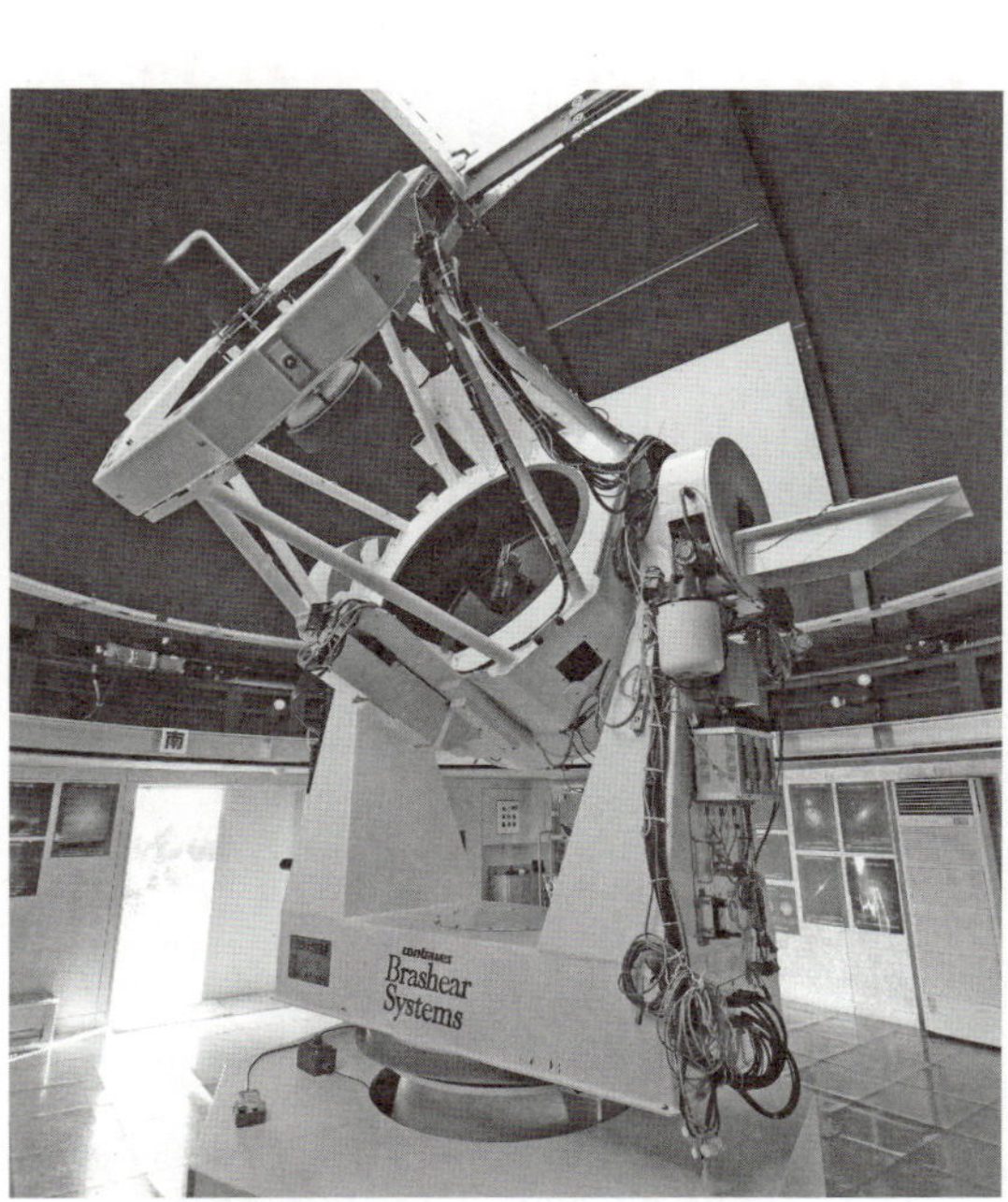

115cm大型望遠鏡「りくり」

開館中は毎日天体観望会を開催
7月上旬、陸別スターライトフェスティバル、2月上旬、オーロラウィーク

厚真(あつま)町青少年センター〔社〕

太平洋側にあるので、冬場は、星がきれいです。

厚真町は、南は太平洋に面し、北海道有数のサーフスポットがあり、1年を通して多くのサーファーが訪れます。また、ハスカップの作付面積が日本一で、「ハスカップのまち」ということでも有名です。

天文台は、1980年に開館と同じく設置され、15cmの屈折赤道儀式天体望遠鏡できれいな星空を観察することができます。ほかに天文施設として最新鋭のデジタル式プラネタリウム（ドーム直径8m、座席数50席）があります。

DATA

- 厚真(あつま)町青少年センター
- 北海道勇払郡厚真町京165-1
  TEL 0145-27-2495
- 8:30〜17:30
- 休：祝日、年末年始
- ¥：無料
- 【JR室蘭本線】早来駅よりバスで15分
- HP：http://www.town.atsuma.lg.jp/office/

毎月１回天体観望会を行っています。天候不良の場合は、プラネタリウムでの星空解説を行います。

望遠鏡
光学系／屈折
口径／15cm
設置年／1980年

丘上の一軒宿　星ヶ丘〔宿〕

空・丘・星・雲　ー感動ー　夫婦でもてなす
個人旅行向きの丘上の小さな一軒宿

当地は、南〜南西の空が開け、望遠鏡で不動点〜天頂まで散策できる、光害も少ない、北緯43度の大晴天を満喫できます。夕景・日の出の斜陽の時刻は美瑛の丘が最も美しく浮きあがる時、刻一刻と変わる夕景・彩をデッキ、リビング、客室からお楽しみいただけます。

星ヶ丘の満天星を楽しむ集いでは、双眼鏡の使い方、視線の配り方、星灯りの探し方から始まります。少し慣れたら双眼鏡で星の多さに感動し、望遠鏡で星の色の違い…星雲星団、季節により天の川散歩を楽しみます。満天星をご自分の目で感じてみましょう。

DATA

- 丘上の一軒宿　星ヶ丘
- 北海道上川郡美瑛町字みどり
  TEL 0166-92-5551
- チェックイン15:30・チェックアウト9:30、天文台開館は好天時毎夜：21:00〜約1時間
- 休：11〜3月
- ¥：満天星体験参加、別料金なし
- 【JR富良野線】美瑛駅より3.5 km／【旭川空港】より車で30分
- HP：http://www.hoshigaoka.info/

望遠鏡
光学系／反射
口径／20cm
設置年／1997年

親子星座教室開催（11〜3月を除く通年）
施設情報など、詳しくはHP、お電話にてお問い合わせください。

北海道　東北　関東　中部　近畿　中国・四国　九州・沖縄

札幌市青少年科学館〔科〕

科学館屋上の天文台で、
昼間に星が見られます！

地下鉄・JRからも近く、観光にも便利な科学館です。見て、触れて、考えて、大人も子どもも楽しみながら科学体験ができます。

屋上の天文台では毎週土曜日の日中に金星などを観望しています。曇天の場合は望遠鏡の操作体験ができます。年に数回夜間にも小型望遠鏡での天体観望会をおこなっています。

2016年4月にリニューアルしたプラネタリウムでは1億個の星を映し出すことができます。全ての回が職員による生解説で、毎回違った内容を楽しめます。

展示室ではサイエンスショーや実験・工作など、毎日様々な催し物をおこなっています。

望遠鏡
光学系／反射
口径／60cm
設置年／1981年

DATA
- 札幌市青少年科学館
- 北海道札幌市厚別区厚別中央1条5-2-20
  TEL 011-892-5001
- 5～9月：9:00～17:00、10～4月：9:30～16:30
- 休：月曜日、毎月最終火曜日、祝日の翌日、年末年始
- ¥：展示室観覧料：700円、プラネタリウム観覧料：500円　※中学生以下無料
- 【地下鉄東西線】新さっぽろ駅1番出口正面／【JR千歳線】新札幌駅より徒歩5分
- HP：https://www.ssc.slp.or.jp

日中の観望は毎週土曜、夜間はHPなどでお知らせします。星に関するご質問もお気軽にどうぞ。

札幌市天文台〔天〕

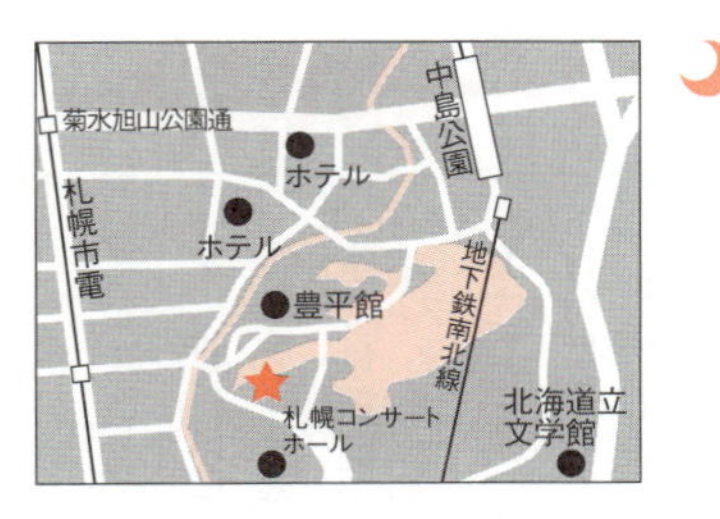

全国一小さい公立天文台！
無料で気軽に入れます。

市の中心部「中島公園」内にある小さな天文台です。昼間は太陽や青空の中の星などを見ています。星が好きな人より公園内を散策中に偶然天文台を見つけて立ち寄ったという市民や観光客が多く、気軽に入れるのが特徴です。夜は光害のため3等星を見るのが限界の明るい環境ですが、それでも中心部で、しかも観光地という安全で集まりやすい環境にあるため大勢の市民や観光客が訪れます。入場は無料で係員による解説も実施しており、これをきっかけに星に興味を持ってくれる方も多くいらっしゃいます。

望遠鏡
光学系／屈折
口径／20cm
設置年／1958年

DATA
- 札幌市天文台
- 北海道札幌市中央区中島公園1-17
  TEL 011-511-9624
- 昼間公開：10:00～12:00、14:00～16:00、夜間公開：HPなどにて通知
- 休：月曜日、火曜日午後、祝日の翌日、年末年始
- ¥：無料
- 【地下鉄南北線】中島公園駅3番出口より徒歩5分
- HP：https://www.ssc.slp.or.jp

2018年、札幌市天文台は建立60周年となります。星に関するご質問もお気軽にどうぞ。

しょさんべつ天文台〔天〕

天文台は、日本海に面した高台にある「みさき台公園」内にあります。徒歩圏内には海水浴場や金比羅神社の鳥居（海上鳥居）があり、海に沈む夕日の後は満天の星空が楽しめます。なお、公園全体が道の駅になっています。天文台の近くにキャンプ場があり、キャンプをしながら星空観察も楽しめます。１９９７年から「マイスターズシステム」をはじめました。これは無名の星に名前をつけて所有する権利（村内でのみ通用）を得るものです。

特に予約はいりません。ぶらっと寄ってみてください。

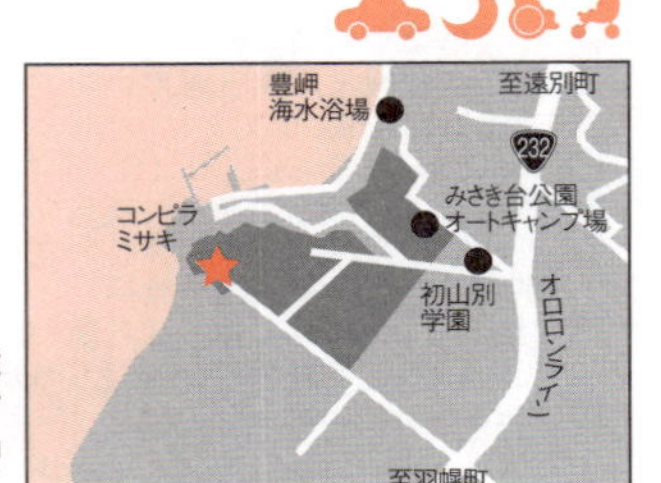

望遠鏡
光学系／反射
口径／65cm
設置年／1989年

DATA
- :しょさんべつ天文台
- :北海道苫前郡初山別村字豊岬153-7
  TEL 0164-67-2539
- :10:00～21:00（4～9月）、10:00～19:00（10～3月）
- 休:火曜日、冬季休館（12/1～2月末）
- ¥:小中学生:100円・高校生以上:200円
- :初山別市街より国道232号で北へ約4 km、国道沿いに「天文台入り口」の看板あり
- HP:http://www.vill.shosanbetsu.lg.jp/shtenmon/

開館日で星が見えそうな状態なら、昼夜問わずいつでも観望会です。

深川市生きがい文化センター・天体観測室〔社〕

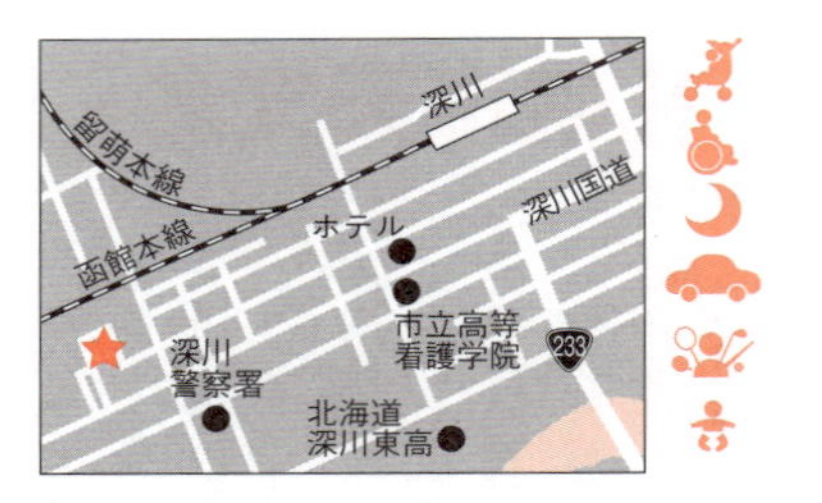

最大倍率 300 倍、木星の縞・土星の環も確認できます。

生きがい文化センターの天体望遠鏡では日中は惑星や1等星を、夜には広大な空知平野の美しい星空をご覧いただけます。観測室では開館中いつでも星に詳しいスタッフがその日の天体をご案内します。団体様のご案内も受け付けておりますので、ご希望の方はお気軽にお問い合わせください。深川市近郊は見所がたくさんあり、市外にある戸外炉（とところ）峠からは夜になると街灯で地上に描かれた星座図を見ることができます。深川の田畑に輝く星座は一見の価値ありです。

望遠鏡
光学系／屈折
口径／20cm
設置年／1992年

DATA
- :深川市生きがい文化センター・天体観測室
- :北海道深川市西町3-15
  TEL 0164-22-3555
- :9:00～21:00
- 休:月曜日（月曜日が祝日の場合、その翌日）
- ¥:無料
- :【JR函館線】深川駅より徒歩約10分
- HP:http://ikibun.com/center/

天体教室：月１回、流星群などに合わせて観望会などを実施。詳しい日程はHPをご確認ください。

稚内市青少年科学館〔科〕

２０１４年度より「環境展示コーナー」を新設し、「科学展示」「環境展示」「南極展示」の３つの展示からなる、見て触って学べる科学館です。

科学館３階にある望遠鏡は５～10月の毎月１回開放し、市民向けに天体観測イベントをおこなっています。

また、隣接する「ノシャップ寒流水族館」と窓口が１つとなり、ワンコインで科学館と水族館、プラネタリウムを全て楽しめる施設となりました。

日本最北の望遠鏡で高い北極星が輝く夜空を楽しめます！

望遠鏡
光学系／屈折
口径／20cm
設置年／1974年

DATA

- 稚内市青少年科学館
- 北海道稚内市ノシャップ2-2-16 TEL 0162-22-5100
- 9:00～17:00（4/29～10/31）、10:00～16:00（11/1～11/30、2/1～3/31）
- 休：4/1～4/28・12/1～1/31
- ¥：高校生以上：500円、小中学生：100円、幼児：無料
- 【JR宗谷本線】稚内駅よりバスで「ノシャップ」下車、徒歩5分／【JR宗谷本線】稚内駅より車で15分
- HP：http://www.city.wakkanai.hokkaido.jp/kagakukan/

市民天体観望会（５～10月）は入館無料で、天候不良の場合もプラネタリウムの生解説をおこなっています。

公開天文台と私

前日本公開天文台協会会長
小石川正弘

写真1. 現在自宅で使用している31cm反射望遠鏡

大きな望遠鏡への夢

今から半世紀近くも前のことです。誠文堂新光社刊・天文ガイド別冊『日本の天文台』が発刊されました。当時この資料を見ることが大好きで、全国の天文台（学校天文台・個人天文台なども含む）とスタッフの方々を写真入りで知ることができたのです。

最近、第二の職場となった仙台市民図書館で、地図を利用した調査も多くなりました。地図を眺めながら、ユニークな運営をしていた天文台はどうなっただろうとか、ご指導いただいた担当者の方はどうしているだろうかと思いをめぐらしています。また、『日本の天文台』を見ながら宇宙に対して興味を持った頃を思い出したのです。

星空に興味を持った時代、仙台市西部の宮城町（当時）は、光害も少なくきれいな星空を見ることができました。観察場所は墓地！ 夜間ともなると誰も来ないので私（寺の次男坊）にとっては絶好の場所でした？ 当時の望遠鏡は、シングルレンズの8㎝屈折望遠鏡。その後9㎝の小さな反射望遠鏡が愛機となりました。折しも火星の接近中、でも視野内に見えている火星は、赤い小さな火の玉が見えるだけで小口径の限界を感じました。当時の天体観測愛読書に「惑星観測には大きな望遠鏡ほど威力を発揮する」と書いてありました。大きな望遠鏡で惑星やいろいろな天体を眺めてみたい！ 当時の大きな夢。その後、26㎝反射望遠鏡、現在の愛機となっている31㎝反射望遠鏡（**写真1**）が主力となりアマチュアとしての夢は実現したのです。

公開天文台の誕生

『続 日本アマチュア天文史』（恒星社厚生閣刊）によると、歴史的に古い公開天文台は次のとおりです。先駆けとなったのが1926年（昭和元年）の倉敷天文台（**写真2**）、次が1930年（昭和5年）の東京上野・国立科学博物館、1950年（昭和25年）北海道・旭川市天文台、1954年（昭和29年）富山市・富山市立天文台、1955年（昭和30年）仙台市・仙台天文台（後に市に移管）、1958年（昭和33年）札幌市・札幌市立天文台などです。この中で旭川・札幌・富山は博覧会開催の折に設立されています。戦前戦後にかけていろいろな博覧会が各地で行われました。戦後の博覧会の目玉、宇宙に感心を持たせる意味で天文台を組み込んだということは特筆すべきでしょう。

写真2. 公開天文台第1号　倉敷天文台

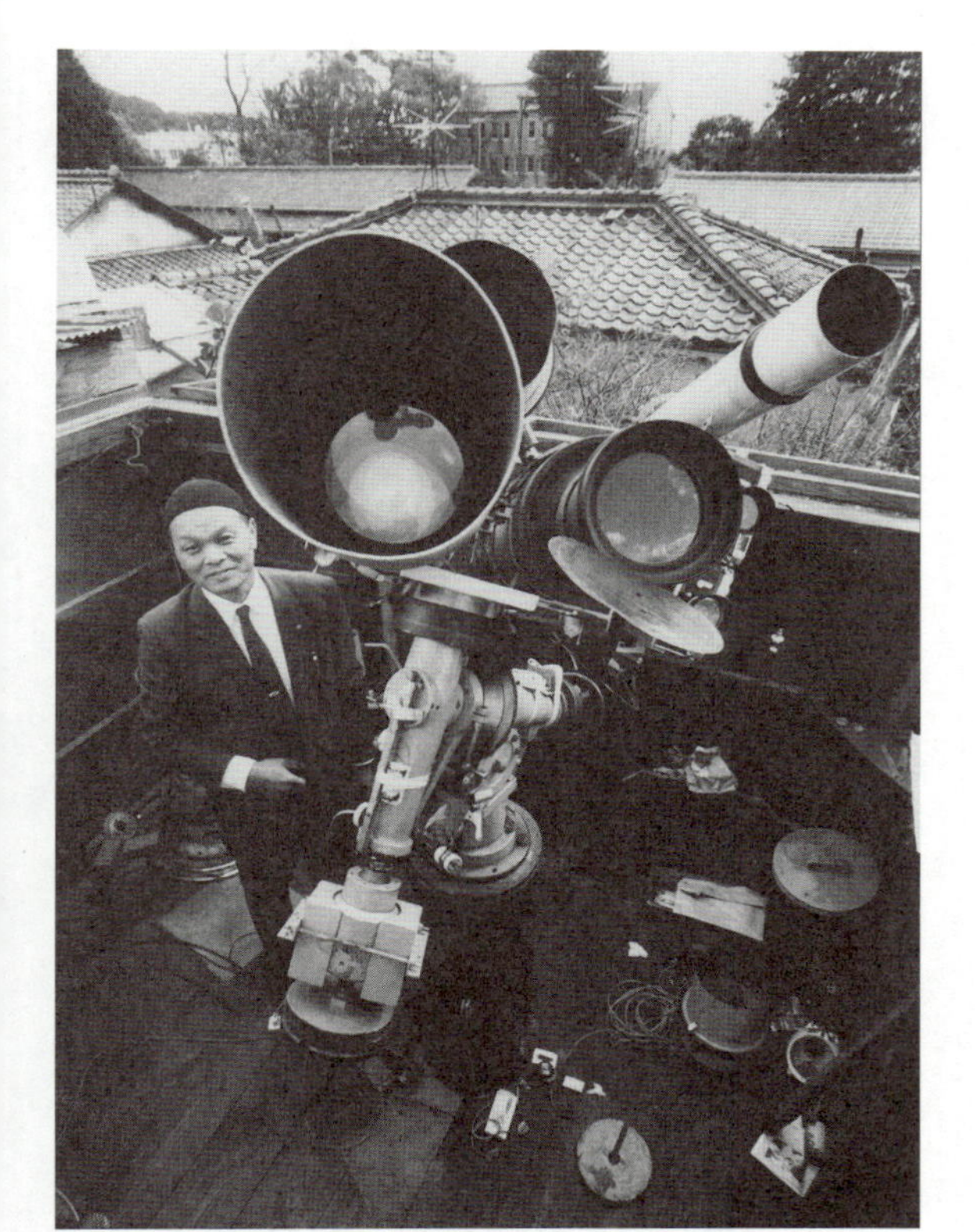
写真2-1. 倉敷天文台で彗星や新星発見で大活躍されていた本田実氏

写真3. 1972〜2007年まで勤務した旧仙台市天文台

次に1980年代の終わりごろから「ふるさと創生基金」などの活用による公開天文台建設ラッシュがおきました。詳しいことは前述した資料に載っています。また、企業が設置した天文台や観光地の宿泊施設などに大きな望遠鏡が設置され天文普及に進出したことも特筆すべきでしょう。

各地に公開天文台が設置されると周辺の天文アマチュアとの連携も盛んになり、多彩な事業も組み込まれるようになったのです。また、公開天文台利用者の中にプロの天文学者になって活躍していることも考えますと、公開天文台の果たす役割も大変重要であると考えます。

公開天文台としての仙台市天文台

私が勤務していた仙台市天文台（**写真3**）の設立経緯が特徴的なので詳しくご紹介します。

1950年に仙台天文同好会が発足しました。会長は非球面光学の大家・故吉田正太郎氏。会員の中には東北大学医学部を卒業され、長野県諏訪市に戻られた故青木正博氏も活躍していたのです。東北大学地球物理学教室・故加藤愛雄先生や故小坂由須人先生が中心となり天文台設立のための募金運動を始めたのです。加藤先生の夢は「子どもたちに宇宙の姿を見せてあげたい」ということ。そして集まった募金により国産最大の望遠鏡を設置ということで、口径は41㎝に決まり京都・西村製作所に発注し、1955年2月1日に仙台天文台は誕生したのです。

ユニークな運営としては、毎月行われた「天文の話」は、東北大学天文学教室との連携で、宇宙を専門的に勉強している大学院生を講師としてお願いしていました。それは小坂先生から「天文学者になっても話すことが大事だか

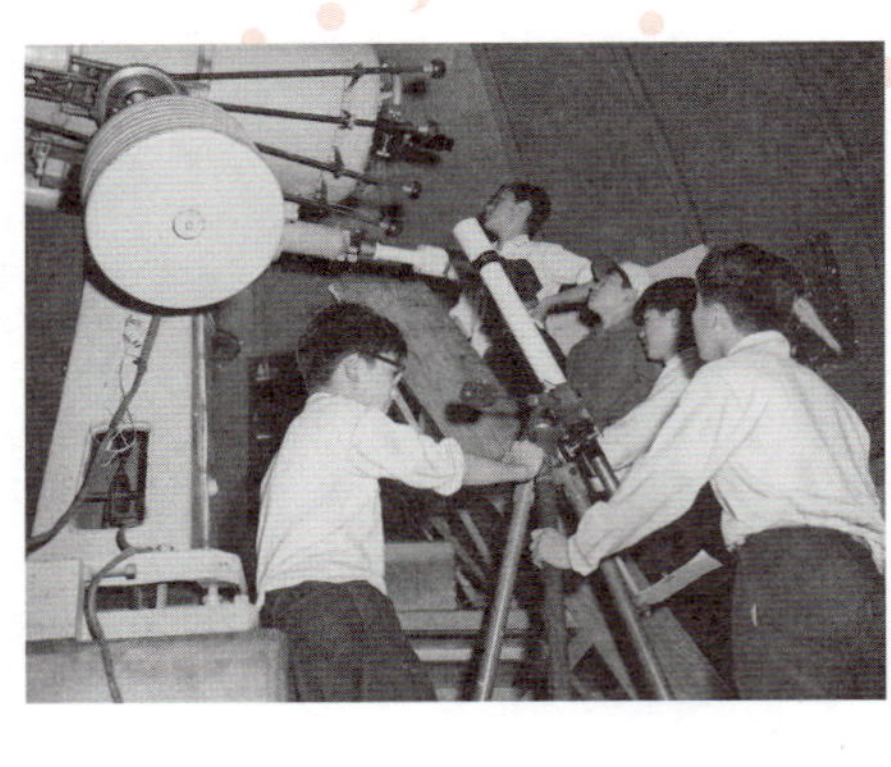
写真4. 仙台天文同好会との連携

ら…」という狙いがあったのです。また、仙台天文同好会との連携（写真4）も盛んで、会には観測研究部が立ち上がっており、台内の観測機材を活用して高度な観測研究も行われていました。

私は、1967年から仙台市天文台に入り浸りとなりました。「望遠鏡使用講習会」に参加して「使用許可」をもらえれば望遠鏡を「自由に使って良し」とのこと。当時、国産最大の望遠鏡を自由に使えることはうれしいことで、私の一つの夢がかなった時代です。ユニークな施設運営が評判となり、視察も多くありました。また41㎝望遠鏡を自由に使えることが評判となり、在仙大学を受験する天文アマチュアも多くいたのでした。1972年から天文台職員となり、観望会業務などを担当し、プラネタリウムも設置されてあったので解説に活かせるようにと、小坂先生は「台員たるもの全員観測せよ」というのが口癖でした。

公開天文台今昔

募金運動と仙台市の援助によって開台した仙台市天文台に勤務するようになって、日本各地の施設を見学するようになりました。名物台長さんや職員の方々との交流で、いわば観望会業務の武者修行の時代で、多くの知識が得られたとともに施設運営の苦労も知ることができました。どこに行くにしても列車の時代、仙台より南に行くときには、必ず上野駅で乗り換え。上野には国立科学博物館があります。天文担当の故村山定男先生からは「上野には関所があるよ、どこに行くにしても私の所に寄ってからね」と言われたことが忘れられません。先生からは出張先のいろいろな情報を教えていただきました。

さて、公開天文台の転換期と聞かれれば、前述した「ふるさと創生資金」が活用されたころからと考えます。1990年代に入ると口径1mを超えるような望遠鏡が次々設置されたのです。その先鞭をつけたのが1993年の設置された岡山県・美星天文台の1・01mの反射望遠鏡（写真5）などがあります。各地に設置される大型望遠鏡は、ゲーテの臨終の言葉「もっと光を！」がピッタリ。そして、仙台市天文台も施設の老朽化と直下に地下鉄東西線計画があり、移転計画が進んできたのです。その時、大変参考となったのが2004年に完成した口径2m反射経緯台を設置した兵庫県立大学西はりま天文台（写真6）でした。仙台の計画は口径1・5mの反射望遠鏡でしたが、諸事情により1・3m（写真7）に決定しました。大型望遠鏡を持った新しい仙台市天文台が完成したのは2008年で、自宅から歩いて30分の所にある団地の最西部、デザインも整った施設として誕生しました。

さて、以上のように大型望遠鏡を保有した天文台が全国各地にありますが、その機能を生かすためには、そこで働く職員の資質が重要となってきます。公開天文台の使命は、宇宙の姿を実体験させることが重要であると考えます。そのためには職員が率先して眼で見る体験をし、さらに観測業務の中からより詳しく調べた天体の姿を観望会などで紹介していくことも大事なことです。

大切なこと

私は仙台市天文台に41年間勤務しました。勤め始めた頃、天文台スタッフは役所から配属された方がほとんどで

（こいしかわ・まさひろ）
1952 年 4 月 1 日　旧宮城県宮城郡宮城町（現・仙台市青葉区）生まれ。1972 年から 2013 年まで仙台市天文台勤務。旧仙台市天文台・愛子観測所で発見した小惑星 19 個に仙台にちなんだ名前を命名。新天文台 1.3m ひとみ望遠鏡で 2 個の超新星発見。2013 年から、仙台市民図書館勤務　郷土担当。元日本公開天文台協会会長。所属団体：東亜天文学会会員、日本天文学会会員、日本スペースガード協会会員。

したが、中には私のような天文アマチュア出身も数名いました。興味のなかった職員でも次第に天文台の空気に馴染んでいく姿をみて、「やはり宇宙の魅力ってすばらしいなぁー」と感じることもたびたびでした。

観望会業務に携わってきて大切なことは「広く知識を得る」ということです。観望会業務を担当すると、実に様々な質問があります。暗い観測室の中で、そのことについて答えなければなりません。それも参加者にわかるような内容で。それに加えて最新の情報収集も必要でしょう。参加者と会話を弾ませることによって「楽しい観望会」が行えるし、施設の発展にもつながることと確信しています。また施設を支えてくれるサポーターも大事にしましょう。そのためにも担当者一人一人が「話すこと」の大切さを認識してほしいと思います。さらに、運営上で一番大事なことは「施設の維持管理」です。それには運営母体からの理解で、そのためには「親しまれる公開天文台」を目指すべきでしょう。

写真5. 自治省（当時）のリーディング・プロジェクト事業で建設され1993年7月7日に開館した美星天文台の101cm反射望遠鏡

写真6. 公開天文台最大口径2mなゆた望遠鏡を保有している西はりま天文台

写真7. 仙台市天文台1.3m反射望遠鏡の前での筆者
（2013年3月30日　天文台を辞する日）

ようこそ！私の「天文・宇宙の切り絵」その①

（おぐり・じゅんこ）
国立天文台 図書館司書。幼少の頃よりピアノ、バレエ、音楽などを習い、多くの舞台を経験。大学卒業後、研究所図書館を経て国立天文台に勤務。天文や宇宙に関わる様々な現象・事象などに触れ、切り絵で創作し表現すること、自分らしい表現を模索し挑戦していくことに興味を持つ。展示に合わせた講演も意欲的におこなっている。

私は国立天文台で図書館司書として勤務する傍ら、切り絵で天文や宇宙の世界観を表現することにチャレンジしています。コラムでは、思い出に残る作品を制作エピソードとともにご紹介します。

最初にご紹介するのは、私にとって新たな「はじまり」のような、原点とも言える大切な作品です。

日本最古の物語『竹取物語』よりクライマックスシーン。昇天するかぐや姫と、翁嫗の惜別の悲しさの情を描きました。中野サンプラザ（東京都）創立40周年記念イベント事業の一環で開催された「切り絵で見る星物語」展（２０１２）に合わせて制作したものです。

主催者の方から「新たな芸術鑑賞のスタイルの提案を」というお誘いを受けての企画でしたので、切り絵で表現する天文と宇宙の独特の世界観をお伝えしたいと、より意欲的に準備を進めました。ふとしたきっかけがあり、『竹取物語』を読みなおしたのですが、新たに気づいたり、思うことがありました。実は、過去に『竹取物語』の切り絵に挑戦したことがありましたが、いまの自分でもう一度、物語の世界を形にしてみたい……。ふくらむ思いと、そのイメージを素直に表現したいと思い、新たに制作することにしました。本作のほか、２０１０年の国立天文台公式カレンダーで制作した作品「和名で巡る日本の星」や、天文現象や神話をモチーフにした作品など、総計約20点を出展しました。中野サンプラザでの展示会を通して、切り絵で表現することの面白さや可能性を感じ、発見や出会いもありました。

『竹取物語』より　八月十五夜　かぐや姫の昇天
初の外部機関での個展。本作は、展示会の代表作として、朝日新聞夕刊など多くのメディアで紹介されました。

東北

仙台市天文台〔天〕

国内屈指の大きさを誇る、口径1.3m「ひとみ望遠鏡」

望遠鏡
光学系／**反射**
口径／ 130cm
設置年／ 2008 年

青葉城址政宗騎馬像と日食

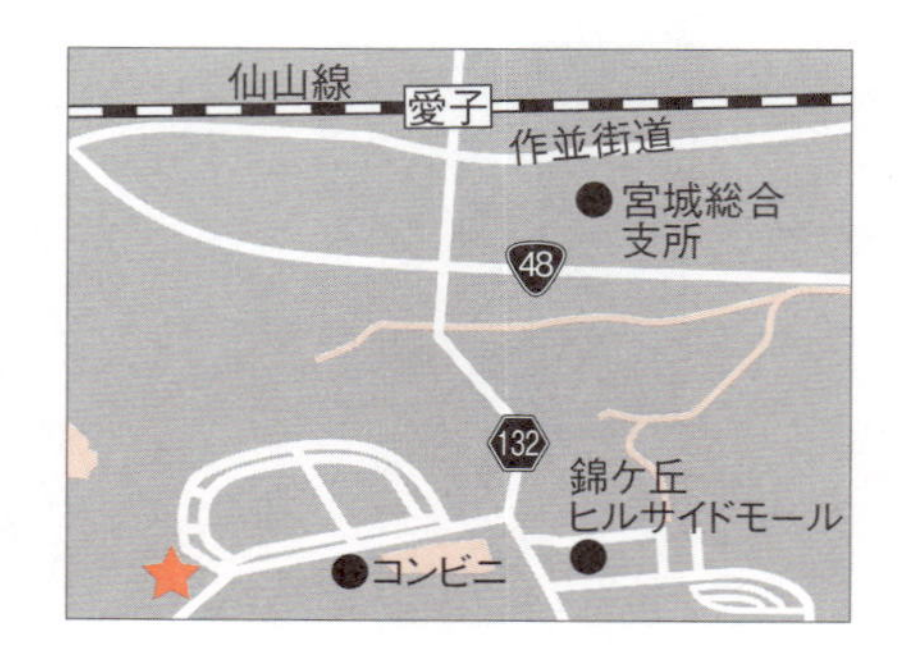

本物の星空体験を通して宇宙をまるごと楽しめます！

仙台市天文台は、1955年、市民のための天文台として開台しました。2008年には現在地に移転しリニューアルオープン。2018年2月には移転後延べ入館者数300万人を突破しました。展示室・望遠鏡・プラネタリウムを備えており、天文に特化した博物館としては、国内屈指の広さを誇ります。

模型やCG映像などで楽しく宇宙について学べる展示室は、2018年4月にリニューアル。「銀河系エリア」や体験コーナー「GEN理（げんり）の広場」を新設し、これまで以上に宇宙の広がりを体感できます。

ドーム直径25mのプラネタリウムでは、美しい星空とともに、迫力ある映像番組を投映しています。スタッフがその日見える星空を生解説する番組や、小さなお子様から楽しめるオリジナル番組など、多彩な番組をお楽しみいただけます。

17等級ほどの暗い星を観測できる口径1.3mの「ひとみ望遠鏡」では、見頃の天体を観察する天体観望会を定期的に開催。「冷却CCDカメラ」や「中分散分光器」などの観測研究にも使用できる装置もついており、天体の様子や現象の仕組みについて調べています。また、天文台スタッフのほかにも、公募により選ばれた一般の方や、高校生、大学生が使用することもできる、体験観測や共同観測なども実施しています。

プリンのような形をしたドームが目印の近未来的な建物

天体観望会／毎週土曜日 19:30 ～晴天時に開催。口径 1.3 m の「ひとみ望遠鏡」を使って、見頃の星や天体を観察します。
※ 2019 年 1 ～ 3 月は、開催せず（工事のため）

DATA

- 仙台市天文台
- 宮城県仙台市青葉区錦ケ丘9-29-32 TEL 022-391-1300
- 9:00～17:00（土曜日は21:30まで・展示室は17:00まで）※最終入館は閉館30分前まで
- 休：水曜日・第3火曜日、年末年始（12/29～1/3）
- ¥：［セット券（展示室＋プラネタリウム1回）］大人1000円・高校生600円・小中学生400円・未就学児無料
- 【JR】仙台駅より車で30分／【東北自動車道】仙台宮城ICより車で国道48号線経由10分
- HP：http://www.sendai-astro.jp/

星と森のロマントピアそうま 公開天文台「銀河」〔天〕

森に囲まれた天文台で、天の川も楽しむことができます。

DATA

- ：星と森のロマントピアそうま　公開天文台「銀河」
- ：青森県弘前市大字水木在家字桜井66-1
  TEL 0172-84-2233
- ：13:00～22:00（最終入館は21:30まで）
- 休：月曜日（祝日の場合は次の平日）
- ¥：高校生以上：200円・4歳以上：100円
- ：【JR奥羽本線】弘前駅より車で30分／【東北自動車道】大鰐弘前ICより車で35分
- HP：https://romantopia-tenmondai.jimdo.com

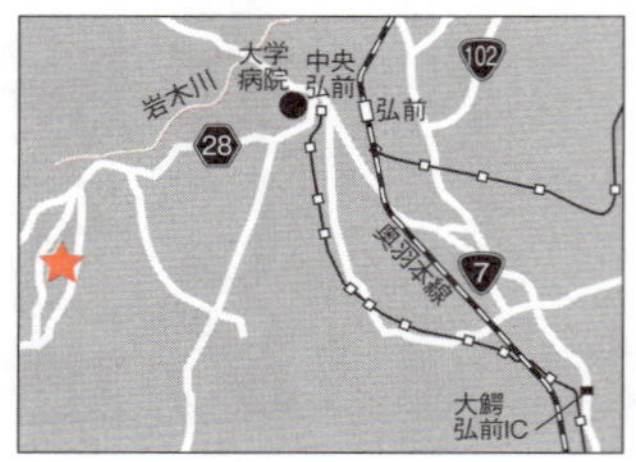

望遠鏡
光学系／反射式
口径／40cm
設置年／1989年

白神山地にほど近く、岩木山が間近に見える弘前市相馬地区にある公開天文台です。総合レジャー施設の一角に位置し、ホテルやコテージのほか、温水プールやゴーカートなど、ご友人同士、ファミリーで楽しむことができます。施設内でレジャーを満喫したあとは、夜の天文台へ。ロマントピアはあたり一面を「森」で囲まれており、明かりに邪魔されることなく、満天の星空が楽しめます。口径40㎝の反射望遠鏡で月や惑星を観察したら、前庭に寝転がって星座をたどってみましょう。条件が良ければ人工衛星や流れ星、天の川も十分に楽しめます。曇ってしまっても大丈夫。館内には、様々な天体模型や天体写真を、多数ご用意しております。また、「星、まったく分からない…」、「興味はあるけど…」という方でも大丈夫。当天文台には、専属のスタッフが常駐しています。望遠鏡を月に合わせたり一緒に星座をたどったり、時には星座の神話など、皆さんのご要望に合わせてご案内いたします。ぜひ私たちと一緒に空を見上げ、はるか彼方の世界に思いを馳せてみませんか？

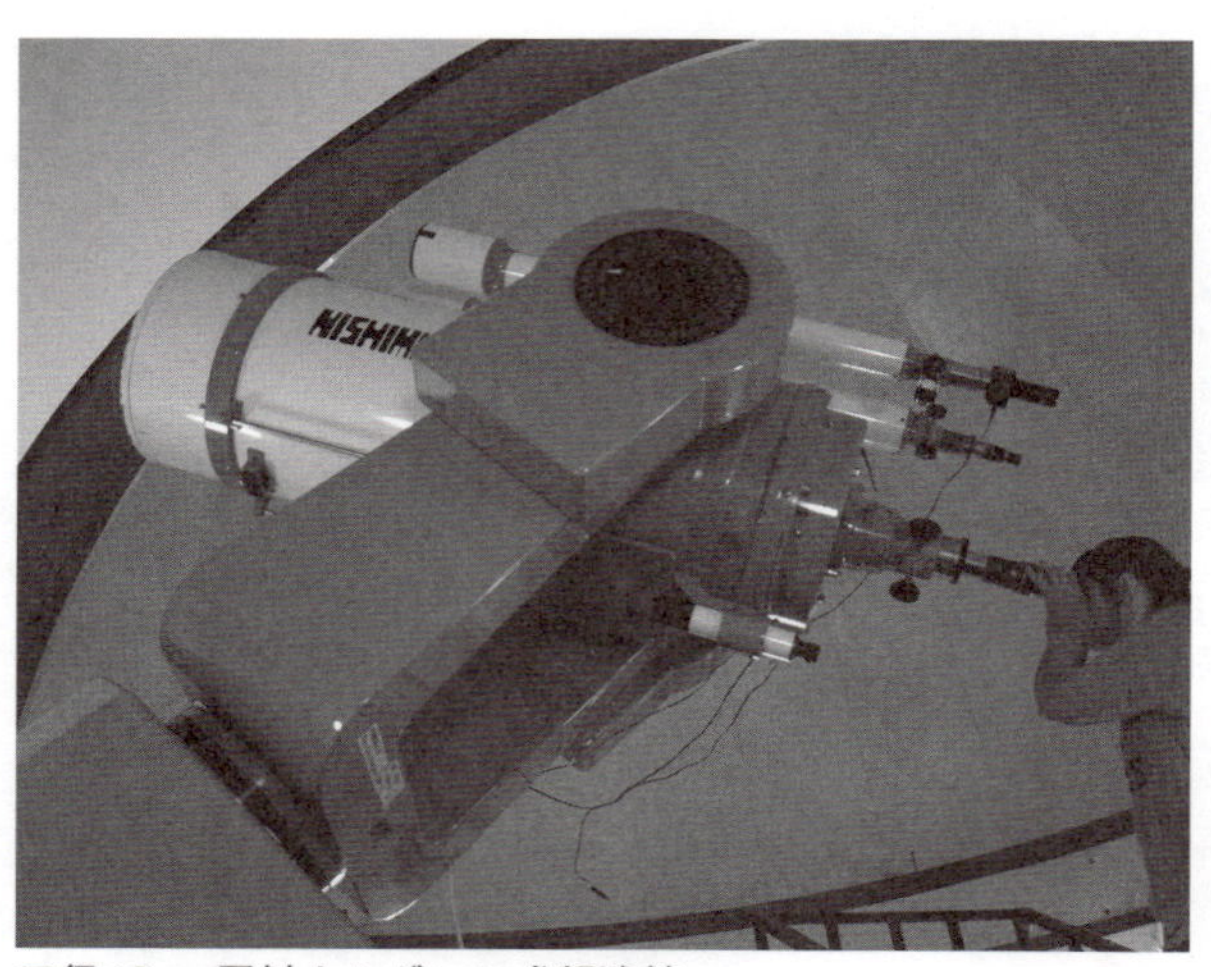

口径40cm反射カセグレン式望遠鏡

観察会の日程はHPにて公開しています。7/24～8/31までの夏休み期間は休まず開館いたします。

北海道
東北
関東
中部
近畿
中国・四国
九州・沖縄

北海道
東北
関東
中部
近畿
中国・四国
九州・沖縄

いちのへまち
一戸町観光天文台〔天〕

高原に広がる雄大な自然と四季の星空が楽しめます。

DATA
- 一戸町観光天文台
- 岩手県二戸郡一戸町女鹿字新田42-21
  TEL 0195-33-1211
- 13:00～22:00
- 休：月～木曜日（その他、整備休館、冬季休館あり）
- ¥：大人：400円・小人：200円
- 【IGR】奥中山高原駅より高森高原方面へ車で20分／奥中山高原温泉より車で15分
- HP：http://www.okunakayamakogen.jp/index.html

望遠鏡
光学系／反射式
口径／50cm
設置年／1989年

岩手県北のなだらかな高原にある天文台です。北上高地から陸奥方面まで開けた眺望は、三陸沖の太平洋上の漁火が見られるほど。周辺施設の照明も少なく、晴れた夜は満天の星空を眺めることができます。

館内には各種の天体観測器があり、1989年に設置された50㎝反射望遠鏡は、現在でもメインの観測器材として活躍しています。同架されている15㎝望遠鏡では昼間に太陽の観測もできます。その他、岩手県立盛岡第一高等学校の旧20㎝反射赤道儀など、県内の天文史に残る観測器を常設展示しております。保存展示用の器材を使った観望会も開催されており、その日のコンディションにあわせて様々な望遠鏡で星空をお楽しみいただくことができます。

天文台の南側に広がる奥中山高原には温泉や宿泊施設があり、周辺の観光の拠点としてご利用いただけます。また、「いわて子どもの森」やアウトドアのプレイスポットも充実しており、1日を通して遊ぶことができます。

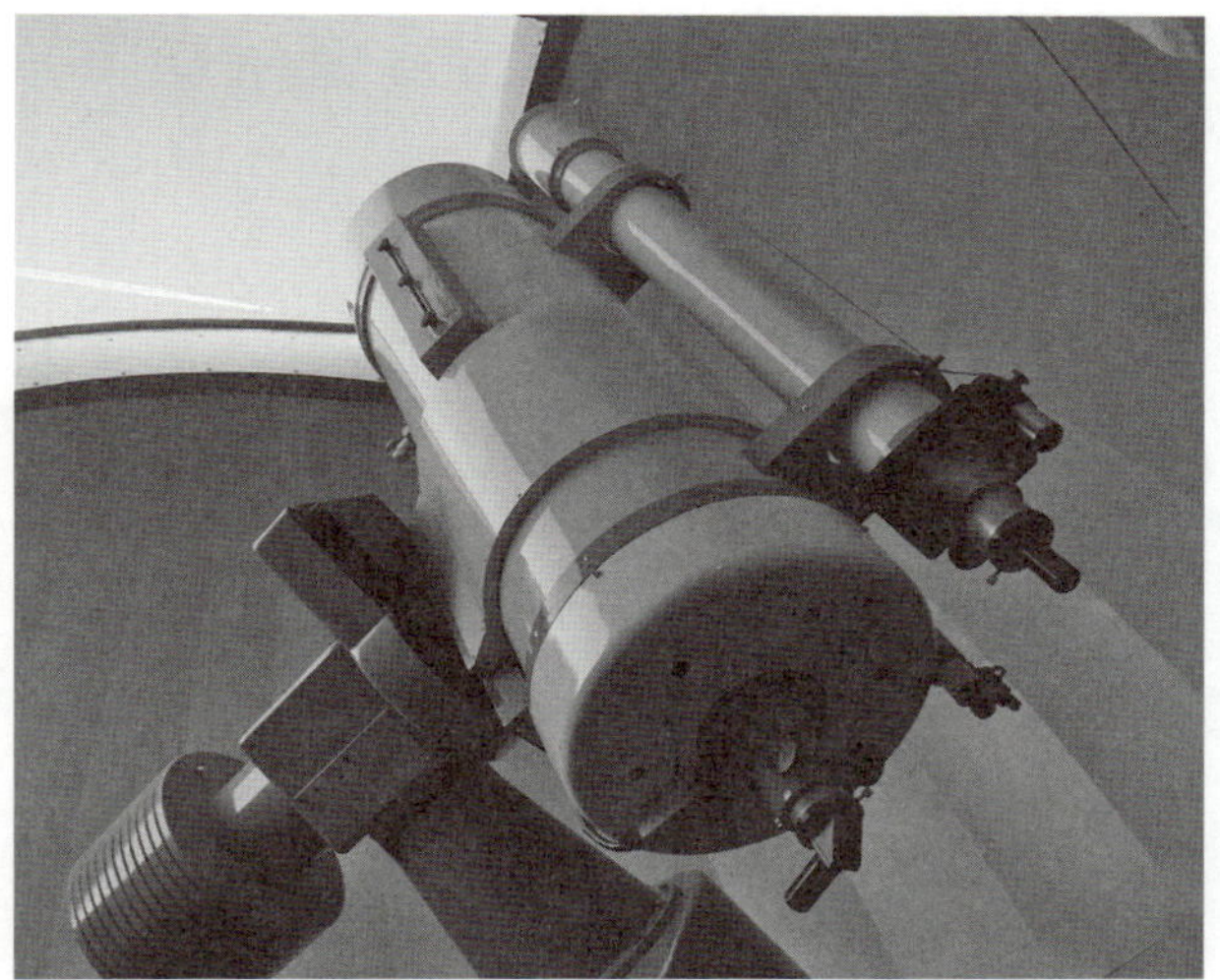
東北最初の500ｍｍ反射式望遠鏡

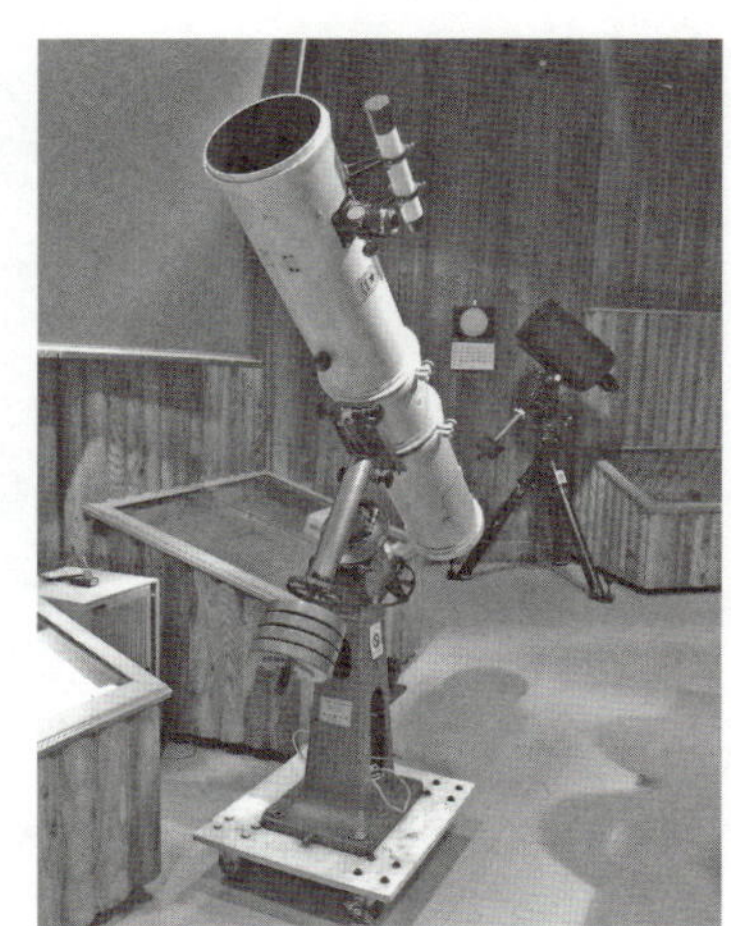

開館時間内は随時、天体観測をご案内しています。不定期で、各種講座やワークショップも開催しています。

ひろのまきば天文台〔天〕

360度の大パノラマ、夏も冬も天の川が楽しめます。

DATA

:ひろのまきば天文台
:岩手県九戸郡洋野町大野第66地割8-142
TEL 0194-77-3377
:13:00〜21:00(最終入館は20:30まで)
休:月〜木曜日、12/29〜1/3、臨時休館の場合有り
¥:高校生以上:210円・小中学生:100円・未就学児無料
:国道395号沿い、道の駅おおのより、おおのキャンパス内を北へ車で2分
HP:http://www.ohnocampus.jp/tenmondai/

望遠鏡
光学系/反射
口径/51cm
設置年/2010年

環境省主催「平成19年度冬期全国星空継続観察」一般参加団体の部で、日本一星空が見やすい場所に選ばれた地域に整備された天文台です。三陸ジオパークのビューポイント「大野海成段丘」の高台にあって視界がひらけており、光害が少なく、空気も澄んでいるなど、星空観察に適した環境が整っています。

2階観測室に設置してある口径51㎝反射式天体望遠鏡は、集光力が肉眼の約5300倍で、700㎞離れたろうそくの火が見えるくらいの性能があるので、夜だけでなく日中も天体観察を楽しむことができます。また、Hα太陽望遠鏡で太陽の黒点、プロミネンスの観察もできます。

1階講座室には、「ひろの星をみる会」会員撮影の天体写真が豊富に展示されており天候に関わらず楽しめる工夫があります。

1.2㎞先の、工房とみどりの空間をテーマにした「おおのキャンパス」内には、本州で一番広い「大野パークゴルフ場」、「木工・陶芸・さきおり工房」、「道の駅おおの」、宿泊施設「グリーンヒルおおの」が整備されており、泊りがけで楽しむことができます。

北天の空　　(撮影[2枚とも]:野田　司　ひろの星をみる会)

毎月2回、天文台長の解説で星空教室を開催。毎年、8月と12月に流星群の観察会を開催。食事施設・宿泊施設は1km先にあります。

北海道 / 東北 / 関東 / 中部 / 近畿 / 中国・四国 / 九州・沖縄

いいで天文台〔天〕

ゆりの里「いいで」から美しい星空を届けます。

DATA

- 🔭：いいで天文台
- ★：山形県西置賜郡飯豊町大字萩生3548
  TEL 0238-87-1758
- ⏲：一般公開：毎週土曜日（4～11月）19:00～21:00／特別公開：年間10日間程度　随時／予約公開：要相談
- 休：冬期間（12～3月）は閉館
- ¥：中学生～一般：200円・小学生：150円・未就学児：無料
  ※団体料金あり
- 🚃：【JR米坂線】萩生駅より徒歩10分／国道113号線沿い「道の駅いいで」より北に車で10分
- HP：http://www.town.iide.yamagata.jp

望遠鏡
光学系／反射
口径／40cm
設置年／2006年

飯豊町は最上川源流域に位置し、豊かな自然と美しい星空が広がる町です。いいで天文台の愛称はキラキラドーム。山形県南部の置賜地方では唯一の公共天文台で、子どもたちを中心に多くの方々に利用いただいています。

施設の1階は学習用モニターを備えた準備室、2階が観測室で小型の屈折望遠鏡・太陽望遠鏡・アストロカメラを同架した40cm反射望遠鏡を据え付け、眼視による観測や写真撮影をメインにおこなっています。また、施設に隣接する公民館の一室にはプロジェクターと専用スクリーンを設置し、四次元宇宙シアターによる天文学習などに活用しています。

施設周辺には、ホテル、農家レストランなどもあり利便性がよく安心して天文台を利用することができます。さらに、近隣には田園散居集落の景観を一望できる展望台や東北でも最大級のゆり公園があり、特に6～7月の開花時期には県内外から多くの観光客で賑わいをみせます。

望遠鏡と夏の天の川

地元小学生の天文台見学

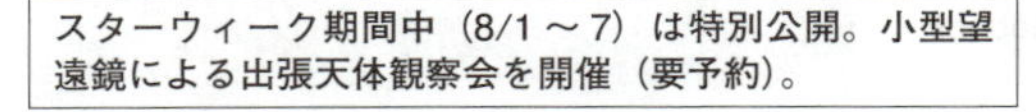

スターウィーク期間中（8/1～7）は特別公開。小型望遠鏡による出張天体観察会を開催（要予約）。

酒田市眺海の森天体観測館 コスモス童夢〔天〕

庄内平野と鳥海山を一望できます。

DATA

:酒田市眺海の森天体観測館　コスモス童夢
:山形県酒田市土渕字甚治郎向20-2
TEL 0234-61-4012(開館時)/0234-62-2633(閉館時問い合わせ)
:19:30〜21:30(金・土夜間)、11:00〜17:00(土・日・祝日昼間)
休:祝日を除く月〜木、12〜3月
¥:大人:100円・小学生から高校生:50円・未就学児:無料
※通年券、団体割引あり
:【JR羽越本線】余目駅より車で約30分
HP:http://matuyama-net.com/cosmos/

至酒田市街
最上川
345
里仁館
総光寺
松山小
362
羽越本線
余目

望遠鏡
光学系/反射
口径/50cm
設置年/1993年

当館は、「眺海の森」の頂上に位置しています。２０１８年で開館から、25周年を迎えます。

山形県内最大の50㎝反射望遠鏡があり、4月から11月の毎週末と祝日に開館している、唯一の天文施設です。「眺海の森」には、夏でもスキーの滑走ができる人工ゲレンデを有する「松山スキー場」や、お食事・入浴・宿泊ができる「公共の宿 眺海の森さんさん」、「眺海の森」のことが学べる「森林学習展示館」があります。また、春と秋には「眺海の森」の上空を、渡りをおこなう猛禽類（サシバ、ハチクマ、ハイタカ類）のルートになっているため、絶好の観察ポイントになっています。夏には、酒田市や鶴岡市の花火大会を見ることができ、ペルセウス座流星群は、隣接している芝生に寝転がって観察できます。

旧松山町には、松山町の地歴史を学べる「松山文化伝承館」や、「きのこ杉」で有名な古刹「洞瀧山 總光寺」、「松山能」を上演する「松山城址館」があり、観光地にもなっています。

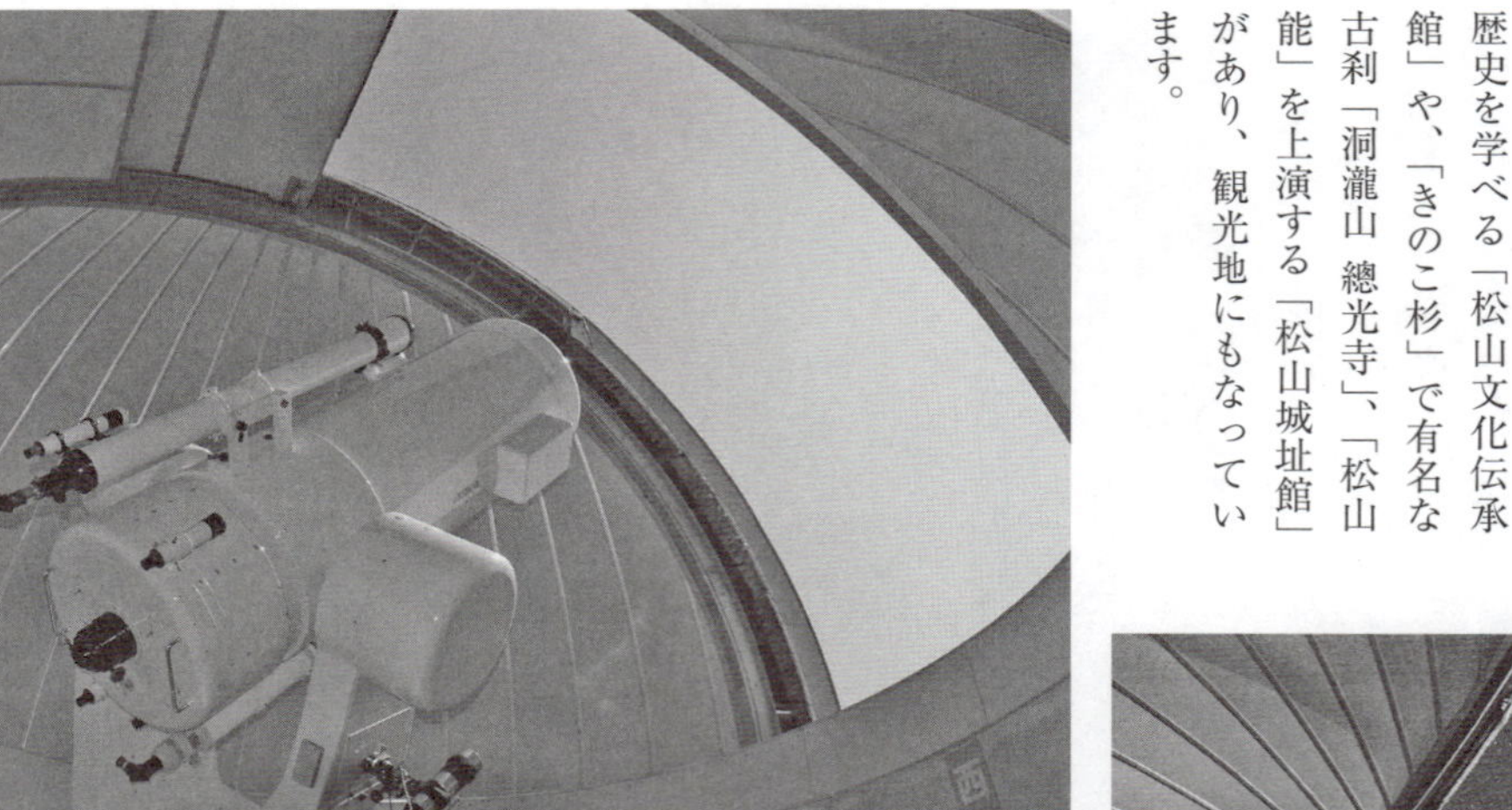

口径50cmの大型反射望遠鏡

ドームから見た夜空

4〜11月末までの金、土の夜間開館。8月中旬の連続夜間開館。土・日・祝日の昼間開館時の太陽観望。七タイベントなど、詳細はHP、Facebookでご確認ください。

田村市星の村天文台〔天〕

「天に星　地に鍾乳洞　人に愛」の自然がいっぱいです。

DATA

- :田村市星の村天文台
- :福島県田村市滝根町神俣字糠塚60-1 TEL 0247-78-3638
- :10:00～17:00（4～9月）、10:00～16:00（10～3月）
- 休:火曜日（4～9月）、火・水曜日、年末年始（10～3月）
- ¥:［天文台］大人：500円・小中学生：300円　※プラネタリウムは別料金、団体割引あり
- :【磐越自動車道】小野ICより車で20分／【JR磐越東線】「神俣（かんまた）駅」下車、車で7分
- HP:http://www.city.tamura.lg.jp/soshiki/20/hosihomura-osirase.html

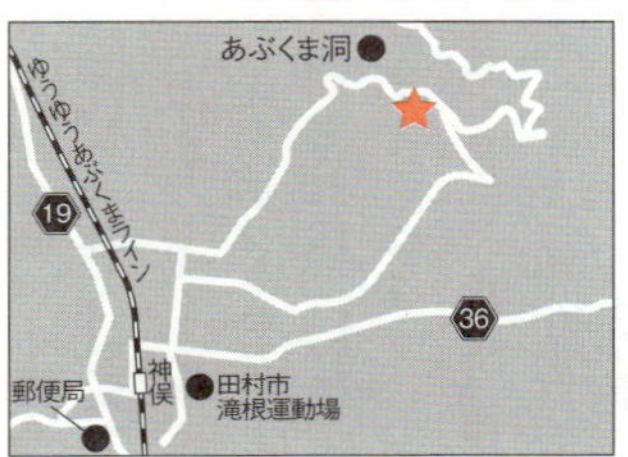

望遠鏡
光学系／反射
口径／65cm
設置年／1991年

名物台長の大野裕明と副台長の智裕親子、スタッフ数名でアットホーム感満載の星空案内をしています！

月明かりがない時は、「天の川」や流れ星を肉眼で見ることができます。

福島県では最大級の口径65㎝カセグレン式反射望遠鏡で星雲・星団や木星・火星・土星、その他の今見てみたいリクエストの星も一緒に探して見ることがおススメです。

夜だけではなく、日中はプラネタリウム館で星空観賞、Hα太陽専用望遠鏡で太陽表面の吹き出ているプロミネンスや黒点を探します。そして約5万年前に落下した隕石の一部（鉄隕石約3・5㎏）も触ったりと、読書や普段の生活では体験できない宇宙の知識を体感できます。館内には宇宙グッズの売店や子どもからお年寄りまで大人気の化石・鉱物発掘体験も実施中です。隣接するあぶくま鍾乳洞は約8000万年の歴史と入水鍾乳洞があり自然体験満載です。

天文台周辺滞在時間も30分～3時間と観光巡りのスポットにもなり、自然豊かなところで遊べます。

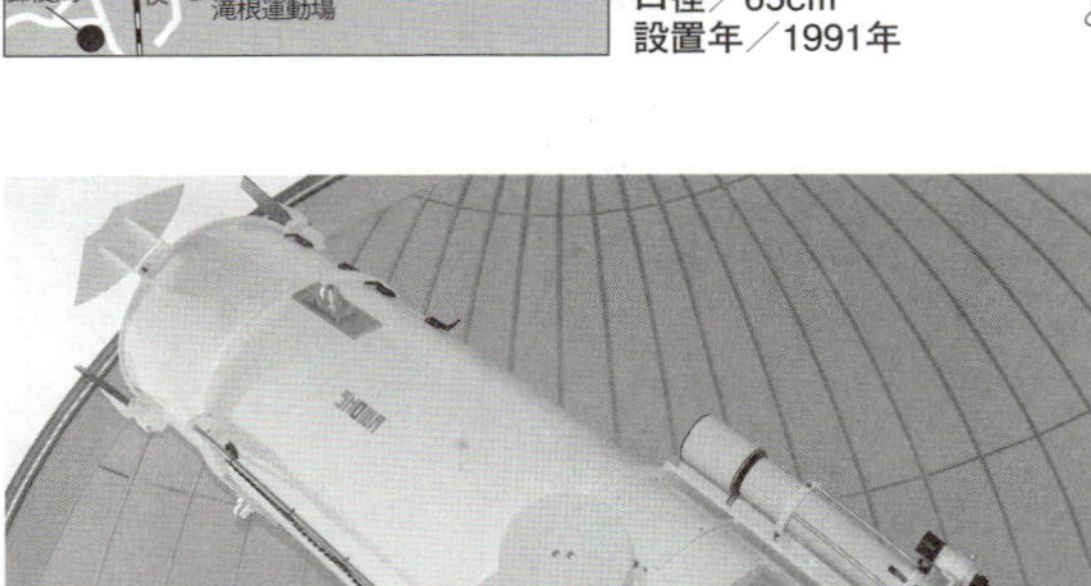

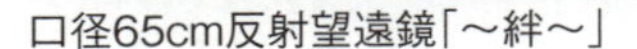

口径65cm反射望遠鏡「～絆～」

北極星を見る岩1.5 mと北極日周運動

夜間公開：土曜日（天文現象により特別公開あり）季節時間変更あり。10月3連休に「星まつり」を開催。

福島市浄土平天文台〔天〕

浄土平天文台は日本で一番高所にある公開天文台です。

DATA

- :福島市浄土平天文台
- :福島県福島市土湯温泉町字鷲倉山浄土平地内
  TEL 0242-64-2108　※冬季閉鎖中:024-572-5717
  (福島市観光コンベンション推進室)
- :10:00～17:00(4月上旬～11月中旬)
  【夜間開館】19:00～21:00(水、土曜日[5月中旬～末、9～10月])／20:00～22:00(6～8月)／4月上旬～5月中旬、11月は休館(雨天・曇天中止)
- 休:月曜日(祝日の場合は翌平日)
- ¥:無料
- :【福島西IC】より車で約45分／【JR】福島駅から「吾妻スカイライン観光路線バス」で約1時間40分
- HP:http://www14.plala.or.jp/jao/

浄土平は磐梯朝日国立公園内の標高1600mの高地に位置し、周辺の空気が清浄で光害も少ないことから、1987年に環境庁が実施した「星空の街コンテスト」で上位入選するなど、天文愛好家に好評なスターウォッチングポイントです。

また、吾妻連峰を縫うように走り、〝優れた環境と美しい景観〟をもつ観光道路磐梯吾妻スカイラインの中間地点である浄土平には、数多くの観光客が訪れています。

浄土平天文台には、直径5・5mのドームがあり、14・8等星まで観測できる口径40cmの反射望遠鏡と15cmの屈折望遠鏡を備え、また、太陽望遠鏡2基も設置し、日中は黒点やプロミネンスも観測できます。

展示コーナーには、太陽観測のライブ映像や夜間撮影による星の録画映像を楽しむことができるテレビモニターを設置しています。また、太陽や惑星の模型、隕石などの展示もおこなっております。

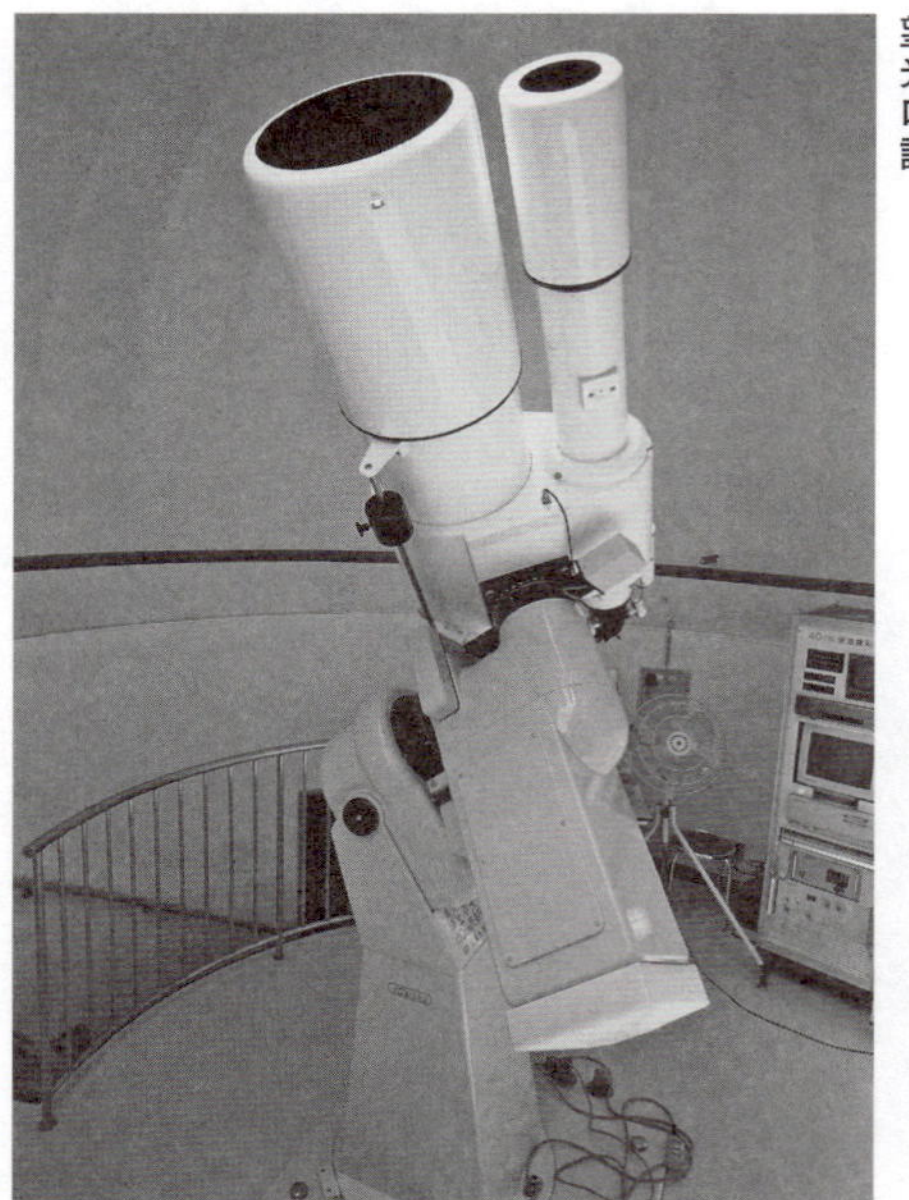

望遠鏡
光学系／反射
口径／40cm
設置年／1993年

反射望遠鏡

天文台と星空

星と自然の浄土平まつり（7月下旬～8月中旬）

八戸市視聴覚センター・児童科学館〔科〕

直径5mの天体観測ドーム内にニコン製の口径15cmの屈折式望遠鏡が収められています。現在では大きな口径とは言えませんが、より大口径の望遠鏡に比べて、気流の影響を受けにくいため、屈折式の星像の安定度と相まって、月や惑星の観察ではむしろよく見える場合があります。毎月第2・4土曜日の観望会ではこの望遠鏡を使って、「Tonight's Best」の天体を観察できます。また、プラネタリウムでは季節ごとの一般投影番組（児童向け）や、生解説番組（一般向け）などを用意しております。

八戸の星のことならココ！
宇宙や星の疑問に答えます。

DATA
🏠：八戸市視聴覚センター・児童科学館
★：青森県八戸市類家4-3-1
TEL 0178-45-8131
⏰：8:15〜17:15
休：月曜日（祝日の場合は翌日）
¥：無料（プラネタリウム観覧、工作体験の場合は有料）
🚃：【JR八戸線】本八戸駅より車で15分、またはバスで「市民センター前」下車、徒歩3分
HP：http://www.kagakukan-8.com/

望遠鏡
光学系／屈折
口径／15cm
設置年／1980年

毎月第2・4土曜日に観望会を開催しているほか、月食などの天文イベントの際も観望会を開催しています。

岩手山銀河ステーション天文台〔天〕

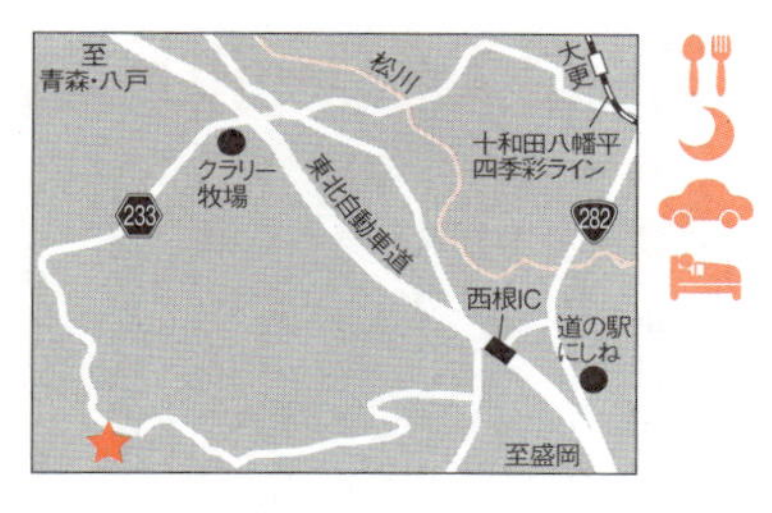

岩手山の麓、澄んだ空気の中で満天の星空が楽しめます。

岩手山焼走り国際交流村内にあり、広大な敷地に、キャンプ場・キャビン村・オートキャンプ場・温泉館を併設しています。目の前には、国の特別天然記念物である、岩手山の焼走り熔岩流が広がります。天文台は1年をとおして開館し、各季節の自然美とともに満天の星空をお楽しみいただけます。館内には、「岩手の星空」「各種天体」を中心に約500枚の写真、企画展示として「星景：岩手の沿岸復興地2012〜2018」の写真100枚以上を展示中です。天文・宇宙関連の書籍・雑誌300冊、BGM用にCD・レコード1000枚を常備しております。

望遠鏡
光学系／反射
口径／50cm
設置年／1992年

DATA
🏠：岩手山銀河ステーション天文台
★：岩手県八幡平市平笠24-728（岩手山焼走り国際交流村内）
TEL 0195-76-2013
⏰：15:00〜23:00（11〜3月：15:00〜22:00）
休：毎週月曜日〜木曜日、祝日と祝前日は開館
¥：中学生以上：300円、小学生：150円
🚃：【東北自動車道】西根ICより10 km／【JR東北本線】盛岡駅より30km、焼走り国際交流村へ
HP：http://www.hachimantai-ss.co.jp/~yakehashiri/index.html

各種天文現象（流星群、月食など）に合わせた講座や観測ガイド、星景写真撮影講座。

きらら室根山天文台〔天〕

室根山は、県立自然公園に指定されている自然豊かな低山です。山頂付近では、天体写真でよく見られる天の川の暗黒帯も、肉眼で認識できるほどの天体観測スポットです。多くの天体写真撮影をされる方々が県内外から訪れ賑わいます。近くには展望台、望洋平キャンプ場があり、室根高原には「アストロロマン大東」などのアウトドアを楽しめる施設が充実し、室根山の自然を満喫できます。展望台デッキからは、およそ１００kmの視程をパノラマで眺望したり、パラグライダーのフライトを見たり、さらに体験することもできます。

天気さえ味方すれば、昼夜問わず天体観測が可能です。

DATA

- ：きらら室根山天文台（室根山展望台内）
- ：岩手県一関市室根町折壁字室根山1-146
  TEL 0191-64-3700
- ：13:00～17:00（昼の部）／19:30～21:30（夜の部）
- 休：火、水曜日
- ¥：大人：310円・児童：150円・幼児無料
- ：【JR大船渡線】折壁駅より徒歩80分（室根山散策を兼ねて）／車で気仙沼市街より40分、一関市街より70分
- HP：—

望遠鏡
光学系／反射
口径／50cm
設置年／1992年

団体（20名以上）の場合、開館日や開館時刻以外でも対応できる場合があります。一関市役所 室根支所 産業経済課（TEL：0191-64-3806）まで、お問い合わせ下さい。

由利本荘市スターハウス　コスモワールド〔天〕

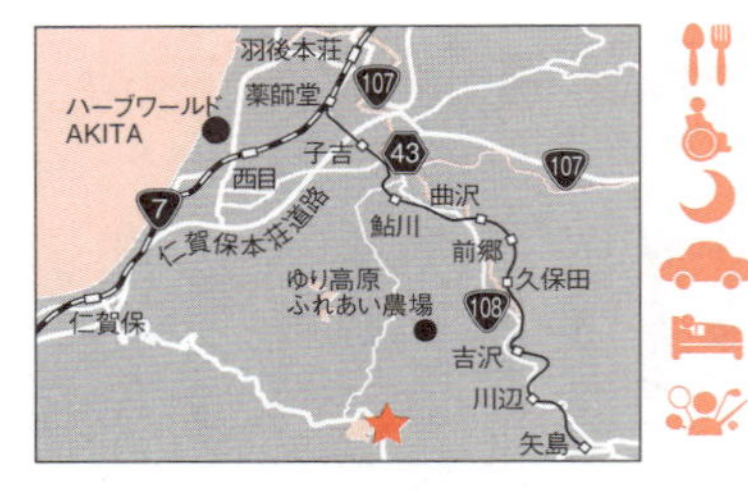

ジンデン望遠鏡で見る宇宙を体験できます。

当館は、鳥海山を臨む『南由利原高原青少年旅行村』の中にあります。南由利原では、春には『菜の花まつり』、夏には『高原まつり』、そして秋には『コスモスまつり』があり、大自然を満喫することができます。

また当館のプラネタリウムでは、当日20時の星空を案内しておりますので、晴れた夜には同じ星空を肉眼でも楽しめますし、月明かりがなければ、天の川を見ることもできます。そして天体ドーム開館日には、県内一の口径を誇るジンデン望遠鏡で、月や惑星、星雲・星団をお楽しみいただけます。

DATA

- ：由利本荘市スターハウス　コスモワールド
- ：秋田県由利本荘市西沢字南由利原358
  TEL 0184-53-2008
- ：13:00～17:00（天体観測：19:00～21:00）
- 休：平日（市の小中学校夏休み期間は月・火・水曜日）
- ¥：無料（プラネタリウムは有料　大人：320円・小人：220円・幼児：無料）
- ：【JR羽越本線】羽後本荘駅より車で約30分
- HP：https://www.city.yurihonjo.lg.jp/

望遠鏡
光学系／反射
口径／60cm
設置年／1995年

5/3～10/8の土・日・祝日開館　※天体観測会は不定期のため、当館にお問い合わせください。

南陽市民天文台〔天〕

運営は、南陽天文愛好会がおこなっています。

南陽天文愛好会は、天文に興味と関心を持つ人が会員となり、親睦を図り、天文についての研究、普及、市民天文台の運営をおこなうことを目的としています。天文台および31cm反射望遠鏡は、故伊藤惣太郎氏の多大なる尽力により建設されました。伊藤氏の功績をたたえてこの望遠鏡を「太郎望遠鏡」と呼んでいます。

3.5mのドームの中には、星雲星団に威力を発揮する31cm反射望遠鏡があります。また移動式ですが、月・惑星観測のために15cm屈折望遠鏡も用意しています。

宇宙を気軽にそして間近に楽しめる市民天文台です。

DATA
- 名称:南陽市民天文台
- 住所:山形県南陽市宮内字高日向山4396-153
  TEL 090-1490-9835
- 時間:19:00〜21:00(土曜日)、8/1〜7(特別公開)
  ※ただし天候が晴れのとき
- 休:12〜3月(冬期閉鎖)
- ¥:無料
- 交通:【フラワー長井線】宮内駅より車で5分
- HP:http://www.nanyotenmon.jp/

望遠鏡
光学系/反射
口径/31cm
設置年/1986年

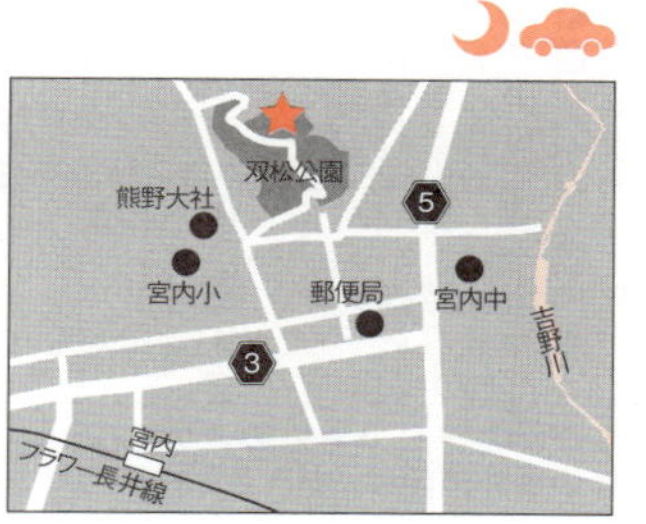

土曜日の晴れた夜は南陽天文愛好会の会員が星空案内をいたします。ぜひお気軽にご利用ください。

やまがた天文台〔天〕

NPO法人「小さな天文学者の会」が運営する小さな天文台。星のソムリエ®制度はここで誕生し、全国に広がりました。天候に関わりなく毎週土曜日にオープンしており、個性あふれる星のソムリエ®がガイドツアーで温かくおもてなしします。晴れた日は望遠鏡を用いた星空案内、曇や雨の日は星や宇宙の楽しい話を聞くことができます。最終土曜日には、立体的な映像を楽しめる四次元宇宙シアターでオリジナル番組の上映もしています(別料金)。2018年には天文台としては全国で初めて、ネーミングライツ契約を結びました。

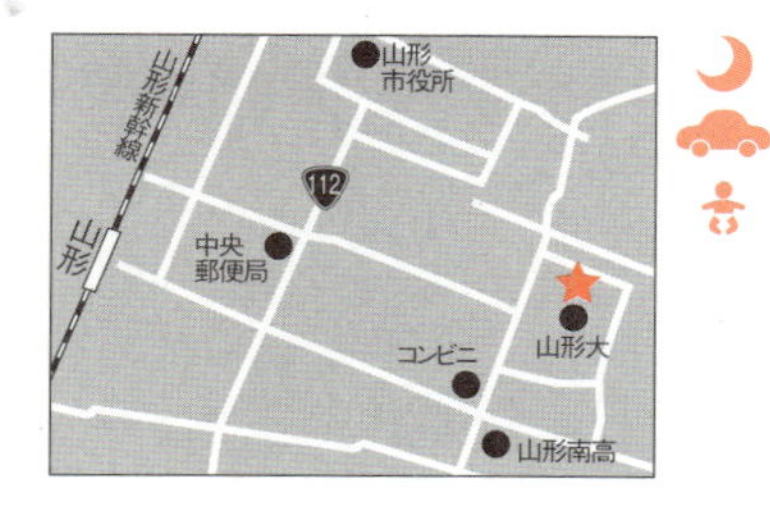

星のソムリエ® 発祥の地にある小さな天文台です。

DATA
- 名称:やまがた天文台
- 住所:山形県山形市小白川町1-4-12(山形大学・小白川キャンパス内)
  TEL 023-628-4050
- 時間:19:00〜21:00(毎週土曜日・4〜9月)、18:00〜20:00(毎週土曜日・10〜3月)
- 休:年末年始および大学入学試験日 ※詳細はHPで
- ¥:小学生以上:200円
- 交通:【JR】山形駅より徒歩25分/山形駅よりバスで「山大前」下車
- HP:http://astr-www.kj.yamagata-u.ac.jp/yao/

望遠鏡
光学系/屈折
口径/15cm
設置年/2003年

毎年七夕近くの開館日には「ゆかたで天文台」を開催し、浴衣で来台いただいた方は入館料が無料となっています。

福島市子どもの夢を育む施設
こむこむ　子ども天文台〔科〕

「こむこむ」は、楽しみながら学べる教育文化複合施設で、子どもたちの「夢」につながる豊かな出会いを提供します。

子ども天文台では、季節の星座や天文について楽しく学べる「天文教室」（事前募集）や、自由参加の「観望会」などのワークショップを開催しています。

プラネタリウムでは、子どもから大人まで楽しめるよう、様々な番組の投影をおこなっています。

誰もが気軽に利用でき、子どもも大人も一緒に楽しめる「こむこむ」を、ぜひご利用ください。

DATA

- :福島市子どもの夢を育む施設こむこむ　子ども天文台
- :福島県福島市早稲町1-1
  TEL 024-524-3131
- :9:30〜19:00
- 休:毎週火曜日（祝日の場合は翌平日、学校の長期休業日を除く）、12/31、1/1
- ¥:無料
- :【JR】福島駅より徒歩3分
- HP:http://www.city.fukushima.fukushima.jp/comcom/

プラネタリウム投影スケジュールや、ワークショップの日程の最新情報は、HPをご確認ください。

子どもたちに、
豊かな出会いを提供します。

望遠鏡
光学系／屈折
口径／15cm
設置年／2005年

福島交通飯坂線
3
13
イトー
ヨーカドー
福島
福島
373
中合
70
東北新幹線
奥羽本線
東北本線

小栗 順子 / 切り絵ギャラリー

プロフィールは20ページをご覧ください

ようこそ！私の「天文・宇宙の切り絵」その②

切り絵で手掛けた初めてのポスター作品です。野辺山（長野県）の豊かな自然と、現存する電波望遠鏡をモチーフに描きました。ポスターならではで、作品の上に文字がたくさん載るので、全体のバランスや、文字の配置場所を意識しながら、心地良い緊張感を持ちながら制作を進めていきました。

どんな構図にしようか、どんな線を出そうかと、自分の中にちゃんとイメージをつくってから制作に入ることが多いのですが、このポスターの時は、表現したい構図や盛り込む要素がスっと自然に決まりました。制作に先立って、野辺山の観測所を訪ねたことが大きかったのだと思います。45m電波望遠鏡のスケール、肌で感じとったその土地の空気。観測所を訪れたのは春でしたから、夏のポスターにするためにと、現地でとらえた印象をもとに、季節を先取りする気持ちで描いていきました。

作品を制作する時には、関連する本や資料を十分読んで、考えてからイメージしていくように心掛けています。切り絵は一度切ってしまうと、やり直しがきかないからです。なかなかイメージしたとおりに描けないとか、描いた線のとおりに切れないこともありますが、自分なりに納得したものに辿り着けるまで地道に作品に向かっていきます。切り絵でどのように形にしていくか、自分の思いも見つめながら、一つ一つの線を生み出していく作業も興味深いものです。

45m電波望遠鏡
（国立天文台野辺山）
国立天文台野辺山キャンパスの
2013年公開日ポスター

小栗 順子 / 切り絵ギャラリー

プロフィールは20ページをご覧ください

ようこそ！私の「天文・宇宙の切り絵」その③

55th Anniversary: Akashi Municipal Planetarium
開館55周年の記念ハガキと広報誌の特別号の表紙になりました。

２０１５年６月に開館55周年を迎えた兵庫県明石市立天文科学館。科学館が佇む明石に因んだ要素を盛り込みながら、記念年へのお祝いの気持ちを形にしてみたいという思いから描いた作品です。構図は、東経１３５度子午線の真上に立つ科学館の塔時計をメインにして、あちこちに仕掛けを施してあります。隠し絵のようなものを目指して作りました。切り絵でこのような表現をするのは、私にとって新たな挑戦でした。普段から、新しく作品を制作するときには、描き方や、作品へのアプローチなど、なにか一つは新しい試みをしたいと思い、意識しながら取り組むようにしています。

科学館で開催された特別展『紙の宇宙博２０１５』では、ペーパークラフトや切り絵作品約１００点を通して宇宙開発や望遠鏡が紹介されました。私は、「幅広い世代の方々にお楽しみ頂けるように」という主催者の方からのご提案で、日本ならではの伝統的な星文化や最新の宇宙探査機を描いた作品など総計約20点を出展しました。

特に印象に残っているのは、連動企画で開かれたギャラリートークです。会場は、現役では長寿日本一となる旧東ドイツのカール・ツァイス製投影機を備えるプラネタリウムで、ドームにスライドを映しながら作品の解説や制作時のエピソードなどお話しました。

作品に盛り込んだメッセージや制作時の思いを「言葉」としてお客さまにお伝えする環境がとても新鮮に感じました。自分のイメージや物語の世界を描く切り絵の創出とは異なる、新たなことに触れた感覚があったのです。

関西での展示が初めてということもあり、作品とともにたくさんの思い出があります。

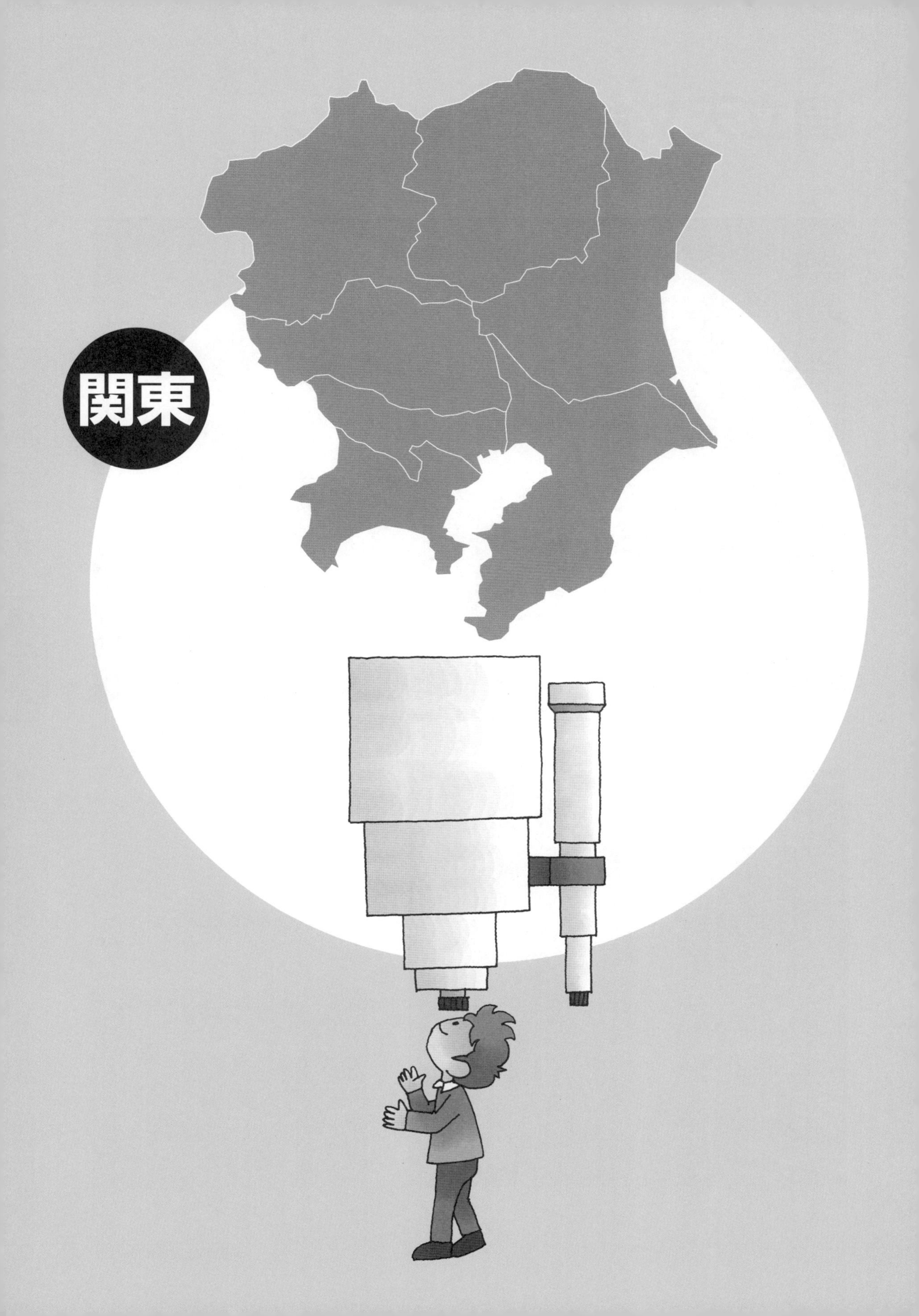
関東

国立天文台　三鷹キャンパス〔天〕

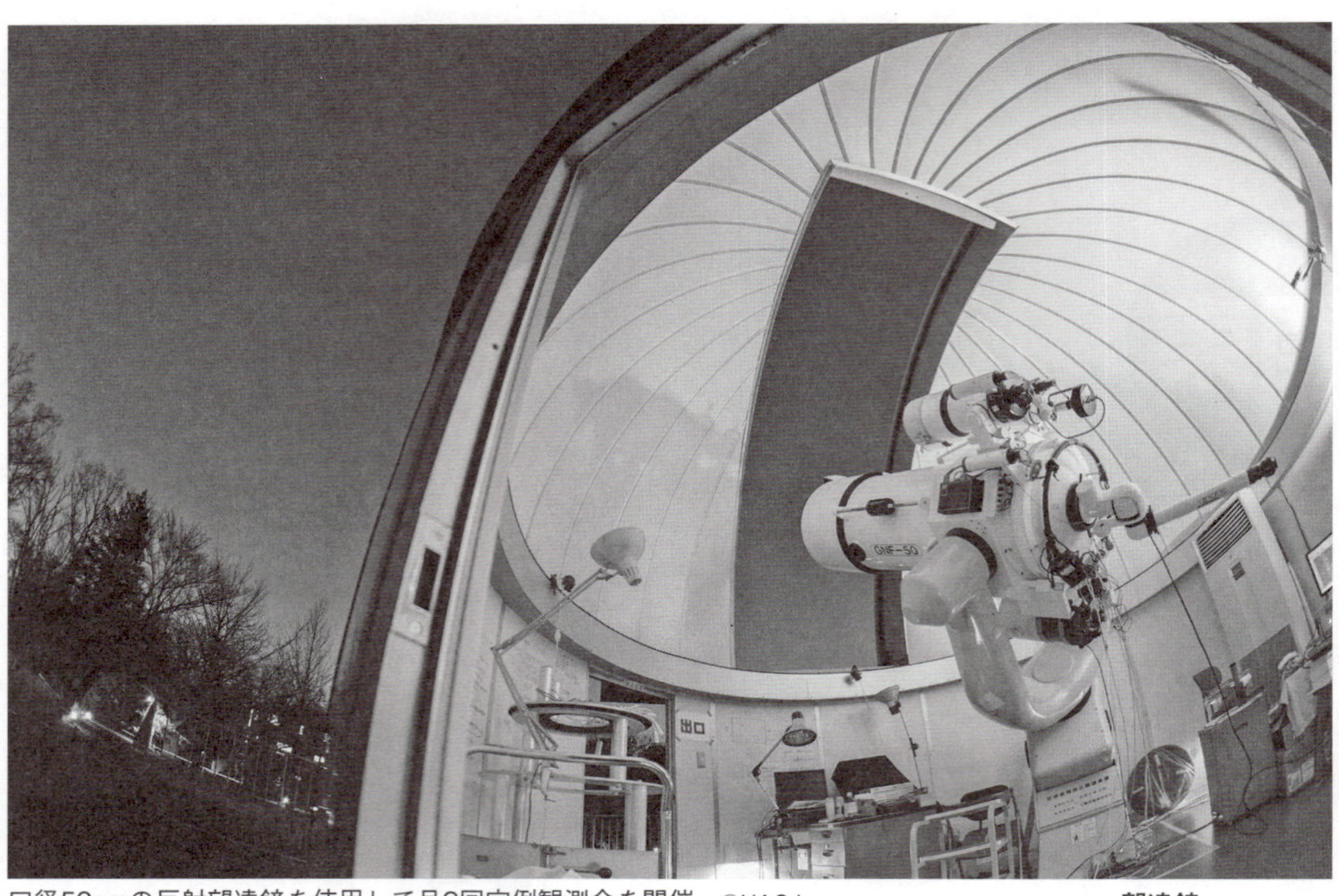
口径50cmの反射望遠鏡を使用して月2回定例観測会を開催　©NAOJ

望遠鏡
光学系／**反射**
口径／ 50cm
設置年／ 1995 年

天文台歴史館にある国内最大口径の屈折望遠鏡
©NAOJ

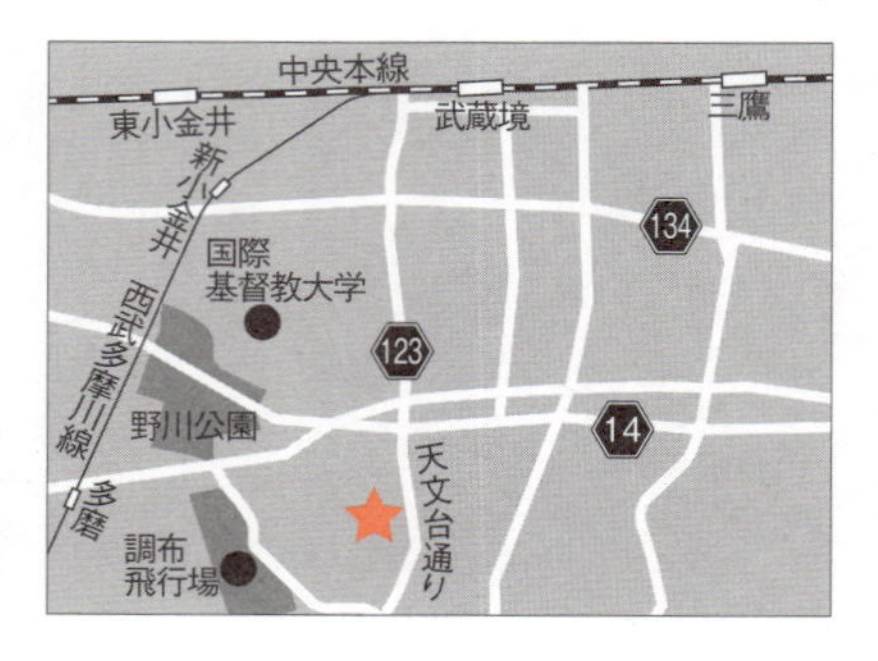

国立天文台三鷹キャンパスは、東京にあるとは思えないほど、緑が豊かです。

国立天文台は、世界最先端の観測施設を擁する日本の天文学のナショナルセンターです。国立天文台の本部である三鷹キャンパスでは、日本の天文学研究を推進するとともに、開かれた研究施設としてキャンパスの公開や定例のイベントをおこなっています。

国立天文台の前身である東京天文台は、1914年から1924年にかけて麻布飯倉から三鷹に移転してきました。現在、三鷹キャンパスの一部は一般公開されており、豊かな自然の中に点在する天文台の歴史的な施設を中心にご見学いただけます。

4D2Uドームシアター定例公開（月4回、事前申込制）では、国立天文台が開発した4次元デジタル宇宙ビューワー「Mitaka」や、最新の観測データや理論研究に基づいて再現された立体ムービーコンテンツを用いて、天文学の最新の成果を紹介しています。

定例観望会（月2回、事前申込制）では、口径50㎝の反射望遠鏡を用いて、明るい東京の夜空でも観望しやすい月、惑星、二重星などを中心に観望をおこなっています。

国立天文台中央棟 ©NAOJ

年に1度、秋に開催される特別公開「三鷹・星と宇宙の日」には、普段は立ち入れない研究施設も公開されます。

DATA
- 自然科学研究機構　国立天文台　三鷹キャンパス
- 東京都三鷹市大沢2-21-1
  TEL 0422-34-3600（代表）
- 10:00～17:00（入場は16:30まで）※施設公開のみ
- 休：年末年始（12/28～1/4）
- ¥：無料
- 【JR】武蔵境駅・三鷹駅・武蔵小金井駅、または【京王線】調布駅よりバスで15～20分、「天文台前」下車すぐ
- HP：https://www.nao.ac.jp/

群馬県立ぐんま天文台〔天〕

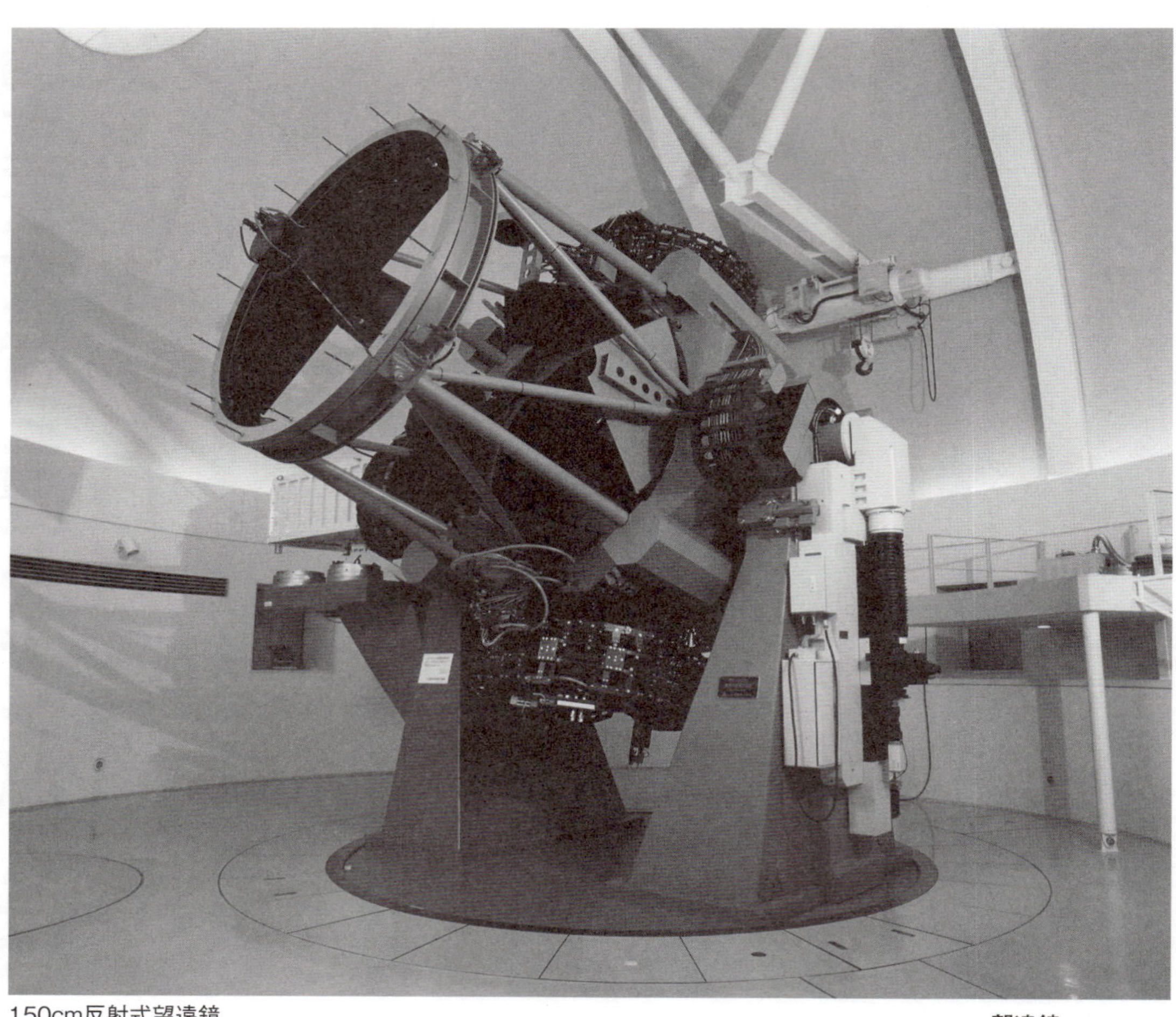

150cm反射式望遠鏡

望遠鏡
光学系／反射
口径／ 150cm
設置年／ 1999 年

屋外モニュメントと
北天の星

昼間は施設見学、夜間は天体観望ができる施設です。

ぐんま天文台は、群馬県人口200万人到達記念事業として吾妻郡高山村に建設されました。子持山の中腹、標高885mの場所にあり、駐車場を本館から600m離れた場所に設置するなど周辺の自然環境・光環境に配慮しています。直接目で覗くことができる国内最大級の150cm望遠鏡や身長に関係なく楽な姿勢で天体を観ることができる65cm望遠鏡があり、土日・祝日には、入館者は予約なしで天体観望することができます。映像ホールでは、星空解説や3Dシアターの上演をおこなっています。貸し出し用の望遠鏡も備えており、操作資格を取得すれば自分自身で望遠鏡を操作して天体写真を撮ることもできます。展示室では、大型望遠鏡や観測装置の仕組みなどを模型やパソコンを使って解説していいます。口径30cmの太陽望遠鏡は、直径約1mの太陽像を投影板に映し、黒点・白斑・粒状斑などが観察できます。屋外には、昔の天文の遺跡であるインドのジャンタル・マンタルやイギリスのストーンヘンジを模したモニュメントがあり、昔の人の知恵や工夫を知ることができます。「星空さんぽ」や「スマホやデジカメで月を撮ろう」など、星ボラ（天文台ボランティア）の自主企画も意欲的におこなわれています。

ぐんま天文台施設全景

土・日曜・祝日は予約なしで 150 cm 望遠鏡、65 cm 望遠鏡で天体を観望することができます。

DATA
- 群馬県立ぐんま天文台
- 群馬県吾妻郡高山村中山6860-86
  TEL 0279-70-5300
- 10:00～17:00、19:00～22:00（3～10月）・10:00～16:00、18:00～21:00（11月～2月）
- 休：月曜日（祝祭日の場合平日）
- 一般：300円・大高生：200円・中学生以下：無料
  ※障害者手帳をお持ちの方及び介護者1名無料
- 【JR上越線】渋川駅・沼田駅より車で25分
  【関越自動車道】渋川伊香保IC・月夜野ICより車で25分
- HP：http://www.astron.pref.gunma.jp/

茨城県立さしま少年自然の家〔野〕

星を見る会でプラネタリウム生解説をお楽しみください。

DATA

- 🏠：茨城県立さしま少年自然の家
- ★：茨城県猿島郡境町大字伏木2095-3
  TEL 0280-86-6311
- 🕘：9:00～17:00
- 休：前年度末の年間計画で決定
- ¥：日帰り主催事業は無料、普段は研修利用者（予約者）のみの利用です。
- 🚌：【圏央道】坂東ICより車で15分、【圏央道】境古河ICより車で10分
- HP：http://sashima-gakusyu.info/

望遠鏡
光学系／屈折
口径／15cm
設置年／1983年

約13万㎡の敷地に、①自然に親しむ活動 ②集団宿泊活動 ③観察活動 ④リクリエーションおよび創作活動などが、自主的に展開できるよう計画された研修施設です。天体ドームには五藤光学の15㎝屈折赤道儀が設置してあり、星を見る会や宿泊学習などで利用しています。移動用6～8㎝の望遠鏡が28台あり、学校の研修や星空キャンプなどで活用しています。星を見る会では、ビクセン20㎝反射、高橋FS128などを中庭にセットします。12mドームのプラネタリウムは、コニカミノルタのコスモリープ10という機種です。研修では番組を投影していますが、星を見る会では天体指導員による星空生解説を聞きながら宇宙の神秘にふれてください。晴れない場合は、天体写真投影などもおこないます。

ここから車で25分、菅生沼西側に参加体験型の楽しい博物館「ミュージアムパーク茨城県自然博物館」があります。

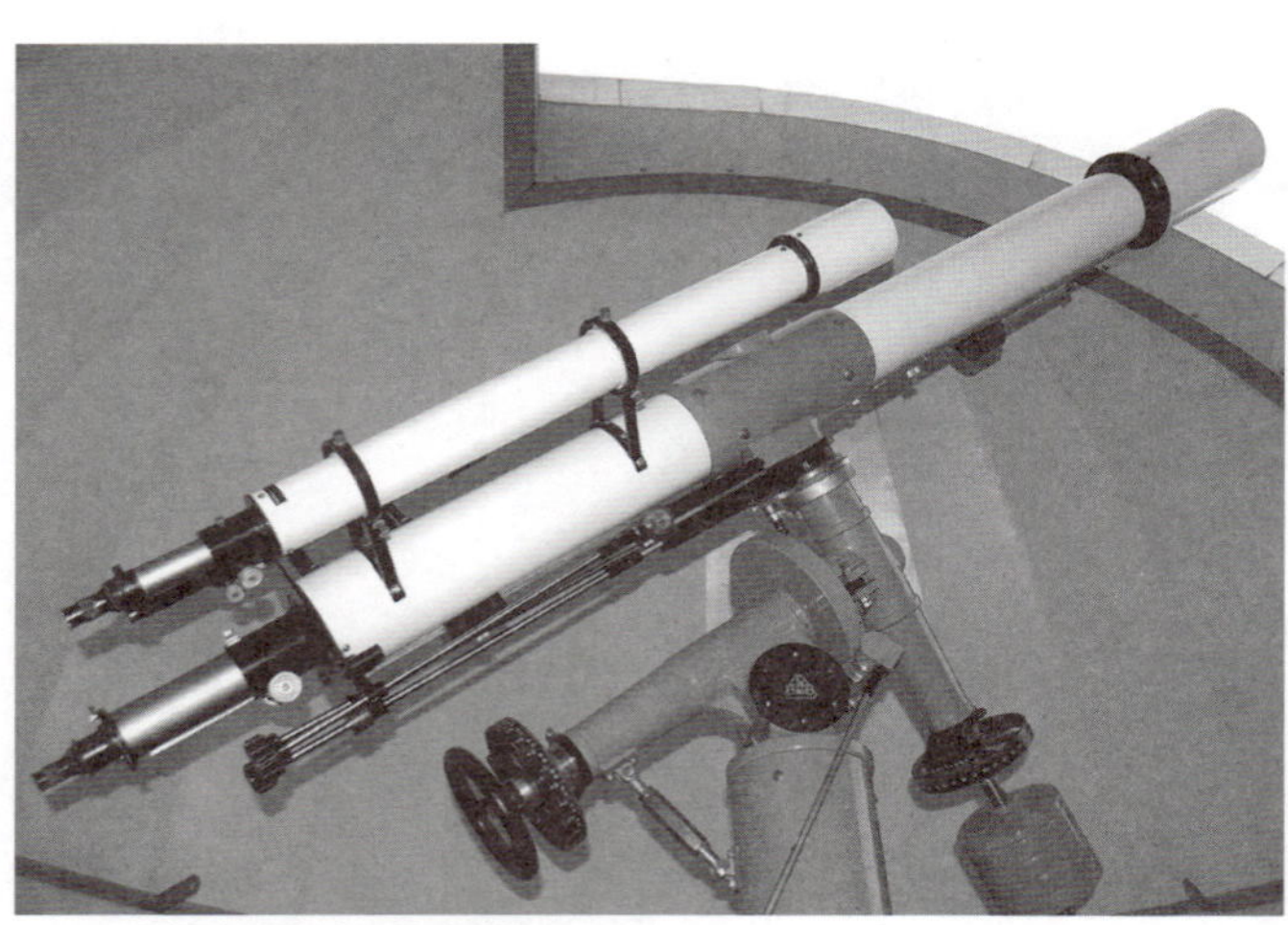

15cm屈折赤道儀（五藤光学）

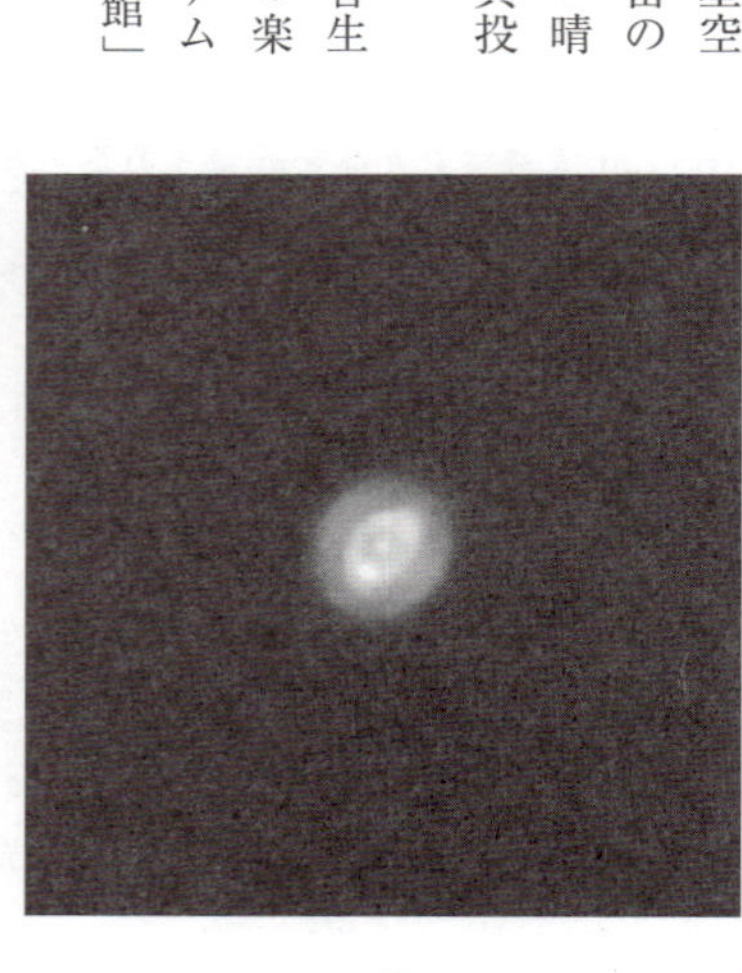
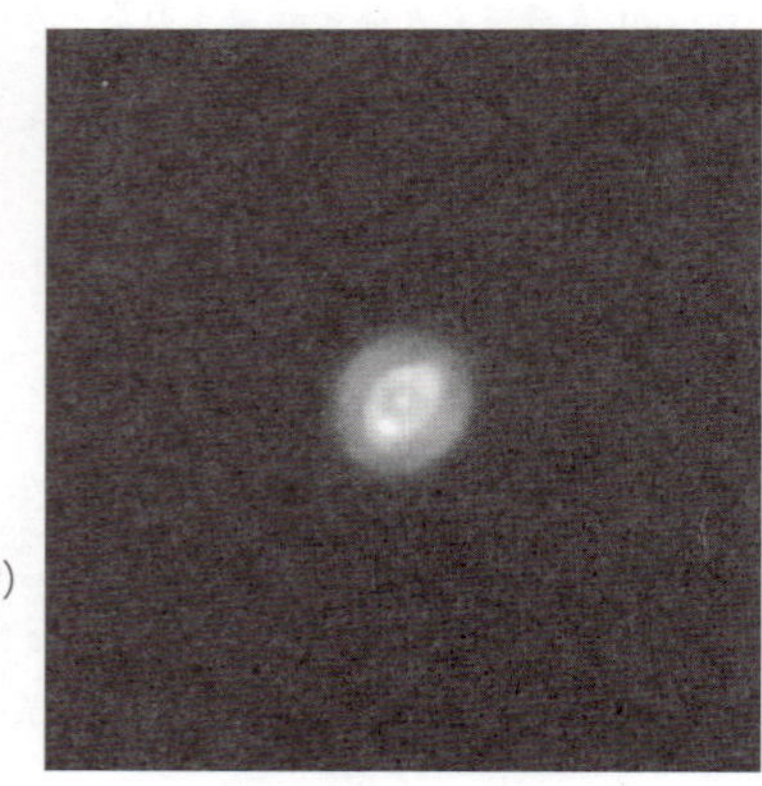

木星状星雲（NGC3242）

年10回ほど、「星を見る会」を開催します。プラネタリウム生解説後、月や惑星、星団などを望遠鏡で観察します。　※詳しくはHPでご確認ください。

はなだて
花立自然公園〔野〕

ボランティアの方が運営する、全国でも珍しい天文台です。

DATA

- 花立自然公園
- 茨城県常陸大宮市高部4611-1
  TEL 0295-58-2277
- 10:00～17:00
- 火曜日（祝日の場合は翌日）
- 無料
- 【JR水郡線】常陸大宮駅より車で30分／【常磐自動車道】那珂ICより45分
- HP http://www.city.hitachiomiya.lg.jp/page/page002946.html

望遠鏡
光学系／反射
口径／82cm
設置年／1995年

日中は緑の歌声が、夜は星のささやきが聞こえるような、自然に囲まれた公園です。

園内には、天文台「美スター」のほか、木のぬくもりいっぱいの、地元の良質な杉材丸太をふんだんに使ったログハウスもあり、夜の天文観測にも備えております。

その他、宇宙をテーマにしたスペースアスレチックランドでは、アスレチックタワー、ロープウェイ、クレーターアントス、ローラー滑り台などの遊具で、大人からお子様まで宇宙感覚を楽しむことができます。

また、日本列島散歩道などの散策コース、桜などを楽しむ花見広場があり、その後バーベキューハウスでお腹一杯になっていただけます。

天文台の観望会を、11月から1月の土曜日18時～20時、2月から10月の土曜日19時～21時（8月は土日）に無料で開催しております。ぜひお立ち寄りください。

M31アンドロメダ銀河

観望会は予約制です。開催曜日以外の利用については、団体に限りお問い合わせください。
毎年９月後半の土曜日に、星まつりを開催しております。

大田原市ふれあいの丘天文館〔天〕

ふれあいの丘は宇宙の光と神秘に出遭えるスポットです！

DATA

- :大田原市ふれあいの丘天文館
- :栃木県大田原市福原1411-22
  TEL 0287-28-3254
- :9:00〜21:30（最終入館は20:30まで）
- 休:月曜日、祝日の翌日、12/30〜1/3
- ¥:大人:300円・小中学生100円　※団体割引、宿泊者割引あり
- :【JR】那須塩原駅よりバスで約50分／【東北自動車道】西那須野塩原ICより車で20分
- HP:http://www.fureai-tenmonkan.jp/

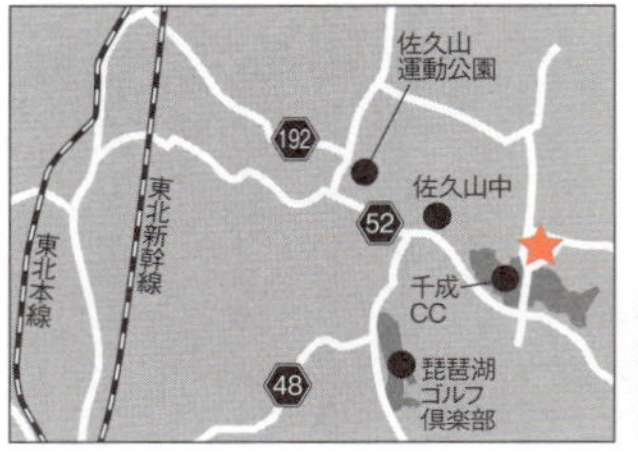

望遠鏡
光学系／反射
口径／65cm
設置年／2008年

「ふれあいの丘」は、約20haの広い敷地内に「天文館」のほか、130名を収容できる「青少年研修センター（シャトーエスポワール）」をはじめ、「自然観察」、「陶芸館」、「大工房」、「茶室」、「体育館」なども併設されており、年間を通し様々な体験学習などに活用されています。

また「ふれあいの丘」は、環境省がおこなう「星空継続観察」において、過去4回「日本一」となりました。このことが契機となり、日本一きれいな星空が見える、この「ふれあいの丘」において、子どもから大人まで継続的に星空を観察することを目的に「ふれあいの丘天文館」がオープンしました。

当館は、現在、一般観望者のほか1年を通し市内小中学校全校を対象にした宿泊体験学習で活用され、子どもたちに宇宙の広さや素晴らしさを体感していただいています。

「ふれあいの丘」の恵まれた自然の中で、広大な宇宙への夢とロマンに想いを馳せてみてはいかがでしょうか。

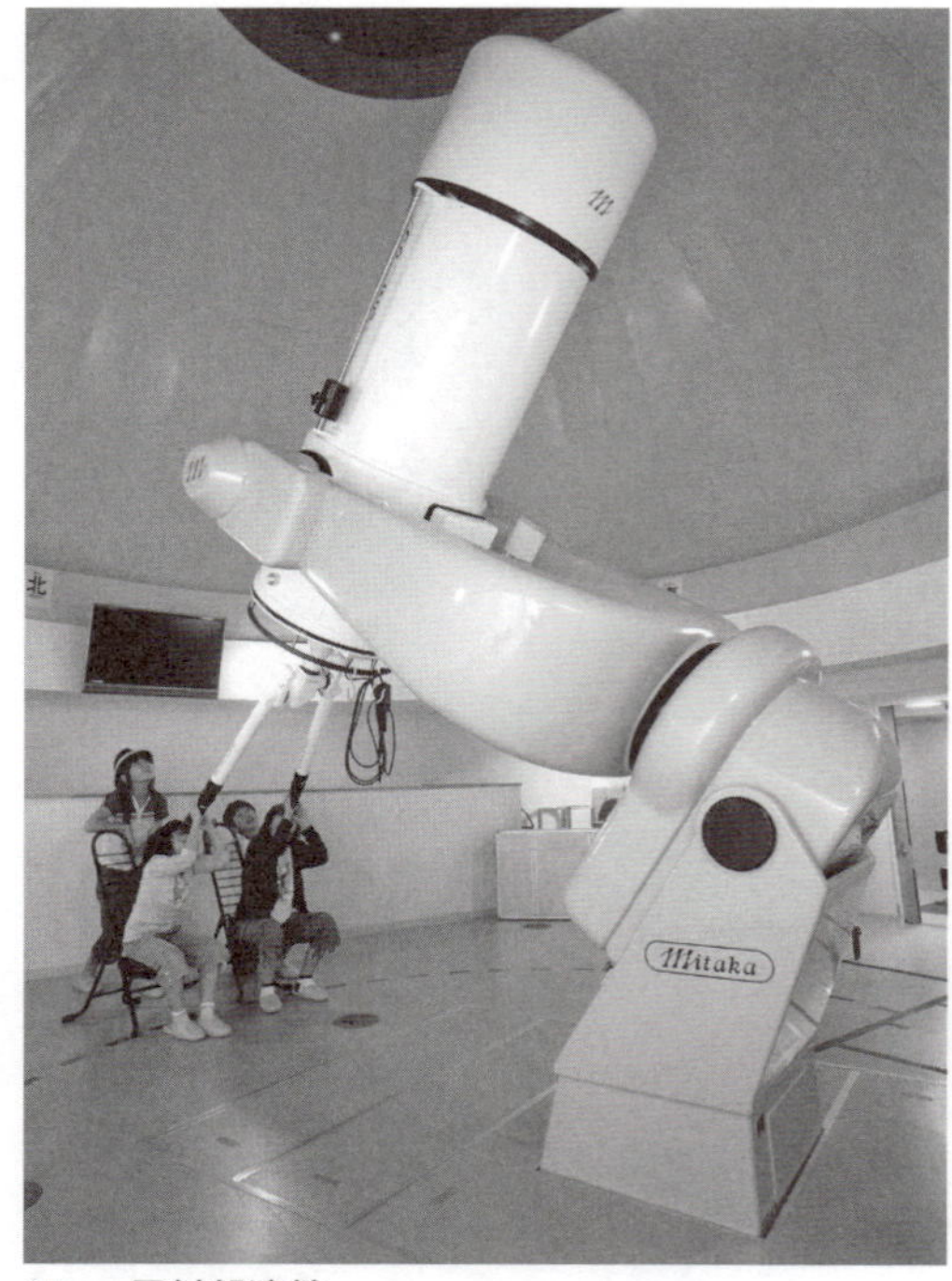

65cm反射望遠鏡

青少年研修センター（シャトーエスポワール）

季節の星座解説・観望会（春夏秋冬）・流星群観望会（ペルセウス座・ふたご座）・県民の日無料開放（6月）・天体写真撮影会（毎月1回）など

栃木県立太平少年自然の家〔野〕

望遠鏡で見る縞模様の木星や土星の輪には感動です！

DATA

- 🔭:栃木県立太平少年自然の家
- ★:栃木県栃木市平井町638　TEL 0282-24-8551
- ⏲:9:00～16:30（宿泊者がある場合は別）
- 休:不定休　※詳細はHPで
- ¥:天体ドームは宿泊者のみ利用可能。ただし専門指導者への依頼が必要（有料）
- 🚃:【東北自動車道】栃木ICより太平山神社方面へ／【JR両毛線・東武日光線】栃木駅より関東バス国学院行終点下車
- HP:http://www.pref.tochigi.lg.jp/m62/education/shougai/kanrenshisetsu/ohira-top.html

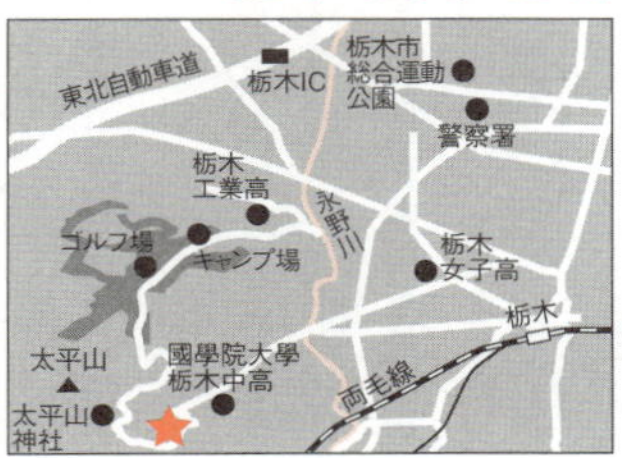

望遠鏡
光学系／屈折
口径／20cm
設置年／1974年

関東平野を一望できる太平山県立自然公園内に設置された施設で、栃木市街の近郊にありながら、周辺の森には８００種類を超える植物が生い茂り、野鳥も多数生息するなど、自然体験活動に好条件を備えています。また、神社や仏閣などの文化財が点在し、様々な体験活動に適しています。冬の空気の澄んだ日には、施設から富士山や東京スカイツリーを肉眼で確認することができます。

当施設は、「宿泊施設」をはじめ、「天体ドーム」、「学習室」、「野外炊事場」なども併設されており、年間を通じて県内外から多くの方に利用いただいております。また、様々な事業もおこなっており、「天体観望会」は夏・冬に開催し、多くの方に星空を楽しんでいただいております。

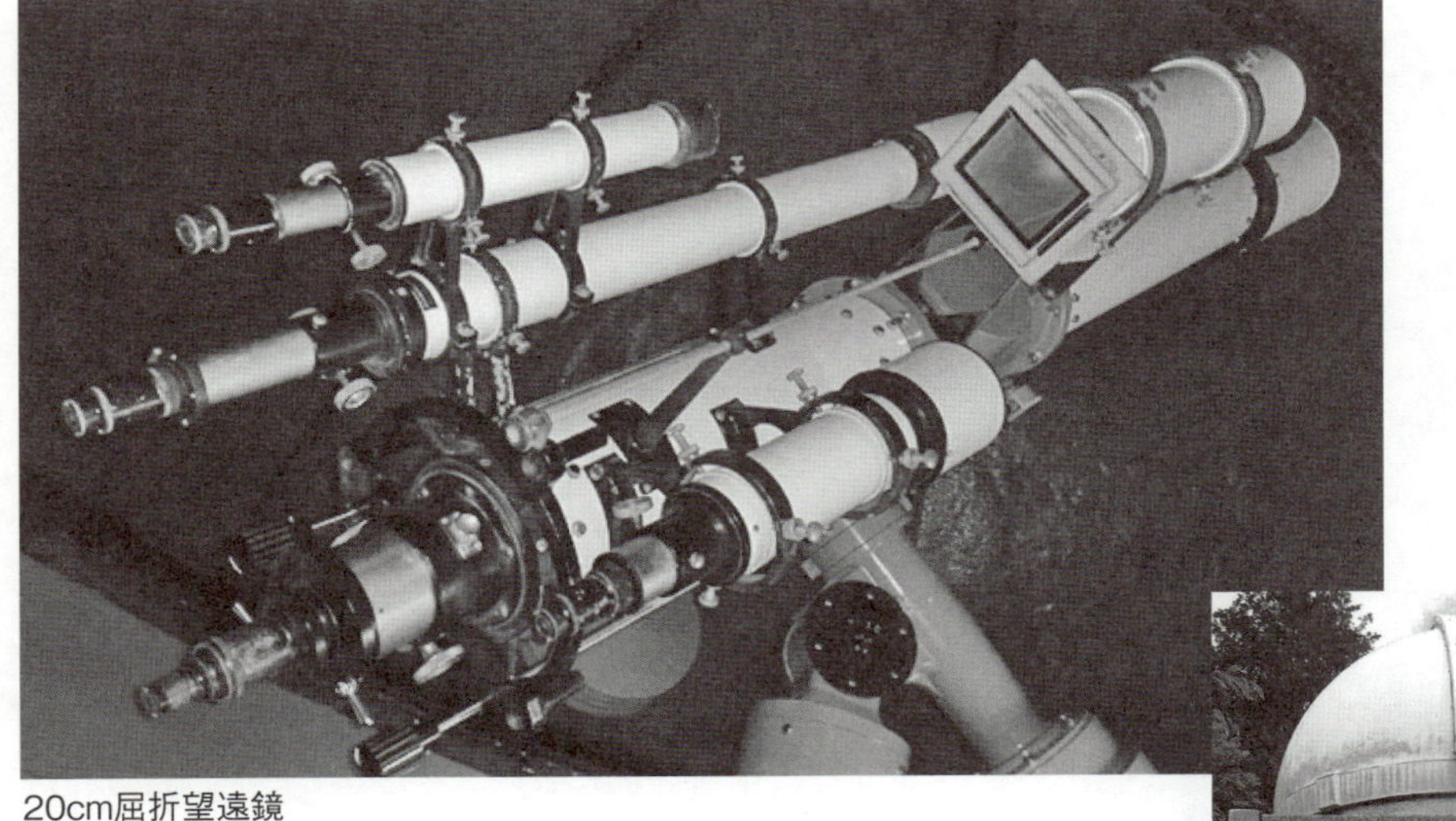

20cm屈折望遠鏡

富士見平の天体ドーム

夏・冬に天体観望会を実施しています。どなたでも参加可能です。詳しくはHPのイベント情報でご確認ください。

益子町天体観測施設スペース 250〔天〕

冬季に開催する星座教室が最も人気があります。

DATA

- 益子町天体観測施設スペース250
- 栃木県芳賀郡益子町大字益子4231
  TEL 0285-70-3305
- 9:00～21:00の範囲での2時間程度（イベント時は除く）
- 毎週水曜日（祝日は除く）、年始年末
- 大人：400円・小中学生：200円（団体20名以上は大人：300円・小中学生：150円）
- 【北関東自動車道】桜川筑西ICより車で25分／【北関東自動車道】真岡ICより車で25分
- http://www.town.mashiko.tochigi.jp/（http:scopepeople.jp）

望遠鏡
光学系／屈折
口径／25cm
設置年／1964年

当施設は最初で最後のＰＥＮＴＡＸ２５０㎜ＳＤ屈折望遠鏡が設置されています。

また、益子県立自然公園内にあり、レストラン、宿泊施設の通路や建物にも照明に気を使い、星が見えるように光の害も最小限に抑えています。北関東エリアでは冬の晴天率が高く、様々な天体現象をスタッフの解説をまじえながら観望することができます。

冬季に開催する星座教室は好評です。特に人気なのは、冬を代表するオリオン座の中ほどにある三ツ星の下の、縦に並ぶ小三ツ星の中央に位置する星の生まれる場所と言われているオリオン大星雲（Ｍ42）です。

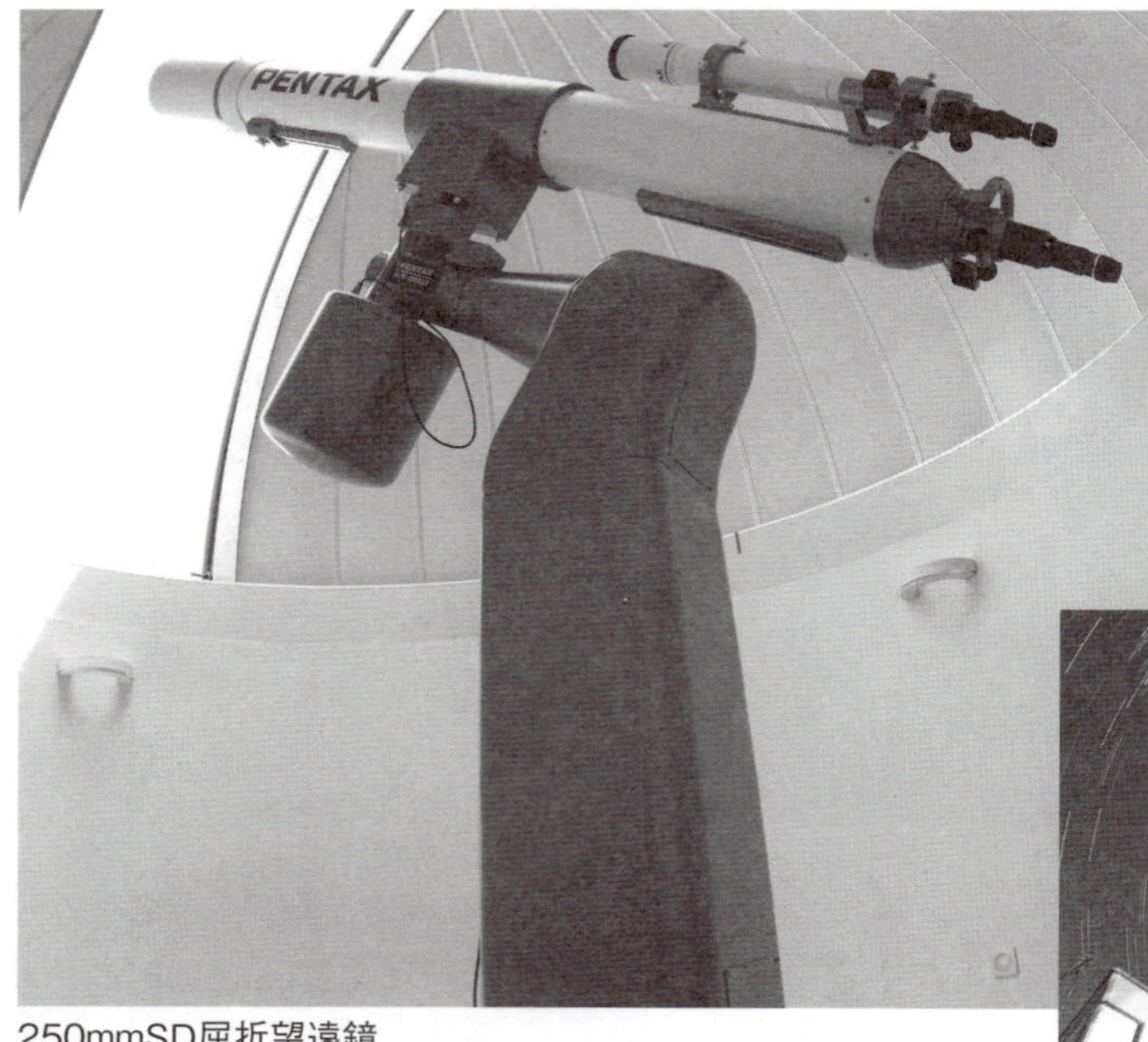

250mmSD屈折望遠鏡

天体観測施設スペース 250 のイベント開催日については町の HP ほかから検索可能です。

北軽井沢駿台天文台〔天〕

学校の施設にある大口径の75 cm 反射望遠鏡

DATA

- :北軽井沢駿台天文台
- :群馬県吾妻郡長野原町大字北軽井沢1990 TEL 0279-84-4832
- :公開日に設定
- 休:特になし
- ¥:無料、ただし宿泊を伴う場合などは、宿泊費を徴収
- :【JR北陸新幹線】軽井沢駅より車で約40分、バスで60分／【JR吾妻線】長野原草津口駅より車で30分、バスで50分【上信越自動車道】碓井軽井沢ICより車でR146経由浅間牧場の近隣
- HP:www.sundaigakuen.ac.jp

望遠鏡
光学系／反射
口径／75cm
設置年／1984

駿台学園50周年記念事業の一環として、林間施設・北軽井沢「一心荘」に天文台を建設しました。この天文台の主力機は、口径75cm反射望遠鏡で、画期的な望遠鏡です。①蜂の巣状の軽量鏡の「ハニカム構造」にしました。この鏡は、日本の低膨張の鏡材を外国で製作し、日本で研磨するという国際共同で完成しました。②望遠鏡を支える架台は、赤道儀式という架台が多いのですが、垂直と水平で動く経緯儀式の架台を導入したのが、北軽井沢駿台天文台の口径75cm反射望遠鏡が初めてです。この経緯儀式は、垂直と水平に動くため、学校の天文台としては、安全に使用できることが特長です。③天体をとらえる操作は、すべてコンピューターで操作できることが大きな特長の望遠鏡です。

この林間施設は、生徒の学習をおこなう施設のため公開天文台ではあるが、長期の休業期間や特別天体現象の時には、生徒のみに限らず一般の天文ファンに公開講座や天体観望会などで公開しています。

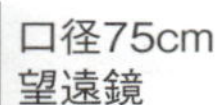
口径75cm
望遠鏡

学校（東京・北区）から離れているので、長期の休みや特別な天文現象があるときに公開や天体観望をしています。

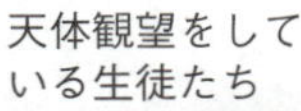
天体観望をしている生徒たち

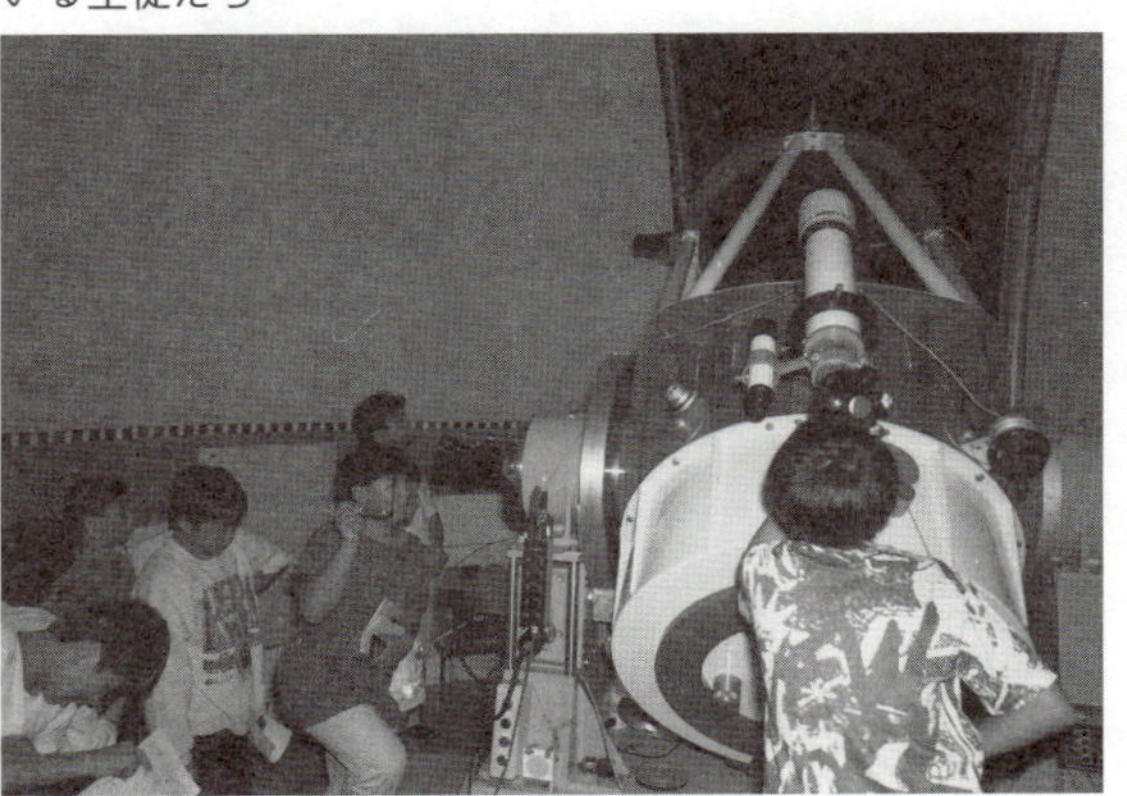

入間市児童センター〔科〕

時期により、めったに見られない水星を見ることもできます。

DATA

- 入間市児童センター
- 埼玉県入間市向陽台1-1-6 TEL 04-2963-9611
- 9:00～18:00
- 休：月曜日（祝休日のときは翌日）、年末年始
- ¥：無料　※プラネタリウムは別料金
- 【西武池袋線】入間市駅より徒歩15分
- HP：http://www.comaam.jp/iruma/

望遠鏡
光学系／屈折
口径／15cm
設置年／1987年

入間市児童センターは、毎年の年間利用者数が13万人超を数え、児童やその家族などで賑わっています。2018年4月から閉館時刻を1時間延長し、9時から18時まで開館しています。

120席あるプラネタリウムは予約不要で、四季折々の星の世界をお楽しみいただいており、こどもの日はセンターまつりとして無料で公開しています。また、10月に開催される市民参加型の「万燈まつり」は児童センターがあるエリアがメイン会場となり、終日大勢の市民が来館し、毎時投影するプラネタリウムを楽しんでいただいています。

天体観測室には口径15cmの大型屈折望遠鏡のほか、太陽を直接見られる専用の望遠鏡も備え、センターまつりなどのイベント時に、黒点やプロミネンスをご覧いただけます。

児童センターの近くにある県営入間彩の森公園は、広々とした芝生の広場や木漏れ日の中を散策できる遊歩道が整備され、多くの市民が訪れます。

約20名収容できる屋上の天体観測ドーム

観望会は毎月第3土曜日 19:00 ～ 20:30 で、予約・費用は不要です。曇雨天時はプラネタリウムで星座解説や天文の話題などでお楽しみください。

川口市立科学館 (サイエンスワールド)〔科〕

種類の違う3台の望遠鏡を有する天文台があります。

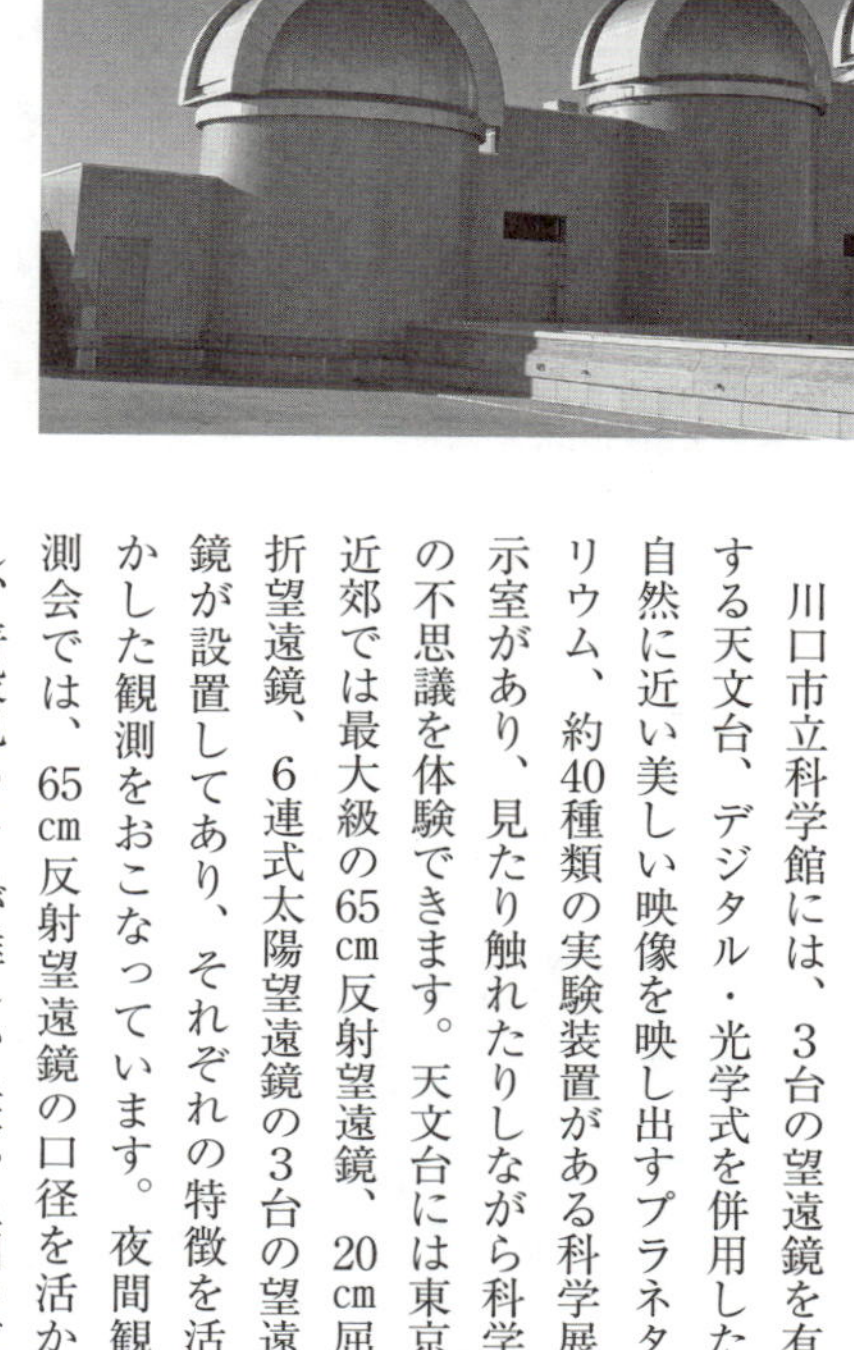

DATA

- :川口市立科学館(サイエンスワールド)
- :埼玉県川口市上青木3-12-18　SKIPシティ内
  TEL 048-262-8431
- :9:30〜17:00(入館は16:30まで)
- 休:月曜日(祝日の場合は翌平日)、年末年始ほか
- ¥:一般:200円・小中学生:100円・未就学児:無料
  ※プラネタリウムは別料金
- :【JR京浜東北線】川口駅または西川口駅よりバスで「川口市立高校」下車、徒歩5分
- HP:http://www.kawaguchi.science.museum

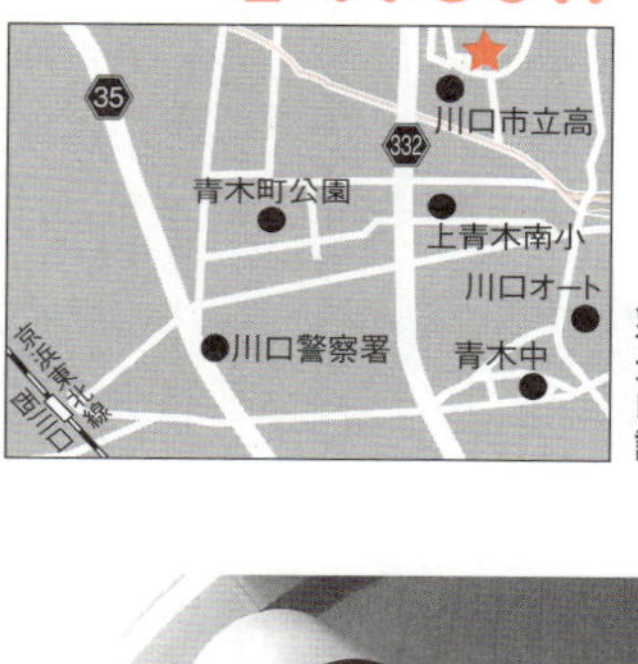

望遠鏡
光学系／反射式
口径／65cm
設置年／2003年

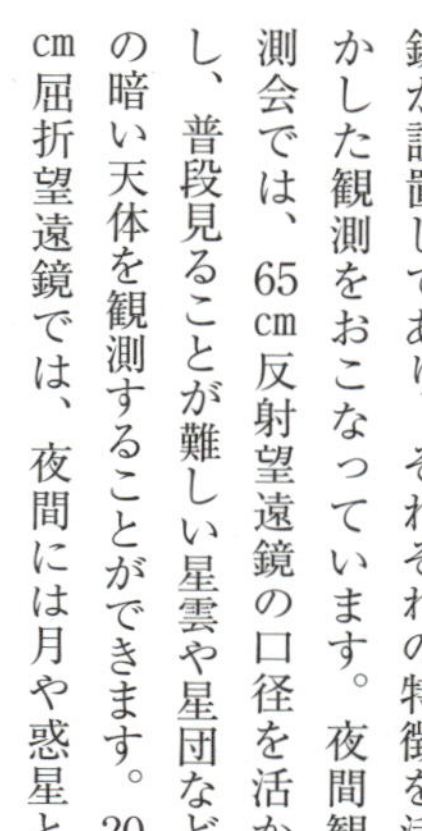

川口市立科学館には、3台の望遠鏡を有する天文台、デジタル・光学式を併用した自然に近い美しい映像を映し出すプラネタリウム、約40種類の実験装置がある科学展示室があり、見たり触れたりしながら科学の不思議を体験できます。天文台には東京近郊では最大級の65cm反射望遠鏡、20cm屈折望遠鏡、6連式太陽望遠鏡の3台の望遠鏡が設置してあり、それぞれの特徴を活かした観測をおこなっています。夜間観測会では、65cm反射望遠鏡の口径を活かし、普段見ることが難しい星雲や星団などの暗い天体を観測することができます。20cm屈折望遠鏡では、夜間には月や惑星といった明るい天体を、昼間には太陽を導入し、これらを鮮明に見ることができます。晴れていれば太陽望遠鏡でとらえた太陽の姿が科学展示室内のモニターに映し出されており、また、科学館ホームページでもリアルタイムに画像を公開しています。その他、天体現象に合わせて特別観測会やライブ配信を実施することもあります。

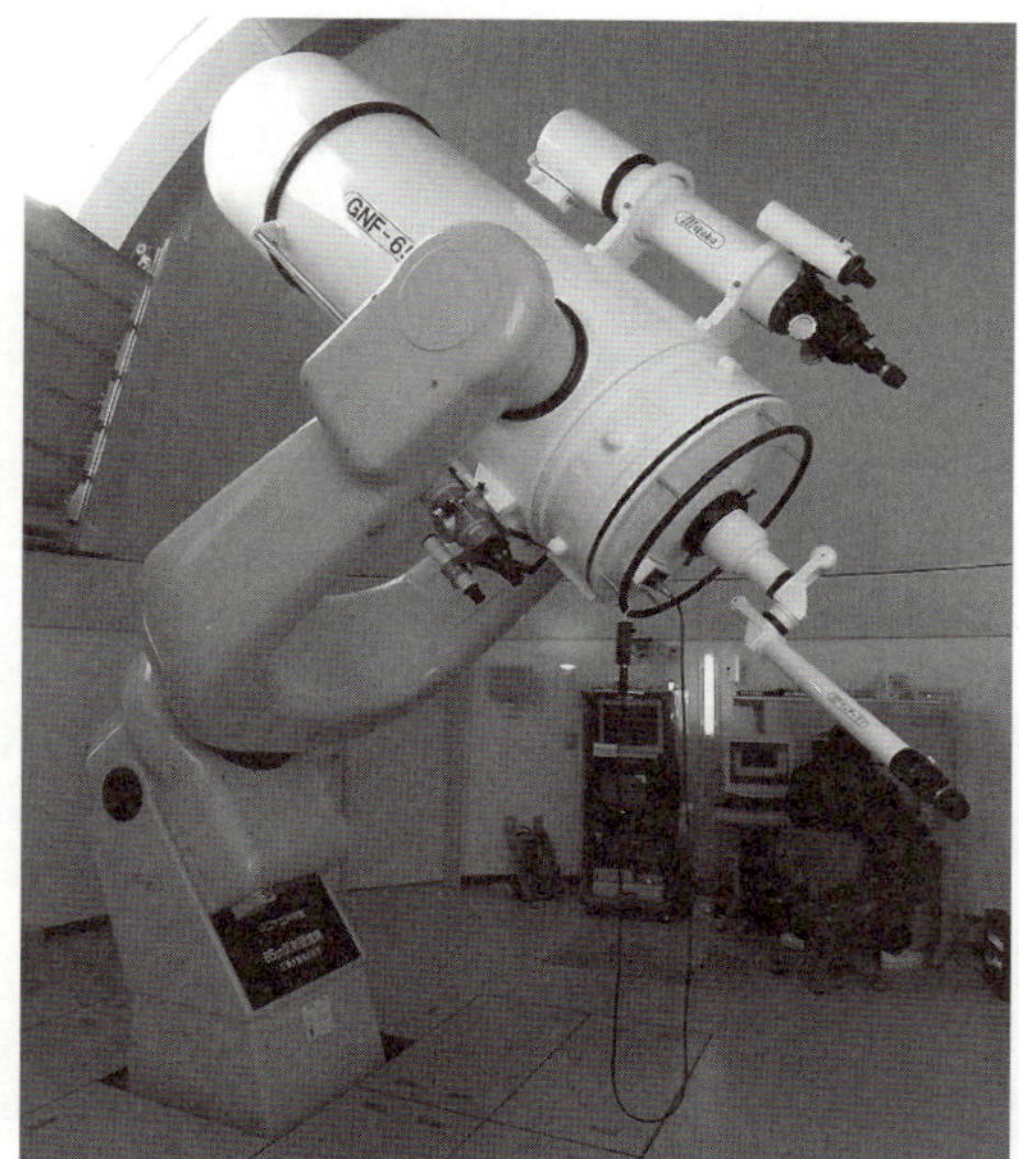

3台の望遠鏡がある天文台(右上)と
主天文台の65cm反射望遠鏡

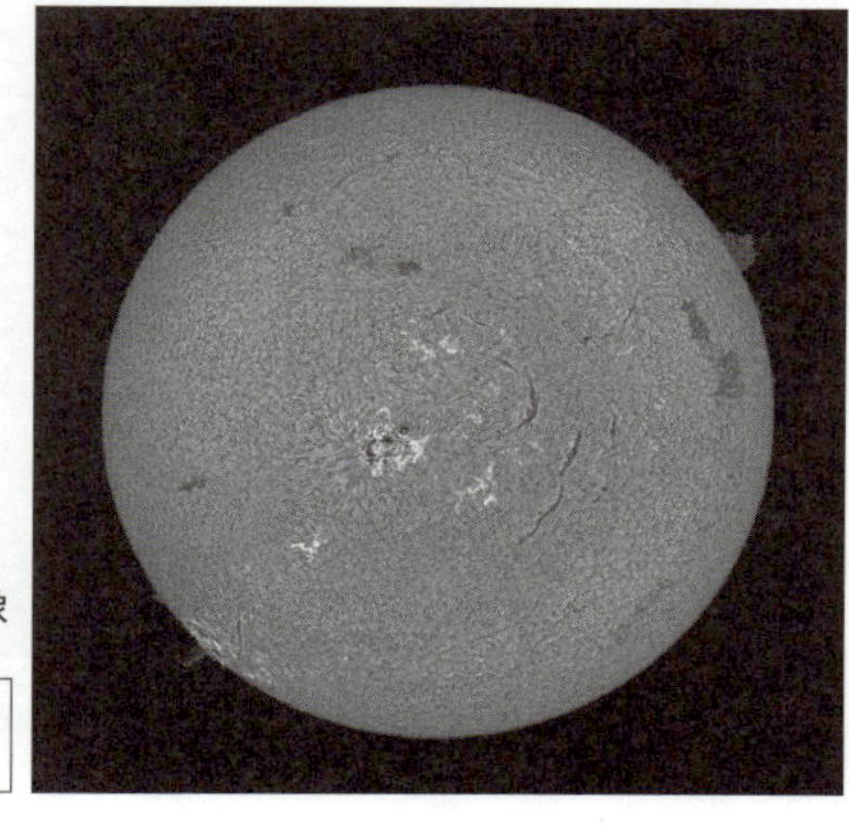

太陽のHα像

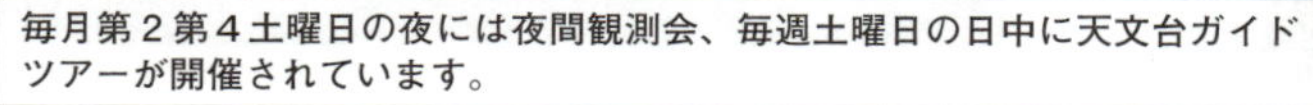

毎月第２第４土曜日の夜には夜間観測会、毎週土曜日の日中に天文台ガイドツアーが開催されています。

狭山市立中央児童館〔科〕

秩父連山を見渡せる、アットホームな天文台。

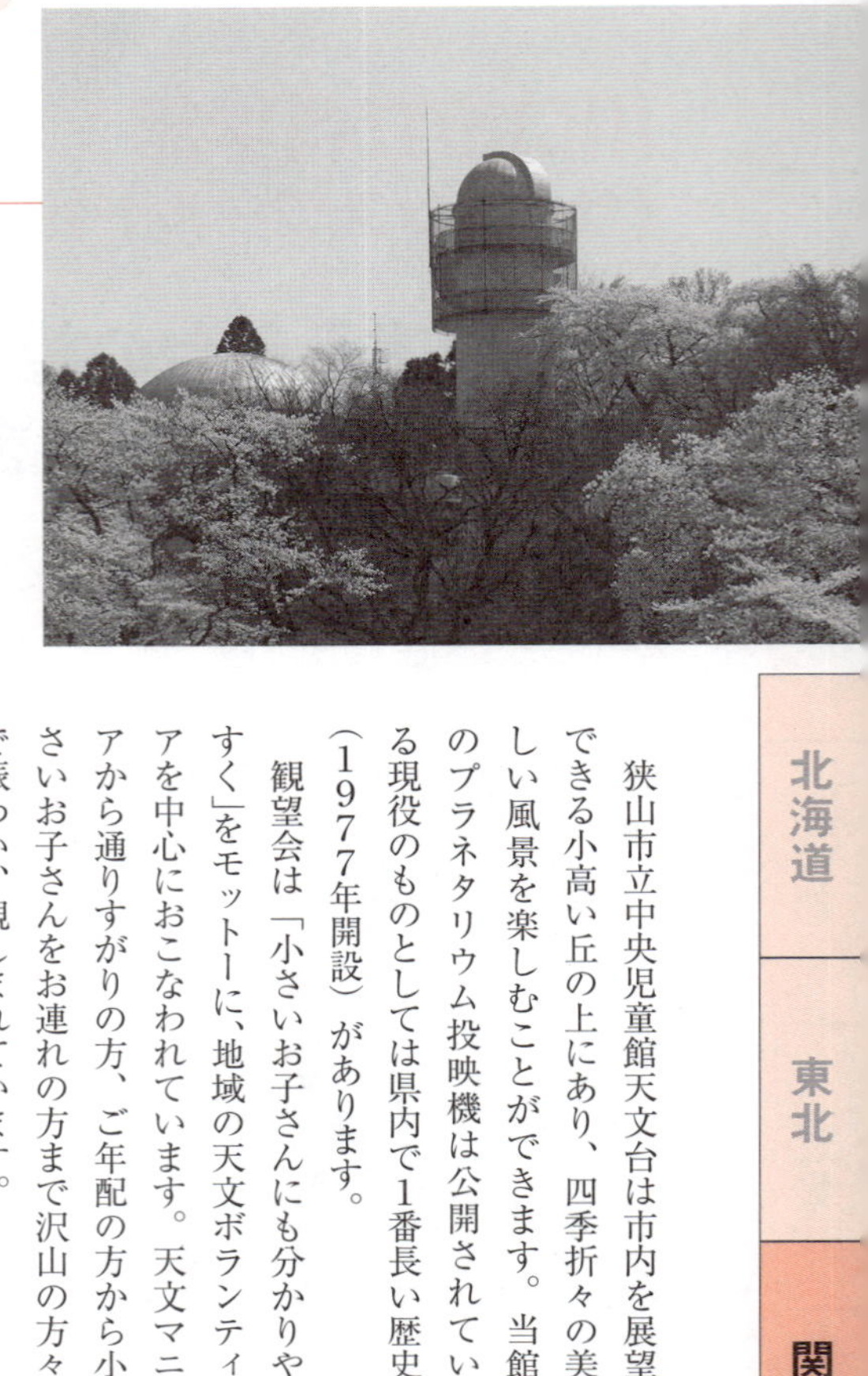

DATA

- 狭山市立中央児童館
- 埼玉県狭山市入間川4-14-8
  TEL 04-2953-0208
- 9:00～17:00（天文台はイベント時のみ開放）
- 休：毎月第3火曜日、年末年始
- ¥：無料（プラネタリウムは小学生以上100円　※乳幼児は保護者同伴で無料）
- 【西武新宿線】狭山市駅西口より徒歩20分、またはバスで「住宅入口」下車、徒歩5分
- HP：http://www.nihonhoiku.co.jp/jidokan/sayamachuo/

望遠鏡
光学系／屈折
口径／15cm
設置年／1977年

狭山市立中央児童館天文台は市内を展望できる小高い丘の上にあり、四季折々の美しい風景を楽しむことができます。当館のプラネタリウム投映機は公開されている現役のものとしては県内で1番長い歴史（1977年開設）があります。

観望会は「小さいお子さんにも分かりやすく」をモットーに、地域の天文ボランティアを中心におこなわれています。天文マニアから通りすがりの方、ご年配の方から小さいお子さんをお連れの方まで沢山の方々で賑わい、親しまれています。

ボランティアの方々の実力も確かなもの。望遠鏡は現在では珍しく手動で導入するものですが、熟練の技で星雲など難しい天体を導入する様子は、なかなかほかでは見られないでしょう。2015年のはやぶさ2スイングバイの時には埼玉県で唯一、撮影に成功しました。

観望塔からは狭山市の美しい夜景のほか、秩父連山、東京スカイツリー、時期によっては近隣の花火大会も楽しめます。お気軽にお立ち寄りください。

「星空を見よう」（定例観望会）、特別観望会などを開催、また月１回天文クラブの活動をしています。

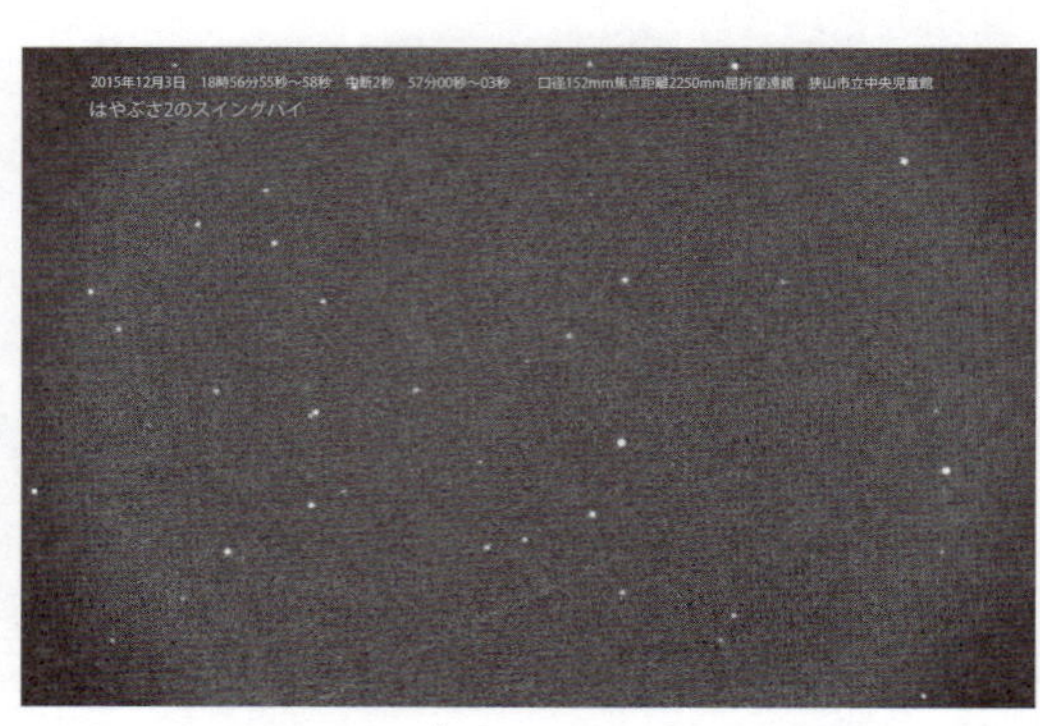

はやぶさ2のスイングバイ

北海道
東北
関東
中部
近畿
中国・四国
九州・沖縄

葛飾区郷土と天文の博物館〔科〕

毎週金・土曜の観望会で、都会の星を楽しみましょう。

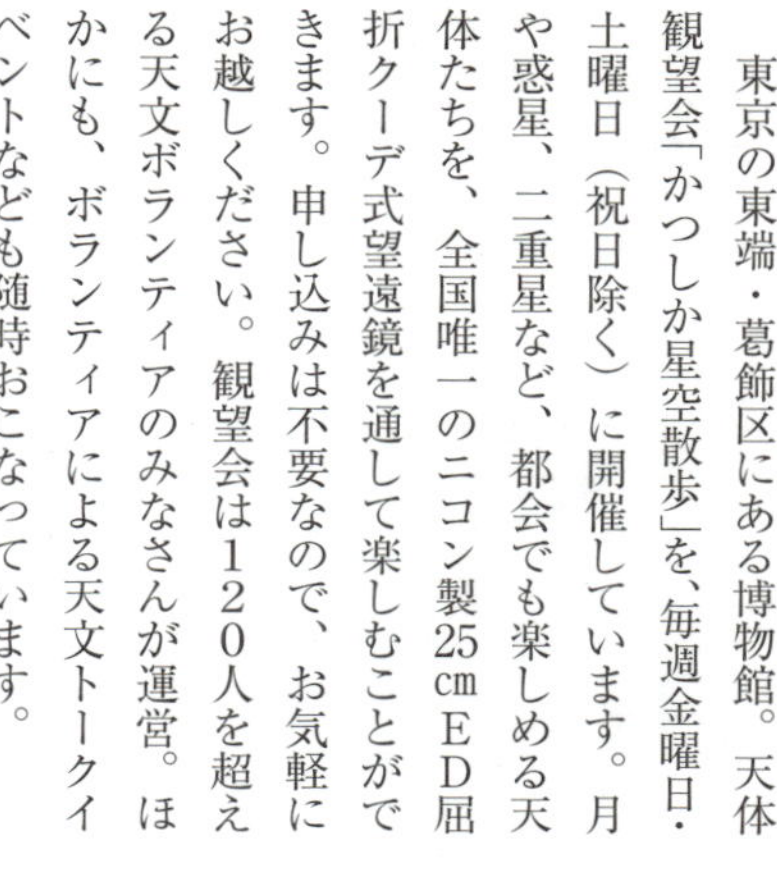

DATA

- :葛飾区郷土と天文の博物館
- :東京都葛飾区白鳥3-25-1
  TEL 03-3838-1101
- :9:00～17:00（祝日を除く金・土曜日は9:00～21:00）
- 休:月曜日（祝日開館）、第2・4火曜日（祝日の場合は翌日）
- ¥:大人:100円・小中学生:50円（土曜日は中学生以下:無料）※プラネタリウムは別料金
- :【京成線】お花茶屋駅より徒歩8分
- HP:http://www.museum.city.katsushika.lg.jp/

望遠鏡
光学系／屈折
口径／25cm
設置年／1991年

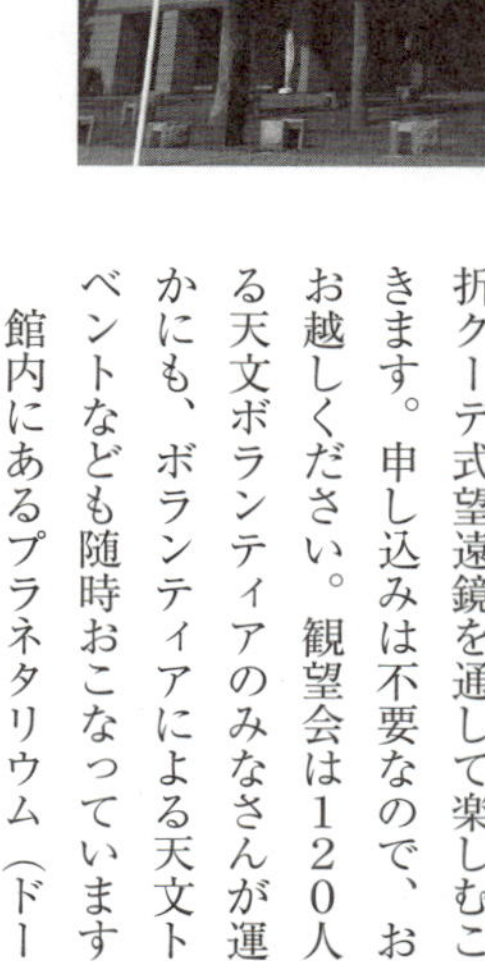

東京の東端・葛飾区にある博物館。天体観望会「かつしか星空散歩」を、毎週金曜日・土曜日（祝日除く）に開催しています。月や惑星、二重星など、都会でも楽しめる天体たちを、全国唯一のニコン製25cmED屈折クーデ式望遠鏡を通して楽しむことができます。申し込みは不要なので、お気軽にお越しください。観望会は１２０人を超える天文ボランティアのみなさんが運営。ほかにも、ボランティアによる天文トークイベントなども随時おこなっています。

館内にあるプラネタリウム（ドーム径18m）は、２０１８年に最新機器へリニューアル。館スタッフが制作した様々なオリジナル番組と生の解説が特徴です。また、ニコン製30cm太陽望遠鏡がとらえた現在の太陽面を見ることができる天文展示室、葛飾の歴史や暮らしを知ることができる郷土展示室などもあります。研究者を招いての天文講演会や、小学生向けの天文教室などもおこなっています。

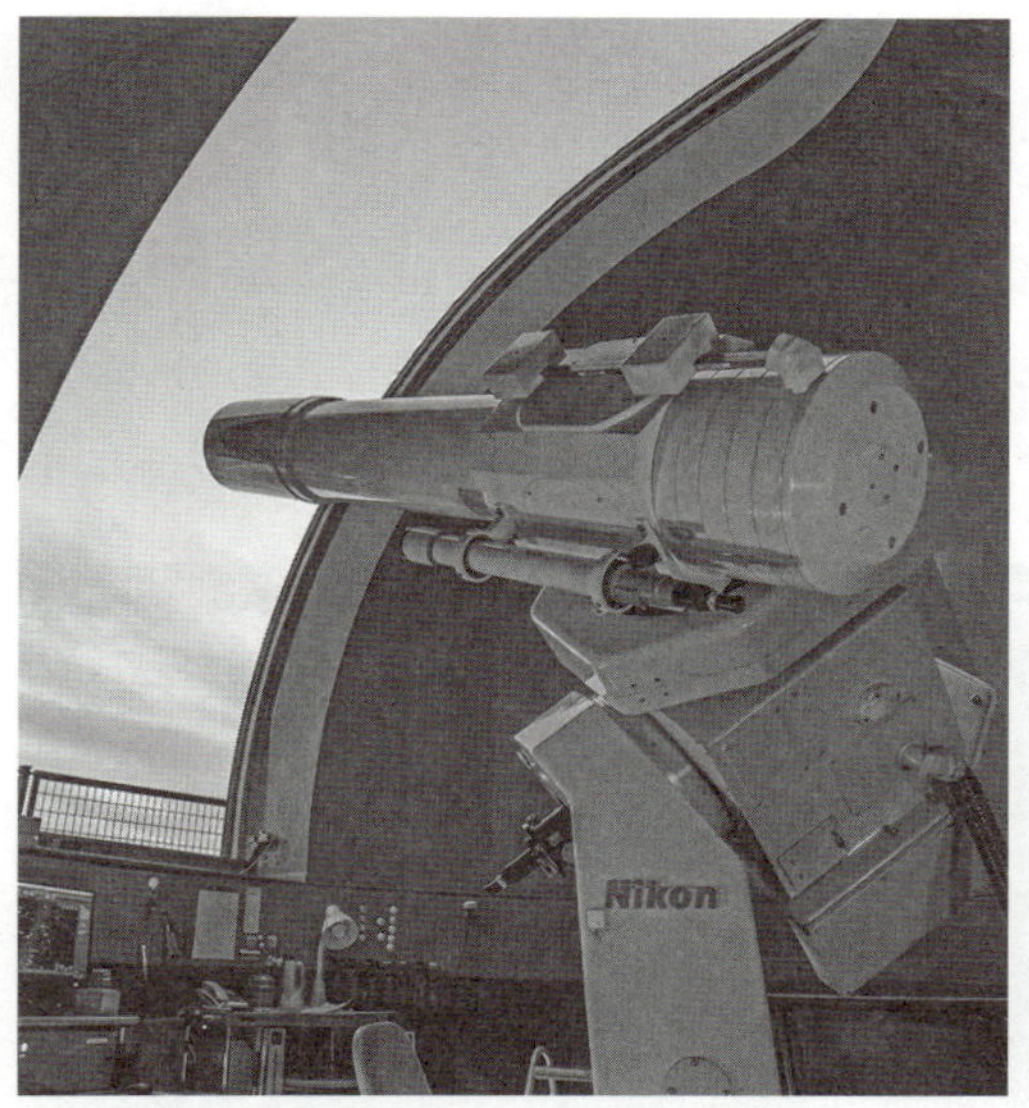

天体観測室にある屈折クーデ式望遠鏡

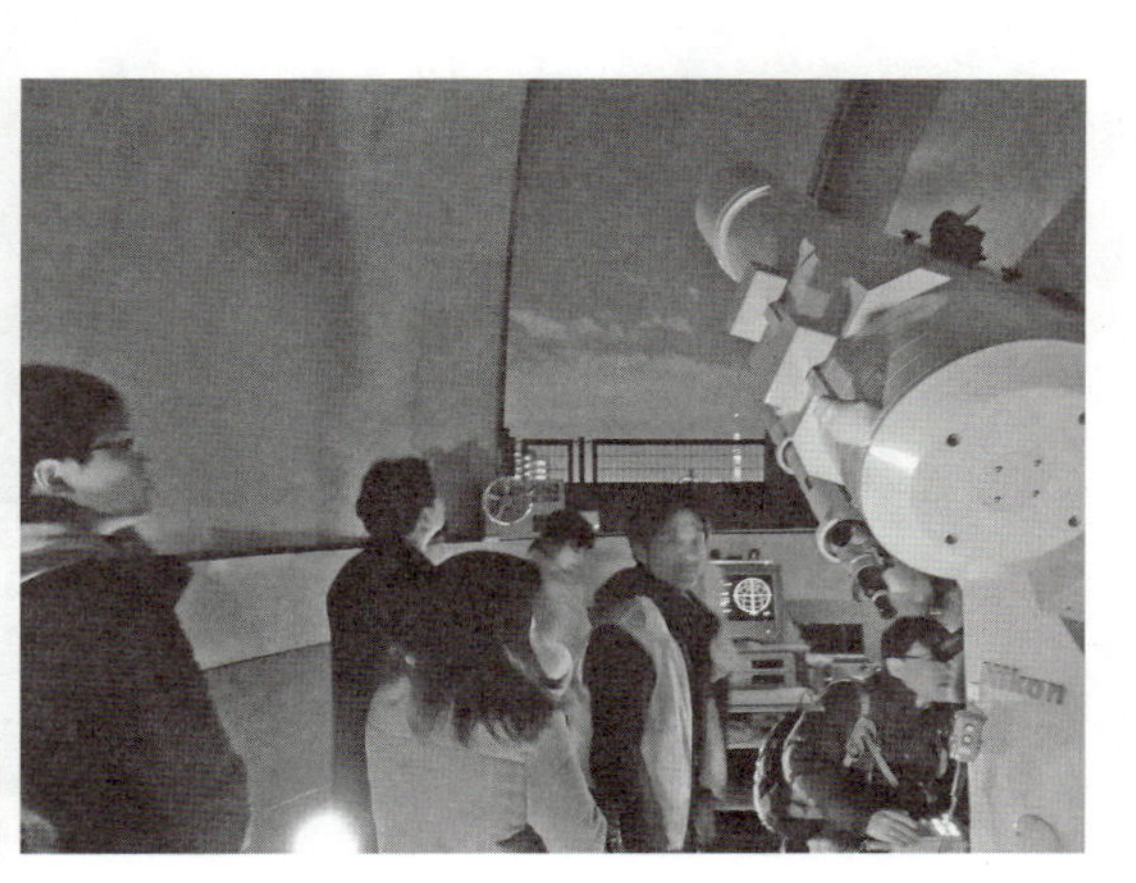

天文ボランティアのみなさんがご案内します。

観望会は毎週金・土曜日（祝日除く）の19:30～、予約不要
※詳しくはHPでご確認ください。

東京駿台天文台〔他（学校）〕

一般および小中学生対象の「天文講座・ジュニア天文教室」

DATA

- 名:東京駿台天文台
- ★:東京都北区王子6-1-10　駿台学園中学高等学校内
  TEL 03-3913-5735
- 時:17:00〜19:00（毎月第3土曜日）
- 休:特になし
- ¥:無料
- 交:【JR・東京メトロ・都電】王子駅より徒歩12分
- HP:www.sundaigakuen.ac.jp

望遠鏡
光学系／屈折
口径／20cm
設置年／1965年

駿台学園に駿台天文台が設置されたのは、1965年12月のことでした。この天文台には、口径20㎝屈折望遠鏡（日本光学製・現ニコン）の望遠鏡が備えつけられています。当時、口径20㎝屈折望遠鏡は日本に3基しかなく、学園の創立者・瀬尾義秀先生が、東京としては空気の澄んでいる北区王子の地に、宇宙科学を愛好する好学の青少年のためを思って英断しました。

翌年の1966年4月から一般向けに毎月1回天文学の講演会として「駿台天文講座」を公開し、2015年に公開後50年を迎えました。この50年間には、国内外の天文学者をお招きして、「新しい宇宙の扉」を開く講演で、私たちに未知の宇宙への関心の扉を開きました。幸いにして受講者は、宇宙に関心のある地域社会の方が受講しております。

これから国際協力のもと宇宙の大発見が期待されることで、駿台天文講座が、宇宙の窓の扉を開きたいです。

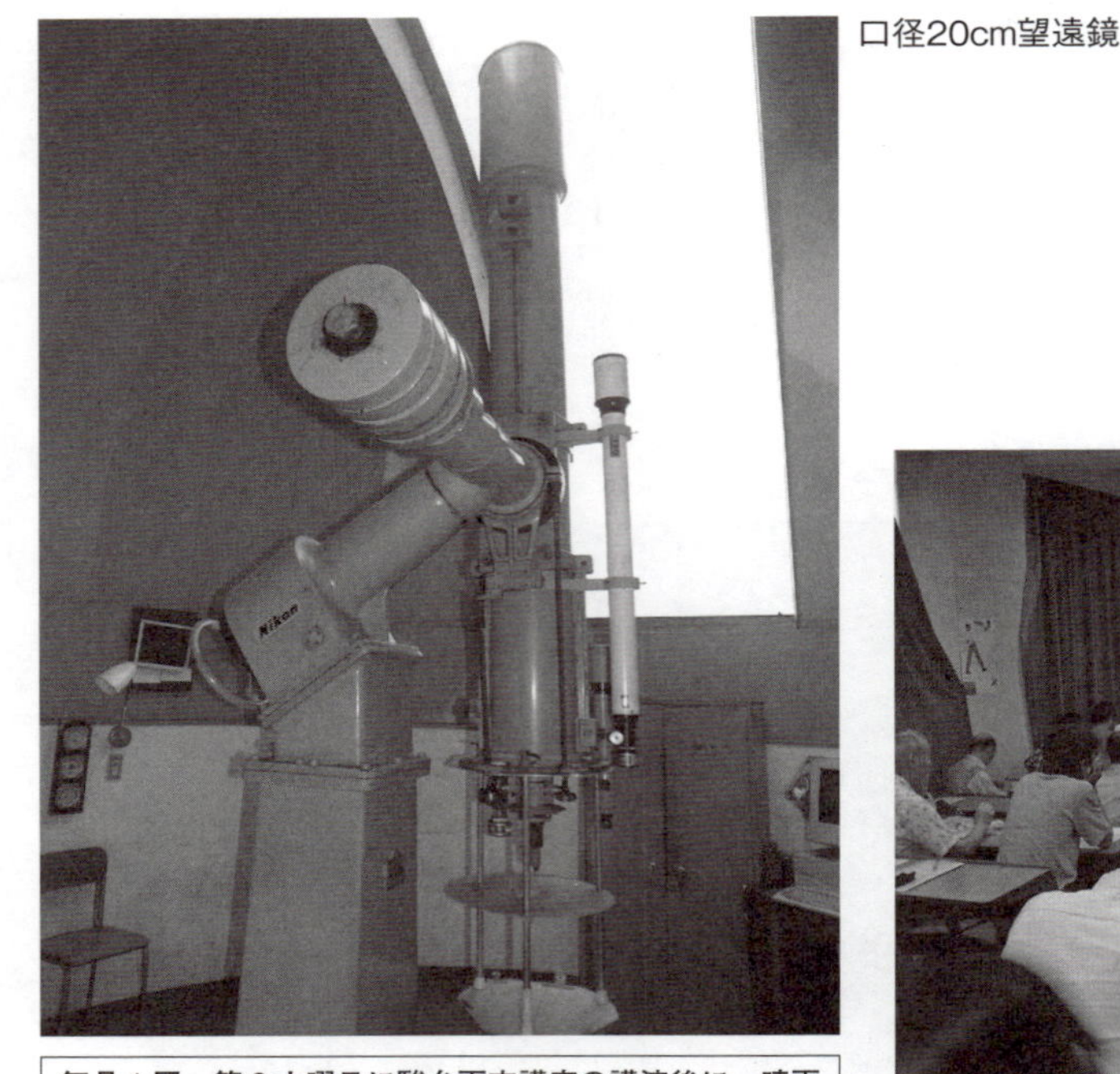

口径20cm望遠鏡

毎月1回、第3土曜日に駿台天文講座の講演後に、晴天の場合は天体観望会を公開します。

講演会場

かわさき宙（そら）と緑の科学館〔科〕

開放的なアストロテラスで気軽に星空観察が楽しめます。

DATA

- かわさき宙（そら）と緑の科学館（川崎市青少年科学館）
- 神奈川県川崎市多摩区枡形7-1-2
  TEL 044-922-4731
- 9:30～17:00
- 休：月曜日（祝日除く）、祝日の翌日（土日祝除く）、年末年始
- ¥：無料（プラネタリウム料金：一般：400円、高校生大学生・65歳以上：200円、中学生以下：無料）
- 【JR南武線】登戸駅より徒歩25分／【小田急線】向ヶ丘遊園駅より徒歩15分
- HP：http://www.nature-kawasaki.jp/

望遠鏡
光学系／反射
口径／30cm
設置年／2012年

生田緑地の中心に位置し、川崎の自然や天文、科学に関する展示や体験学習事業をおこなっている自然・科学系博物館。

「アストロテラス公開」では、開館日に天体望遠鏡を使い太陽の黒点やプロミネンス、昼間に観察できる明るい恒星や惑星などの様子を観察できます。また毎月2回土曜日の夜間に実施している天体観測会「星を見る夕べ」では各回に観察対象を設け、天体望遠鏡や双眼鏡を使って月・惑星・恒星・二重星・星雲・星団などを観察できます。

館内には、最新鋭の「MEGASTAR－Ⅲ FUSION」を備えたプラネタリウムがあり、世界最高水準の星空投影を体験できます。毎月変わる科学館のオリジナル番組を、その時々に観察できる天文現象の紹介とともに解説員が生で解説します。

自然や天文を楽しく学ぶ講座や科学実験教室、プラネタリウムでのコンサートなどのイベントを多数開催しており、このほかにも「生田緑地観察会」「自然ワークショップ」「実験工房」など、予約なしで誰でも参加できるイベントも土・日を中心におこなっています。

4台の天体望遠鏡を備えたアストロテラス

星を見る夕べ

太陽や昼間に観察できる明るい恒星や惑星などの観察会、『星を見る夕べ』、夜間に実施している天体観測会など。

城里町総合野外活動センター
「ふれあいの里天文台」〔天〕

「城里町総合野外活動センターふれあいの里」キャンプ場に設置された天文台です。毎週土曜日の夜に開館しています（GW・夏休みは毎日開館予定、雨天・曇天時は中止）。キャンプ場ご利用の方でも、日帰りの方でもご利用いただけます。天文台のご利用に予約は必要ありませんが、当日夜20時の天候で開館かどうか判断しますので、天文台のみご利用の方は、当日お電話にてご確認をお願いします。キャンプ場は、魚釣り体験やピザ焼き体験（要予約）も楽しめます。

水戸I.C.から車で15分のアクセスの良さが売りです。

望遠鏡
光学系／反射
口径／40cm
設置年／1990年

DATA

- 城里町総合野外活動センター「ふれあいの里天文台」
- 茨城県東茨城郡城里町上入野4384
  TEL 029-288-5505
- 20:30～22:00（毎週土曜日、GW・夏休みは毎日開館）
- 休：日曜日～金曜日、ただしGWや夏休みは変更になります。
- ¥：高校生以上：210円・小中学生：110円・未就学児：無料
- 【常磐高速道】水戸ICより車で約15分
- HP：http://fureai.shirosatocamp.jp/

毎年12月第2土曜日に、天文台の入館料を無料にするイベント「星空観望会」を開催しております。

結城市民情報センター天体ドーム〔社〕

結城市民情報センター・ゆうき図書館4Fにあり、駅前天体ドームとして親しまれています。メインスコープ250㎜フローライト、サブスコープ128㎜フローライト、ソーラマックス102㎜を備え、平面スクリーンでプラネタリウム番組の上映やジョイスティックでシュミレーションゲーム体験ができます。

小学生対象の天体教室、流星群の観望会、コズミックフォトギャラリーの開催をしています。

人工（ホタル石）を使った国内最大級のレンズです。

望遠鏡
光学系／屈折
口径／25cm
設置年／2004年

DATA

- 結城市民情報センター天体ドーム
- 茨城県結城市国府町1-1-1
  TEL 0296-34-0150
- 18:00～19:50（夏）、17:00～18:50（冬）
- 休：月曜日（祝日の場合は翌日）
- ¥：無料
- 【JR水戸線】結城駅北口より徒歩1分
- HP：http://infoyuki.ycsf.or.jp/

月ごとの観望予定表により一般開放、天体ショーに合わせて特別観望や流星群の観望会を開催します。

小山市立博物館〔科〕

小山市立博物館は、郷土小山の貴重な文化遺産を、永く後世に伝え保存するとともに、これらを広く市民の皆様に公開することを目的としています。常設展示では、テーマを「小山の文化のあゆみ」として、小山市の自然風土の中で祖先が築いてきた郷土の姿を展示しています。約320点の実物・複製資料のほか写真パネルや模型などにより現在までの姿を歴史的に解明しています。

また、隣接する「国指定史跡乙女不動原瓦窯跡」は、奈良時代に日本三戒壇の一つであった下野薬師寺の建立にあたって瓦を供給した瓦窯跡として注目され1978年に国史跡として指定を受けました。

天体望遠鏡車「ほっしー★ OYAMA 号」で星空を眺めてみませんか。

DATA
- :小山市立博物館
- :栃木県小山市乙女1-31-7 TEL 0285-45-5331
- :9:00〜17:00(入館は16:30まで)
- 休:月曜日(祝日は除く)、祝日の翌日、第4金曜日、年末年始
- ¥:無料(企画展開催時　大人:200円、大高校生:100円、中学生以下:無料)
- :【JR宇都宮線】間々田駅より徒歩8分
- HP:http://www.city.oyama.tochigi.jp/soshiki/59/

望遠鏡
光学系／反射
口径／35cm
設置年／2006年

毎月第２土曜日の夜間に天体観望会を実施しています。季節ごとに様々な天体を観ていただきます。また、当日の 11:00 〜 12:30 には太陽観測会を実施しています。

鹿沼市民文化センター〔社〕

毎月『ほしぞらのさんぽ』と題しプラネタリウムも使用して、天体の観望・天文現象の観察をおこなっています。また『みんなの町でほしぞらのさんぽ』と題し、年間20回ほど移動観望会もおこなっています。ホタルを見ながらの星空観察や、カノープスと東京スカイツリーの観望会などの楽しいイベントを随時開催中です。

プラネタリウムでは、星空を背景にコンサート、社会人落語など、楽しいイベントをおこなっています。どうぞ、お越しください。

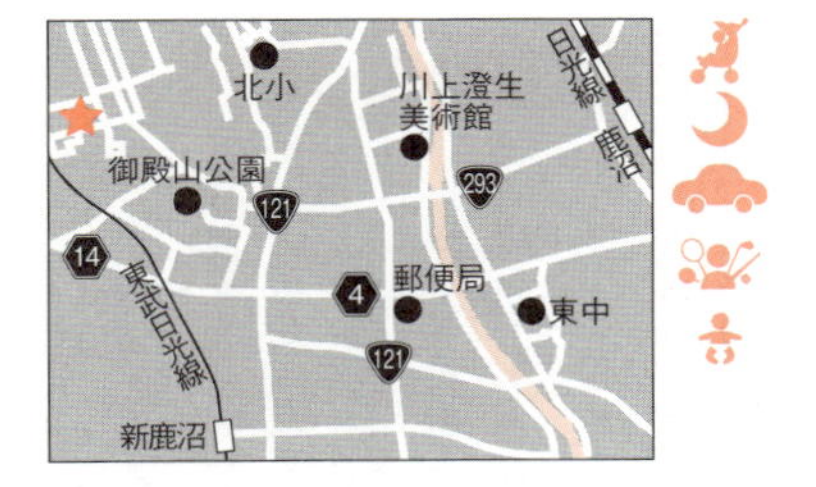

光害の少ない星空と気流の影響を受けにくい望遠鏡です。

望遠鏡
光学系／屈折
口径／20cm
設置年／1984年

DATA
- :鹿沼市民文化センター
- :栃木県鹿沼市坂田山2-170 TEL 0289-65-5581
- :8:30〜21:30
- 休:火曜日(国民の祝日にあたる時はその翌日)、年末年始
- ¥:無料
- :【JR日光線】鹿沼駅・【東武日光線】より市内巡回バス「文化センター下車」／【東北自動車道】鹿沼ICより車で20分
- HP:http://www.bc9.ne.jp/~kousya/

ほしぞらのさんぽ：毎月１回の観望会。みんなの町でほしぞらのさんぽ：各地区コミュニティセンター、学校などからの依頼により実施

栃木県子ども総合科学館〔科〕

昼間の公開では、太陽のプロミネンスや黒点の観察、昼間に見える星の観察もお楽しみいただけます。また、夜の観望会「星をみる会」では、職員や天文ボランティアが、望遠鏡や双眼鏡を使って、当日の星空をご案内いたします。もし、雨天・曇天の場合はプラネタリウムで当日の星空解説（無料）をおこないます。

児童館の機能と科学館の機能を兼ね備えた施設です。プラネタリウムをはじめ、200点を超える展示品、屋外遊具などが充実しています。また、春休みと夏休みには、科学的要素をテーマにした企画展を開催しています。

栃木県で一番大きな天体望遠鏡があります。

DATA
- 栃木県子ども総合科学館
- 栃木県宇都宮市西川田町567 TEL 028-659-5555
- 9:30～16:30
- 休：月曜日、第4木曜日、年末年始　※詳細はHPで
- ¥：展示場（大人：540円・中学生以下：210円）、プラネタリウム（大人：210円・中学生以下：210円）、4歳未満：無料
- 【東武宇都宮線】西川田駅より徒歩20分／【北関東道】壬生ICより約6 kmまたは【東北道】鹿沼ICより約6 km
- HP：http://www.tsm.utsunomiya.tochigi.jp/

特別公開：13:00 ～ 15:00、観望会：19:00 ～ 21:00（両方とも月2回開催、無料、予約不要）※詳しくはHPでご確認ください。

望遠鏡
光学系／反射
口径／75cm
設置年／1988年

神津牧場天文台〔天〕

口径76cm反射赤道儀をメインに4棟の観測室を備えた、全国的にめずらしい私立の天文台です。関東天文協会が運営しています。長野県との県境付近、標高1100mの高地にあり、澄んだ空気の美しい星空を満喫できます。

公的施設のように常時公開とはいきませんが、一般観望会やメシエマラソンといった公開日は、どなたでも無料で天体観望が可能です。台数は限定されますが駐車場を完備し、観測広場もあるのでご自身の天体望遠鏡やカメラを使っての天体写真撮影もできます。観測施設以外に研究棟があり、休憩や暖をとることができます。

神津牧場の広大な敷地内にある、私立の天文台です。

望遠鏡
光学系／反射
口径／76cm
設置年／1998年

DATA
- 神津牧場天文台
- 群馬県甘楽郡下仁田町大字南野牧250 神津牧場内　TEL 090-6942-6361（田中）
- イベント時のみ開館
- 休：原則としてイベント時以外は閉館　※留守時は見学等不可、要問い合わせ
- ¥：無料
- 【上信電鉄】下仁田駅より西へ車で約30km、神津牧場本部より1 km／【上信越自動車道】下仁田ICより車で30km
- HP：http://kouzu-obs.jp/index.html

春、秋の一般観望会、春のメシエマラソンのほか、2018年は火星が大接近しますので、夏には火星観望会をおこないます。

向井千秋記念子ども科学館〔科〕

夜間天体観望会はプラネタリウムでの生解説があります。

「公開天文台」では、太陽の黒点や昼間でも見ることのできる星を観察します。「夜間天体観望会」では、プラネタリウムでの生解説の後、実際の星空観察をおこないます。天体観測室のドームは直径6mで、口径20cmクーデ式望遠鏡が設置されています。この望遠鏡は、星の位置に関わらず接眼レンズの位置が固定されているため、お子様や車いすの方でも観察しやすくなっています。階段には、車いす用昇降機も設置されていますので、車いすに乗ったまま天体観察ができます。

望遠鏡
光学系／屈折
口径／20cm
設置年／1991年

DATA
:向井千秋記念子ども科学館
:群馬県館林市城町2-2
TEL 0276-75-1515
:9:00～17:00（入館は16:30まで）
休:月曜日（祝日の場合は翌日）、祝日の翌日、年末年始
¥:高校生以上:320円・中学生以下:無料
:【東武伊勢崎線】館林駅より徒歩20分／【路線バス】「子ども科学館前」下車すぐ
HP:http://www.city.tatebayashi.gunma.jp/kagakukan/

公開天文台：第２・４日曜日、夜間天体観望会：毎月１回、予約不要
※詳しくはHPでご確認ください。

北本市文化センター〔社〕

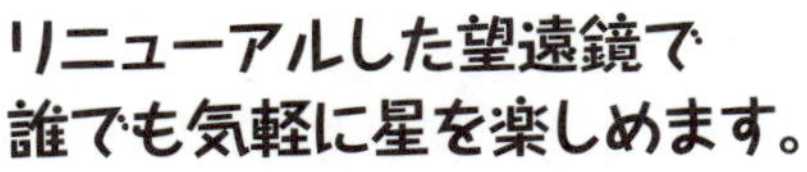

リニューアルした望遠鏡で誰でも気軽に星を楽しめます。

望遠鏡は2018年度からリニューアルしました。一般の方もわかりやすい望遠鏡で、屋上で主に太陽系の天体を観望します（年4回の予定）。夏休み期間中は、星座早見盤の使い方も学べる肉眼で楽しむ観望会も開催します。夏休みの宿題にもどうぞ。

プラネタリウムは、昔ながらのプラネタリウムとデジタル映像のコラボ投影です。土・日・祝日は、季節ごとにテーマを設けた投影や家族みんなで楽しめる「きっずぷらねたりうむ」を投影しています。その他、コンサートホールや図書館も併設し、幅広い年齢層の方にお楽しみいただけます。

望遠鏡
光学系／反射/屈折
口径／10cm
設置年／2018年

DATA
:北本市文化センター（きたもとプラネタリウム）
:埼玉県北本市本町1-2-1
TEL 048-591-7321
:文化センター8:30～22:00、プラネタリウム9:00～17:00
休:12/31～1/2　※詳細はHPで
¥:市内　大人:200円・中学生以下:100円／
市外　大人:300円・中学生以下:150円
:【JR高崎線】北本駅より徒歩10分
HP:http://kitamoto-cultural-center.com/index.html

望遠鏡を使った天体観望会は年間４回、夏休み期間は早見盤を使用する肉眼で楽しむ観望会も実施。

越谷市立児童館コスモス〔科〕

越谷市立児童館コスモスは、「天文と物理」をテーマとした、科学体験施設を併せ持つ特色ある児童館です。1階が児童館施設、2階が宇宙をテーマとした展示物とプラネタリウム、3階が物理をテーマとした展示物と科学実験室、屋上に天文台を設置しています。

6月を除く毎月1回、大型望遠鏡や移動式望遠鏡を用いて天体観望会をおこなっています。毎回多くの方にご参加いただいています。また、プラネタリウムでは土曜、日曜、祝日および春、夏、冬休みに1日3回、四季に合わせた一般番組を投影しています。

夜空に思いを馳せて…望遠鏡を覗いてみませんか？

DATA

- 越谷市立児童館コスモス
- 埼玉県越谷市千間台東2-9 TEL 048-978-1515
- 9:00～17:00
- 休：月曜日（祝日・振替休日の場合は翌日）、年末年始
- ¥：無料（プラネタリウムは小学生以上1人1回100円）
- 【東武スカイツリーライン】せんげん台駅より徒歩12分
- HP：https://www.city.koshigaya.saitama.jp/toiawase/shisetsu/jidokankosodateshienjidokosumosu/index.html

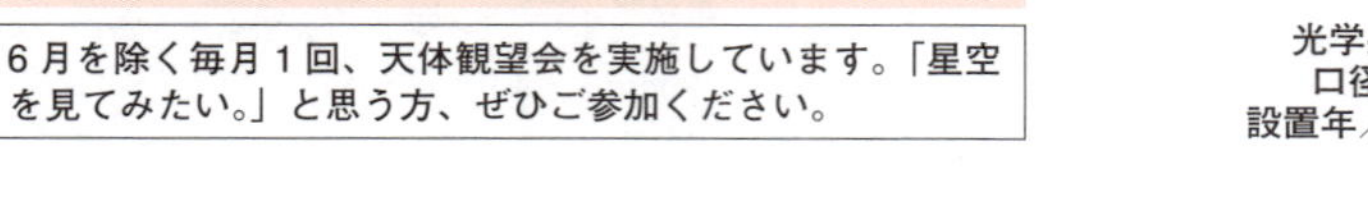
6月を除く毎月1回、天体観望会を実施しています。「星空を見てみたい。」と思う方、ぜひご参加ください。

望遠鏡
光学系／反射
口径／40cm
設置年／1987年

埼玉県立小川げんきプラザ〔野〕

年間延べ6万人の方々にご利用いただいている宿泊型の社会教育施設です。

「自然体験・星との出会いのプラザ」というキャッチフレーズがありますように、標高263mの金勝山の豊かな自然環境やプラネタリウムなどの天文関係が特徴で、5名以上であれば一般の方の宿泊も可能です。

近隣には、ユネスコ無形文化遺産に登録された細川紙に代表される和紙づくりが体験できる埼玉伝統工芸会館や、享保6年（1721年）に建築され、国の重要文化財建造物に指定された県内最古の古民家、吉田家住宅などがおすすめです。

口径15cmの自動導入可能な望遠鏡は一見の価値あり。

望遠鏡
光学系／屈折式
口径／15cm
設置年／1997年

DATA

- 埼玉県立小川げんきプラザ
- 埼玉県比企郡小川町木呂子561 TEL 0493-72-2220
- 8:00～17:00
- 休：月曜日（休日を除く）、12/29～1/3
- ¥：無料（施設利用は有料）
- 【東武東上線】東武竹沢駅より徒歩40分／【JR八高線】竹沢駅より徒歩30分／【関越自動車道】嵐山小川ICより車で15分
- HP：http://ogawagenki/com/

〈今年度イベント〉・火星と出会う星空散歩～火星大接近2018～（7/27～31）・土曜の夜の星空散歩（12/1、15、1/12、26、2/9、23）。

さいたま市青少年宇宙科学館〔科〕

コンピューター制御された天体望遠鏡で太陽黒点、昼間の金星、夜は月や惑星、星雲、星団などの観望をおこなっています。

2018年6月にリニューアルされたプラネタリウムでより美しくリアルな宇宙を体験することができます。1000万個の星空と大迫力の全天CG映像をお楽しみください。さらに、土・日・祝日は各種イベントが盛りだくさん。「公開天文台」「若田宇宙飛行士コーナー体験ツアー」「ワークショップ」「サイエンスショー」など、様々な体験を通して、科学の楽しさや不思議さを実感していただけます。

当館でよりリアルな宇宙体験を。

DATA

- ：さいたま市青少年宇宙科学館
- ：埼玉県さいたま市浦和区駒場2-3-45
  TEL 048-881-1515
- ：9:00～17:00
- 休：月曜日（祝日の場合は翌平日）
- ¥：無料（プラネタリウム：大人510円・4歳以上高校生以下：200円）
- ：【JR】浦和駅または北浦和駅よりバスで「宇宙科学館入口」下車、徒歩3分
- HP：http://www.kagakukan.urawa.saitama.jp/main.html

毎月テーマを設け開催される天体観望会。クーデ式屈折望遠鏡などで、月や惑星、星雲などを観望します。

望遠鏡
光学系／屈折
口径／20cm
設置年／1988年

八千代市少年自然の家〔野〕

八千代市少年自然の家は、集団宿泊生活や野外活動を通して、自然に親しませ、豊かな情操を養うとともに、心身ともにたくましい少年少女の育成を図ることを目的としてつくられた施設です。宿泊などは市内の小中学生が対象ですが、プラネタリウムや天体観望会は一般の方も楽しんでいただけます。当施設は、八千代市の中でも街明かりが少ない地域にあり、たくさんの星を見ることができます。プラネタリウムは、指導員が星座や神話などを中心に直に解説しています。皆様のお越しをお待ちしております。

新川
東京成徳大
宗像小
263
千葉県立印旛沼公園
ゴルフ場
消防署
キャンプ場
16
296
京成本線
勝田台

木星の縞模様や土星の環も見ることができます。

望遠鏡
光学系／屈折
口径／15cm
設置年／1974年

DATA

- ：八千代市少年自然の家
- ：千葉県八千代市保品1060-2
  TEL 047-488-6538
- ：9:00～16:00
- 休：土曜日、第1・3・5日曜、祝日、年末年始、教育委員会が認めた日
- ¥：一般公開プラネタリウム　市内：150円・市外：300円
- ：【京成線】勝田台駅よりバスで「もえぎ野車庫」下車、徒歩20分
- HP：www.yachiyo.ed.jp/kyouiku/sizen/

①春の星空を見る会、②夏の星空を見る会、③秋の星空を見る会、④冬の星空を見る会など。※先着100名　料金は無料です。

プラネターリアム銀河座天文台〔他〕

31cm ニュートン式はF7。18.5cm 屈折は米国製 F9 でともにで惑星用。

惑星専用に高倍率が使えるように、高精度研磨の鏡面とF7という長目の望遠鏡を設置。惑星の模様観察を主眼に置き、天体現象の新聞雑誌撮影にも多く使用されています。

敷地内にはプラネターリアム銀河座があり、元ニュースキャスターの館長と女性解説員との2人のライブ解説が売りです。快適さ追求館として日本初の大型レザーいすや床暖房など工夫が凝らされています。テレビほかマスコミに多く登場します。完全予約制で第1、第3土曜日の公開です。詳細はブログをご覧ください。

DATA

:プラネターリアム銀河座天文台
:東京都葛飾区立石7-11-30　證願寺内
TEL 03-3696-1170（留守番）
:不定期
休:—
¥:—
:【京成線】立石駅より徒歩5分、または青砥駅より徒歩8分
HP:http://gingaza.blog112.fc2.com/

常時公開ではなく、時の応じた公開になります。

望遠鏡
光学系／反射
口径／31cm
設置年／1989年

伊勢原市立子ども科学館〔科〕

子ども科学館は、6つのコーナーに分かれた展示室やプラネタリウム、天体観測室などがあります。

観測室にあるクーデ式望遠鏡は、車いすの方もご覧頂けるよう、覗く場所が固定されているのが特徴です。

プラネタリウムの光学機器は、五藤光学研究所のGSS-Ⅱを開館以来約30年間使用しています。

またデジタル投影システムと合わせてより迫力のあるプラネタリウムをご覧いただけるようになっています。

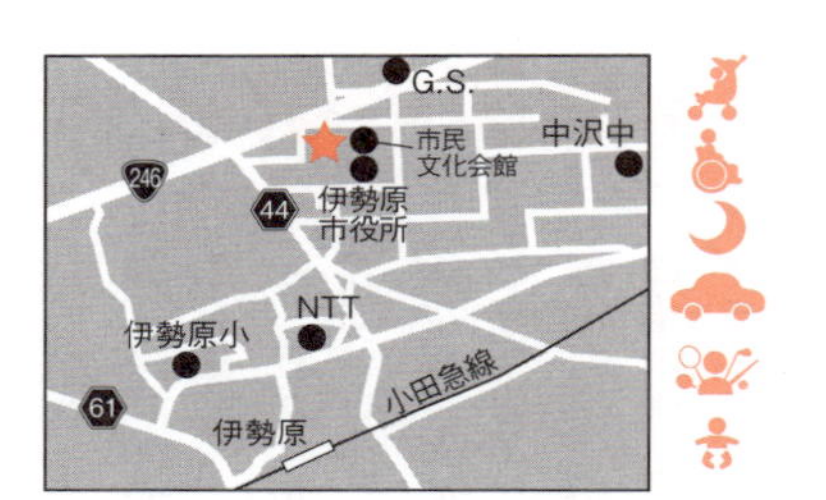

毎月実施している観察会は、アットホームな雰囲気です。

望遠鏡
光学系／屈折
口径／20cm
設置年／1989年

DATA

:伊勢原市立子ども科学館
:神奈川県伊勢原市田中76
TEL 0463-92-3600
:9:00～17:00
休:月曜日、祝日の翌日、毎月第1水曜日、年末年始
¥:高校生以上:300円、小・中学生:100円、未就学児:無料　※プラネタリウムは別料金
:【小田急小田原線】伊勢原駅より徒歩15分、またはバスで「行政センター前」下車、徒歩2分
HP:http://www.city.isehara.kanagawa.jp/kagakukan/

毎月1回程度、天体観測会「クーデの日」を開催しています。

相模原市立博物館〔科〕

相模原市立博物館は、1995年11月20日に開館して以来、相模原の歴史や自然を扱う総合博物館として親しまれています。館内には、「宇宙とつながる」をテーマにした天文展示室があるほか、自然・歴史展示室や、様々なテーマの展示をおこなっている特別展示室があります。県内最大級の直径23mのプラネタリウムでは、解説員による全編生解説のプラネタリウム番組や全天周映画などを楽しめます。天体観測室では原則月2回程度、星空観望会を開催し、惑星や月などを観望しています。

JAXA 相模原キャンパス正面！
併せての見学がオススメです。

DATA
- :相模原市立博物館
- :神奈川県相模原市中央区高根3-1-15
  TEL 042-750-8030
- :9:30〜17:00
- 休:毎週月曜日（祝日は開館）・祝日の翌日、年末年始他
- ¥:入館無料（プラネタリウム観覧には別途観覧料が必要　※詳細はHPで）
- :【JR横浜線】淵野辺駅より徒歩20分／【神奈川中央交通】青葉循環「市立博物館前」下車すぐ
- HP:http://sagamiharacitymuseum.jp

星空観望会：原則月２回程度（事前申込制）
※申込方法や開催日など詳しい情報は HP をご確認ください。

相模原市立図書館
淵野辺
57
青山学院大学
鹿沼公園
コンビニ
共和中
横浜線
コンビニ
中央支援学校
共和小
16
宇宙科学研究所

望遠鏡
光学系／反射
口径／40cm
設置年／1995年

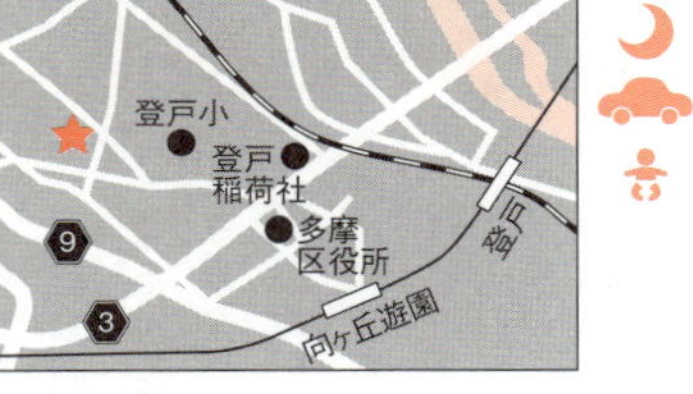

多摩天体観測所〔天〕

天文台の周囲はもともと畑が多かったのですが、西側東側に住宅が建ち今は南側だけになりました。

ドーム内に口径20cmF10と口径10cmF10の屈折望遠鏡とHα観測用の口径7cmF8の望遠鏡を設置しています。観測は月面、各惑星を主に、冬は星団も見られます。また日中は、太陽望遠鏡を使い、太陽のプロミネンスなどを観測しています。

横浜、東京都内、時には他県からも子ども連れが訪れます。近辺に食事施設も充実しています。曇天の日に来られた場合は天体写真を楽しんでいただけます。事前申込みは、電話またはFAXでご予約ください。

事前申込みは、電話または
FAX で予約可能です。

望遠鏡
光学系／屈折
口径／20cm
設置年／1986年

DATA
- :多摩天体観測所
- :神奈川県川崎市多摩区登戸217-6
  TEL 044-933-1730
- :19:00〜21:00（太陽は9:00〜11:00）
- 休:月〜金曜日
- ¥:無料
- :【小田急線】向丘遊園駅より徒歩16分
- HP:「多摩天体観測所」で検索

希望者には太陽、月面、惑星撮影の指導もおこなっています（有料）。

はまぎん こども宇宙科学館〔科〕

宇宙劇場（プラネタリウム）は、直径23mのドーム全体に広がる迫力の映像と、リアルで美しい星がつくりだす、臨場感あふれる宇宙を体験できます。

また、科学館前庭では、毎月1～2回、天体望遠鏡を使った星空観察会を開催しています。

毎回約1時間程度、季節ごとに見られる月や惑星、星雲、星団、銀河などの天体をみます。事前申込制で、どなたでも参加でき、毎回定員を超える申込みがある人気のイベントです。

市内唯一のプラネタリウムを併設しています。

DATA

- :はまぎん こども宇宙科学館(横浜こども科学館)
- :神奈川県横浜市磯子区洋光台5-2-1 TEL 045-832-1166
- :9:30～17:00(最終入館は16:00まで)
- 休:第1・3火曜日、臨時休館、年末年始
- ¥:高校生以上:400円・小中学生:200円　※プラネタリウムは別料金
- :【JR京浜東北・根岸線】洋光台駅より徒歩3分
- HP:http://www.yokohama-kagakukan.jp/

望遠鏡
移動式:屈折
10cm、反射20cm

月に1～2回、星空観察会を開催。天体望遠鏡を使って月や惑星、星雲、銀河などの天体を観察しています。　※詳しい情報はHPをご確認ください。

藤沢市湘南台文化センター こども館〔科〕

観光地江の島を擁する藤沢市の施設です。駅から徒歩5分の立地。宇宙劇場（プラネタリウム）と展示ホールがあります。

天体観望会は原則として無料、予約不要です。MeadeLX200-30GPS、LX200-20ACF、タカハシFC-76などの望遠鏡を並べ、月や惑星、星雲星団などを見ていただきます。毎回百名を超える参加者がありますが、望遠鏡の台数も多いので、色々な天体を見ています。待ち時間には星座の探し方などもお話しします。

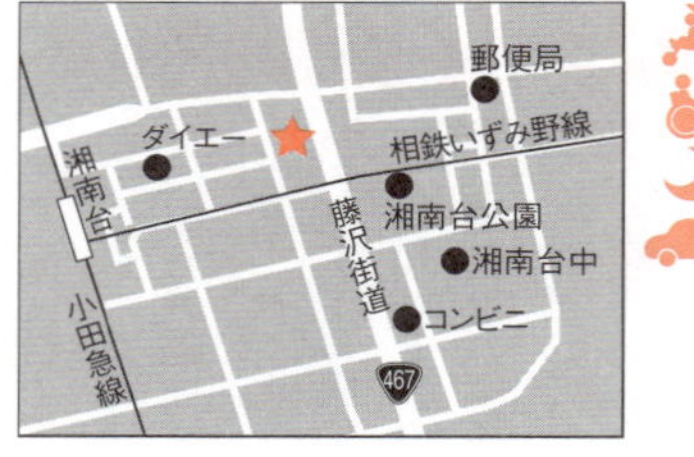

天体観望会では4台以上の望遠鏡、双眼鏡が並びます。

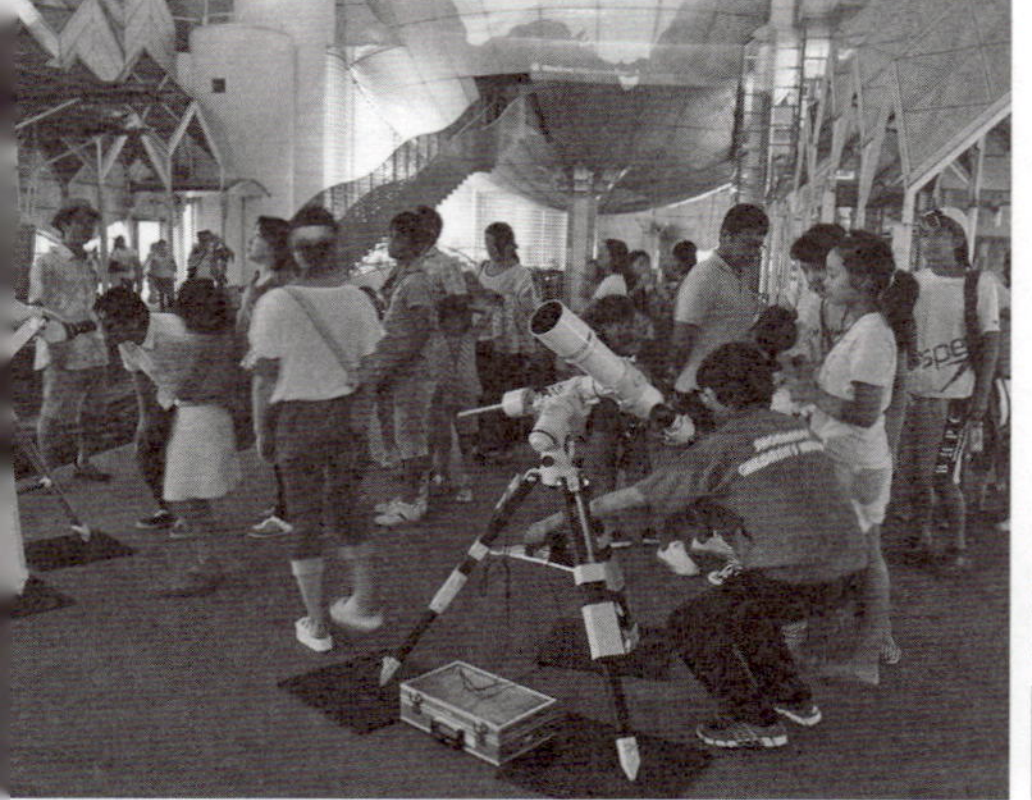

望遠鏡
移動式:屈折/反射
30cm、20cmなど

DATA

- :藤沢市湘南台文化センター こども館
- :神奈川県藤沢市湘南台1-8 TEL 0466-45-1500
- :9:00～17:00(最終入館16:30まで)
- 休:月曜日、祝日の翌日(土・日・祝は開館)、年末年始、8月無休
- ¥:[展示ホール]高校生以上:300円・小中学生:100円／[宇宙劇場]高校生以上:500円・中学生以下:200円
- :【小田急江ノ島線・相鉄いずみ野線・横浜市営地下鉄】湘南台駅より徒歩5分
- HP:http://www.kodomokan.jp/

天体観望会は原則として年6回。火星接近などの天文現象があるときは特別観望会も企画します。

中部

国立天文台 野辺山宇宙電波観測所〔天〕

冬の野辺山（電波ヘリオグラフと45 m電波望遠鏡） ©NAOJ

望遠鏡
光学系／電波望遠鏡
口径／ 45m
設置年／ 1982年

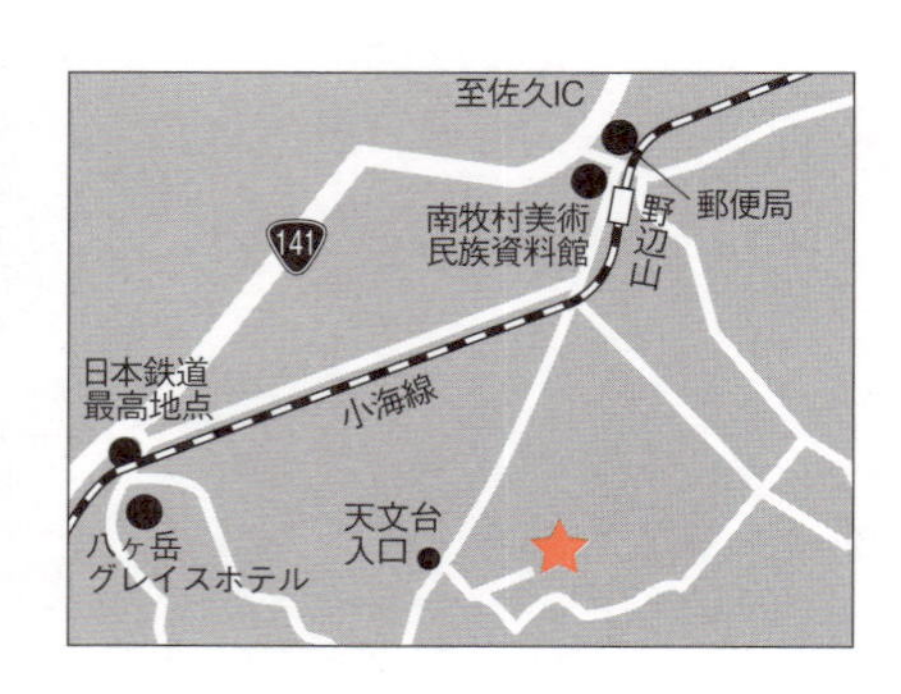

北海道
東北
関東
中部
近畿
中国・四国
九州・沖縄

ほかにはないアンテナの大きさと数を体感してみよう。

ミリ波と呼ばれる電波を観測する望遠鏡としては世界最大級の45m電波望遠鏡やアルマ望遠鏡の礎となったミリ波干渉計などを有する日本の電波天文学の「聖地」ともいえる施設です。特に、45m電波望遠鏡は1982年の観測開始から今日まで35年以上第一線で活躍し、巨大ブラックホールや星間分子の発見などの研究成果を出し続けています。そのほか、60年以上観測を続けている太陽電波強度偏波計、太陽の電波画像を撮影する電波ヘリオグラフといった望遠鏡もあわせると、約100基のアンテナが観測所構内にあります。

1982年の開所から35年以上、ほかの研究期間に先駆けて一般公開を実施しています。見学者総数は300万人を突破し、近年の年間見学者は約5万人に達しています。

観測所のある野辺山は標高1350mの八ヶ岳東麓にある高原であり、夏には避暑地として観光客が訪れる場所です。一方、本州では最も寒い地域のひとつであり、冬にはマイナス20度を下回るような気温にもなります。ミリ波と呼ばれる電波は水蒸気に吸収されやすいため、観測には標高が高く、水蒸気の少ない場所が適しています。空気中の水蒸気量が少なくなる寒冷地であり、周囲に人工電波が少ない野辺山は、宇宙からの電波観測に最適な場所なのです。

ミリ波の見る夢（ミリ波干渉計と天の川）　撮影：山本勝也

電波天文学の研究内容と観測所の施設などを紹介する特別公開は、8月下旬の土曜日に開催しています。

DATA

- 国立天文台 野辺山宇宙電波観測所
- 長野県南佐久郡南牧村野辺山462-2 TEL 0267-98-4300
- 8:30～17:00（7/20～8/31は8:30～18:00）
- 休：12/29～1/3
- ¥：無料
- 【JR小海線】野辺山駅より徒歩40分
- HP：http://www.nro.nao.ac.jp/

上越清里星のふるさと館〔天〕

北信越有数の反射望遠鏡とデジタルプラネを設置。

DATA
- 上越清里星のふるさと館
- 新潟県上越市清里区青柳3436-2
  TEL 025-528-7227
- 10:00〜17:00
- 休:火曜日（祝・休日の場合は翌日）
- ¥:一般：600円・小中学生：400円（入館プラネセット）
  ※団体割引あり
- 【妙高はねうまライン】高田駅より車で40分／【北陸自動車道】上越ICより車で30分
- HP:http://www.tenmon.jorne.ed.jp

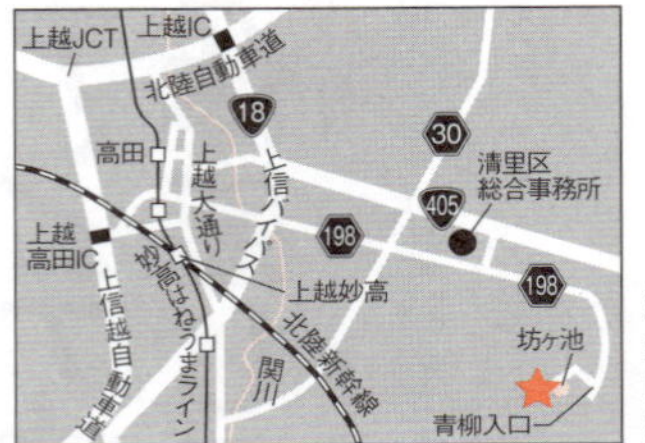

望遠鏡
光学系／反射
口径／65cm
設置年／1993年

新潟県の豪雪地にある天文台とプラネタリウムの施設です。開館は4月1日〜11月30日です。昼間の施設見学は、新潟県下一の望遠鏡による昼間の惑星・恒星の観察。太陽望遠鏡による黒点やプロミネンスの観察。プラネタリウムでは季節の星座の生解説をはじめテーマ番組や子ども対象の番組など全天周で上映します。展示物としては当館近くに落下した櫛池隕石（約4・4kg直径18cm）の実物を展示しています。

ほかに全国でも珍しい箱形日時計や人間日時計の体験や子ども対象の天文工作（星座早見缶・早見盤など）もできます。

夜間は毎週金曜日と土曜日に、晴天時は65cmと15cmと7・5cmを使って観望会（星座観察会も含む）をおこなっています。特別の天文現象があれば臨時夜間観望会などもおこないます。観測中の仮眠などの休憩（宿泊施設の一部として含）、団体の合宿も可能です。寝具付きで、食材用意で自炊もできます。

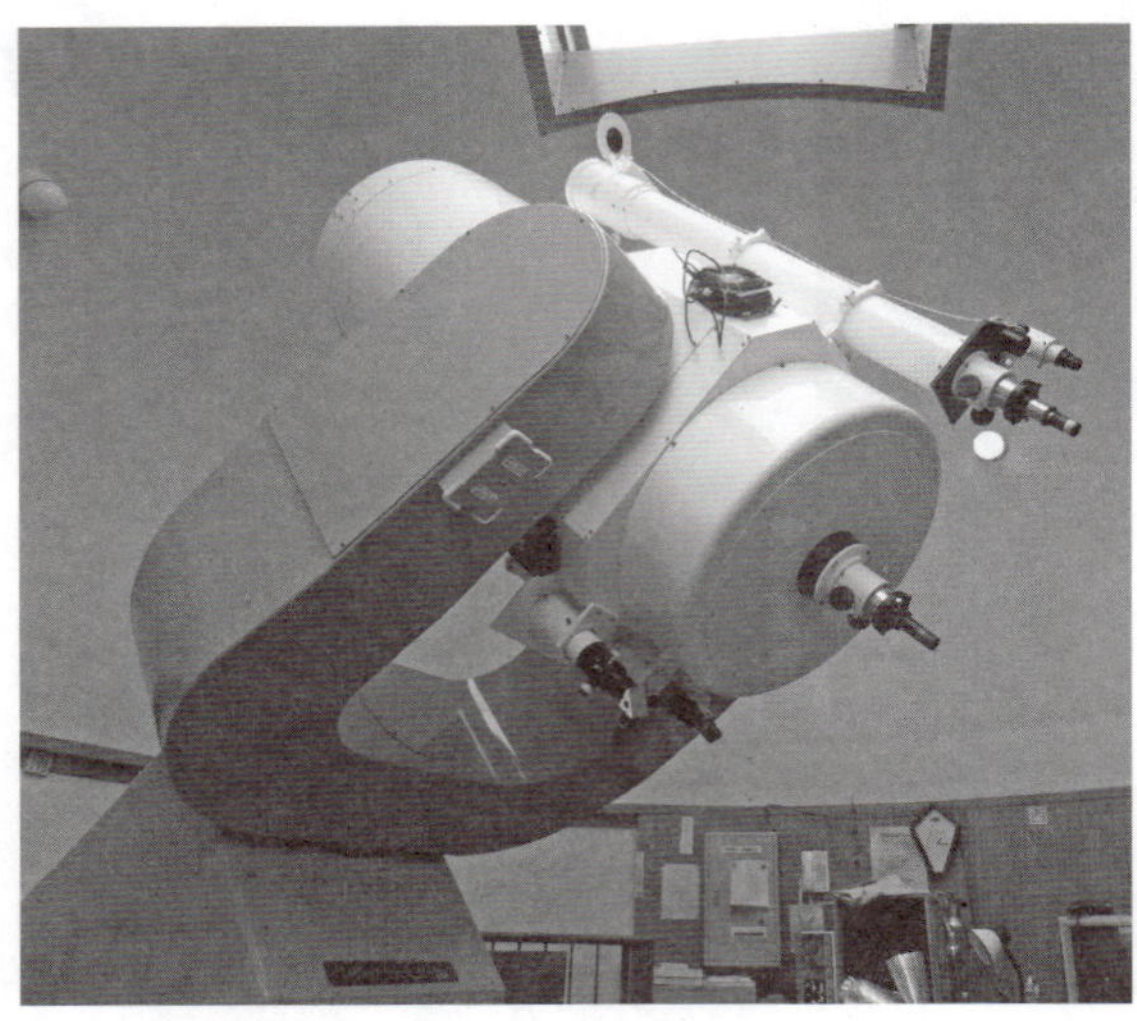

65 cm等観測室

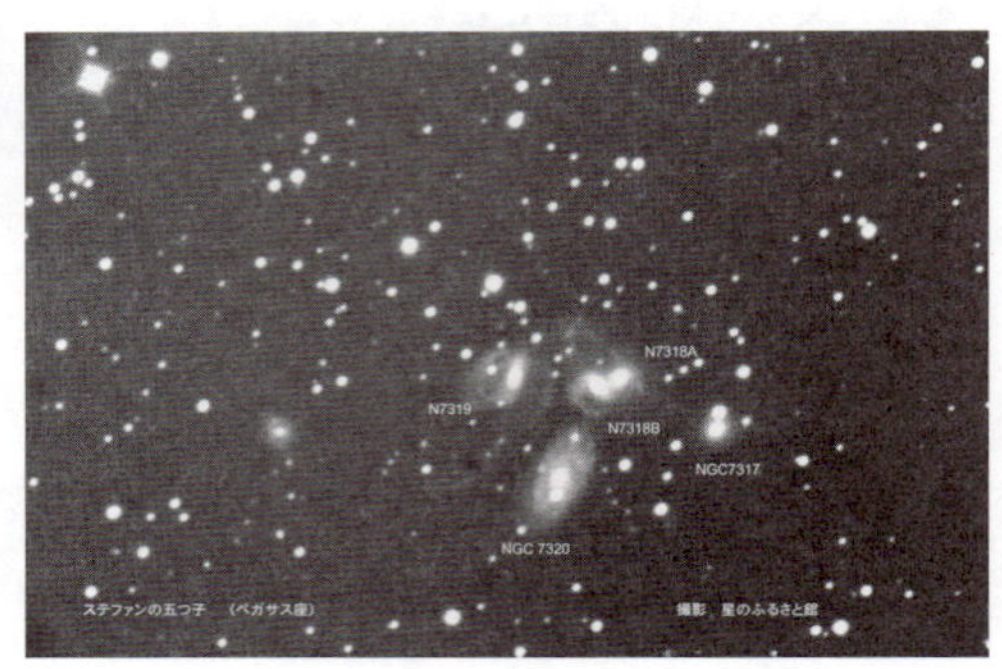

ステファンの五つ子（局部銀河群・ペガスス座）

昼間は太陽望遠鏡による観察、65cm 反射望遠鏡による恒星・惑星の観察。イベントには謙信キッズ・親子星空教室・星空バスツアー・天体写真に挑戦・大人のための天文教室など。

胎内自然天文館〔天〕

自然のおおらかさや宇宙の不思議を肌で体感できる場所です。

DATA

- 胎内自然天文館
- 新潟県胎内市夏井1251-7 TEL 0254-48-0150
- 9:00～17:00／観望会（雨天・曇天中止）毎週土曜日 19:30～21:30（4～8月）、19:00～21:00（9～11月）
- 休：月曜日（祝日の場合は翌火曜日）、冬期休館：12～4月中旬まで
- ￥：大人：300円・小人：150円　※団体料金あり
- 【日本海東北道】中条ICより車で35分／【JR羽越本線】中条駅より車で25分
- HP：http://tainai-tenmonkan.blogspot.jp/

望遠鏡
光学系／反射
口径／60cm
設置年／2003年

胎内自然天文館のメインとなるのは、口径60㎝カセグレン望遠鏡を備えた直径6ｍの観測ドームです。毎週土曜日の夜は、星空観望会を実施（雨天・曇天の場合は中止）しており、屋上テラスでも大型双眼鏡や屈折望遠鏡で観望することができます。

日中は、太陽専用の特殊観測装置を備えた望遠鏡を同架しているので、太陽の観察ができます。また、同架している屈折望遠鏡で日中でも見える惑星や明るい星なども観察します。

研修室では、大型スクリーンによる映像、上質の音響設備で、迫力ある宇宙映像を見ることができます。また星空解説もおこなわれ、季節の星座の探し方などを学習できます。ほかに研修会や講演など多目的な用途に利用できます。

施設の正面に設けられた野外大ステージでは、日本で最大の天文イベント「胎内星まつり」など様々な催しがおこなわれます。

胎内自然天文館が建てられている胎内平は、胎内のシンボルともいえる鮮やかな緑につつまれた丘陵地で、管理の行き届いた緑地帯が一面に広がります。

星空観望会の様子

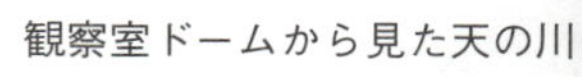

観察室ドームから見た天の川

・日中はHα太陽望遠鏡による太陽観察　9:00 ～ 17:00
・星空観望会（天候により中止する場合あり）毎週土曜日夜

石川県柳田星の観察館「満天星」〔天〕

能登半島には美しい星空と満天星があります。

DATA
- 石川県柳田星の観察館「満天星」
- 石川県鳳珠郡能登町字上町ロ部1-1
  TEL 0768-76-0101
- 9:30～17:00
- 休：木曜日（祝日の場合翌日）、年末年始
- ¥：天体観望会　大人：300円・小中学生：200円
- 【能登空港】より車で20分　能登町柳田植物公園内
- HP：http://mantenboshi.jp/

望遠鏡
光学系／反射
口径／60cm
設置年／1993年

主望遠鏡は60cm反射式です。石川県内では最大口径で、15cm屈折望遠鏡を同架しています。赤道儀はフォーク式で、ドームの直径は6・5mあります。

この望遠鏡を使った「天体観望会」は年間を通して開催します。休館日以外の晴天夜で、あらかじめ予約が必要です。望遠鏡で見る宇宙もいいですが、ドームの外（観察デッキ）から見る星座案内も好評です。能登は肉眼で見る星空が美しく、環境省の「星空の街」に選ばれています。

館内にはプラネタリウムもあり、直径12mドームで100名収容できます。光学式投影機とデジタル投影機のハイブリッド型です。投影できる恒星数は約4000万個で、天の川も微光星で表現されています。

柳田植物公園の園内に立地し、レストランや星形屋根のアストロコテージも隣接しています。能登半島の各観光地へのアクセスがよく、昼は観光、夜は星見という利用も可能です。

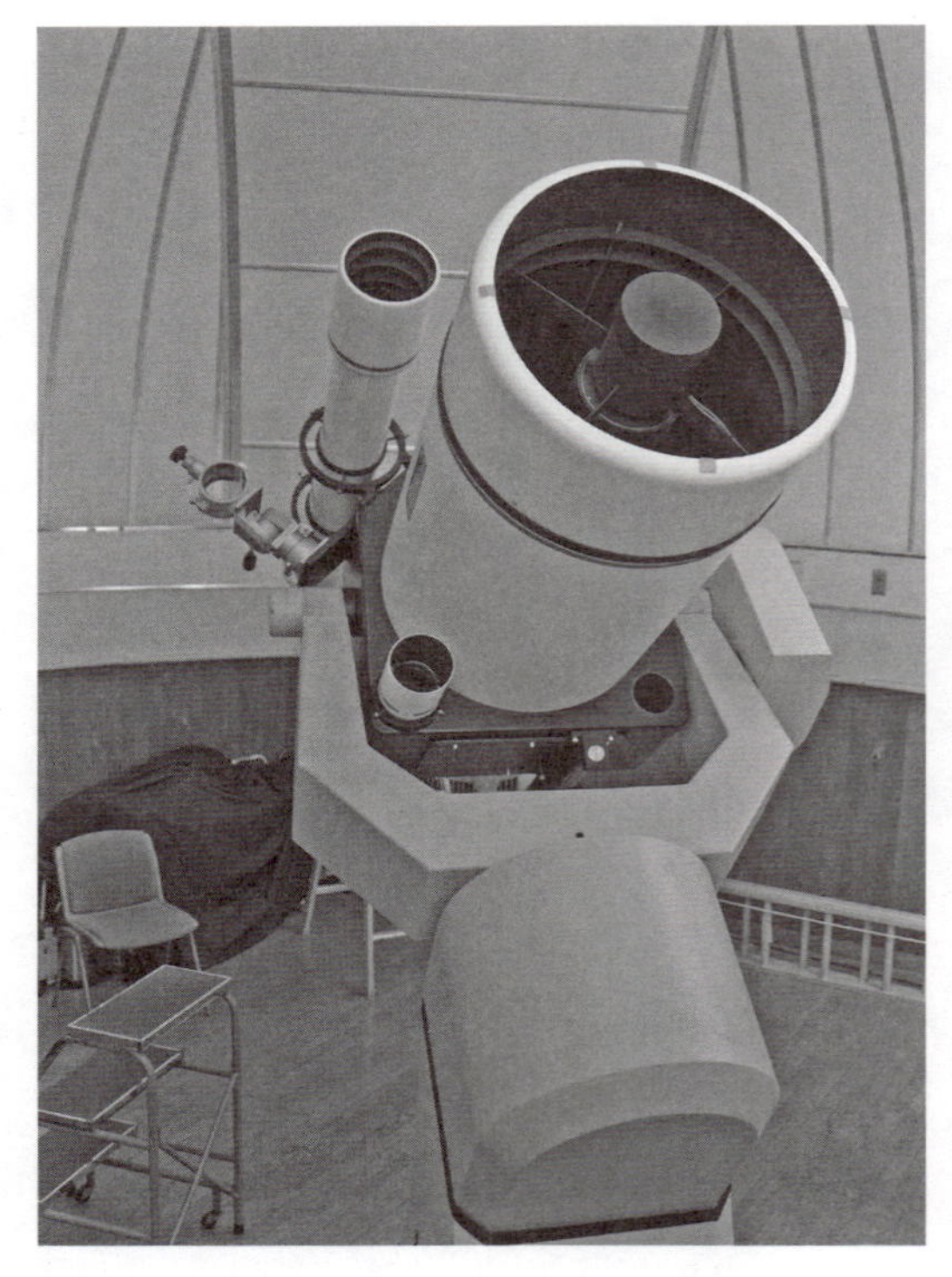

60cm反射望遠鏡

天体観望会（要予約）／3～10月　20:00～21:00、
11～2月　19:00～20:00。
最新情報はHPでご確認ください。

福井県自然保護センター〔科〕

手の届きそうな天の川のもと、宇宙という最も大きな自然を伝えます。

DATA
- 福井県自然保護センター
- 福井県大野市南六呂師169-11-2 TEL 0779-67-1655
- 9:00～17:00（最終入館は閉館30分前）、観望会 9:30～21:30（4～9月）、19:00～21:00（10～3月） ※1～2月休止
- 休：月、祝翌日、年末年始
- ¥：無料
- 【北陸自動車道】福井ICまたは福井北ICより車で約1時間／【中部縦貫自動車道】大野ICより約30分
- HP：http://fncc.pref.fukui.lg.jp

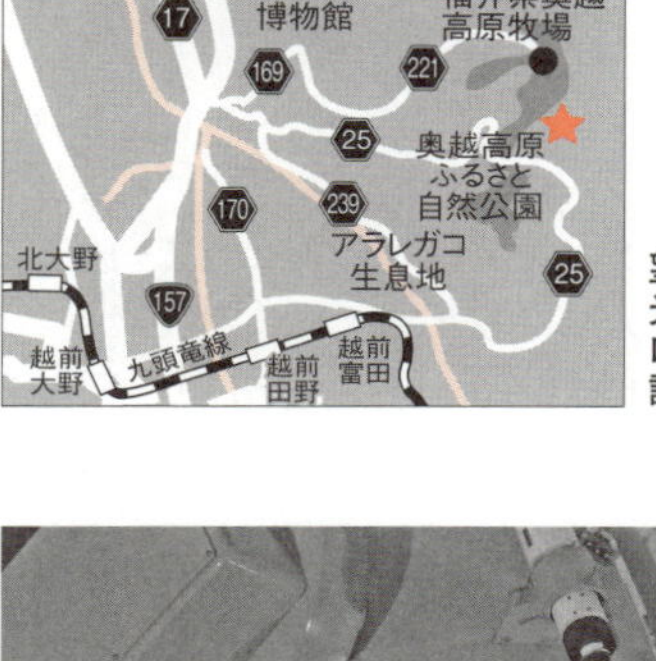

望遠鏡
光学系／反射
口径／80cm
設置年／1990年

福井県自然保護センターは、奥越高原県立自然公園の中心、六呂師高原の一角にあり、雑木林や草原、湿原といった自然がすぐそばにあります。自然系の常設展示がある「本館」、雑木林や湿地など多彩な環境がそろった「自然観察の森」、そして天文台のある「観察棟」があります。

福井の美しい星空をみなさんに知っていただきたい・・・。そんな願いをのせて当センターでは、定期的に天体観望会や天体の知識を深める講座を実施し、星空ファンを虜にしています。1階にはプラネタリウム室があり実際の夜空の見え方に近い星空を投影し、星座を紹介しています。また、2階に備えられた双眼鏡からは、六呂師高原や日本百名山の荒島岳の雄大な景観を一望できます。3階天体観察室には、口径80cmの望遠鏡があり、昼は太陽表面の観察や明るい星を、夜は、惑星、星雲、星団、銀河などの天体を観察できます。

近くには、青少年自然の家、奥越高原牧場、ミルク工房、温浴施設やキャンプ場などもあり、朝から晩まで自然を満喫できます。

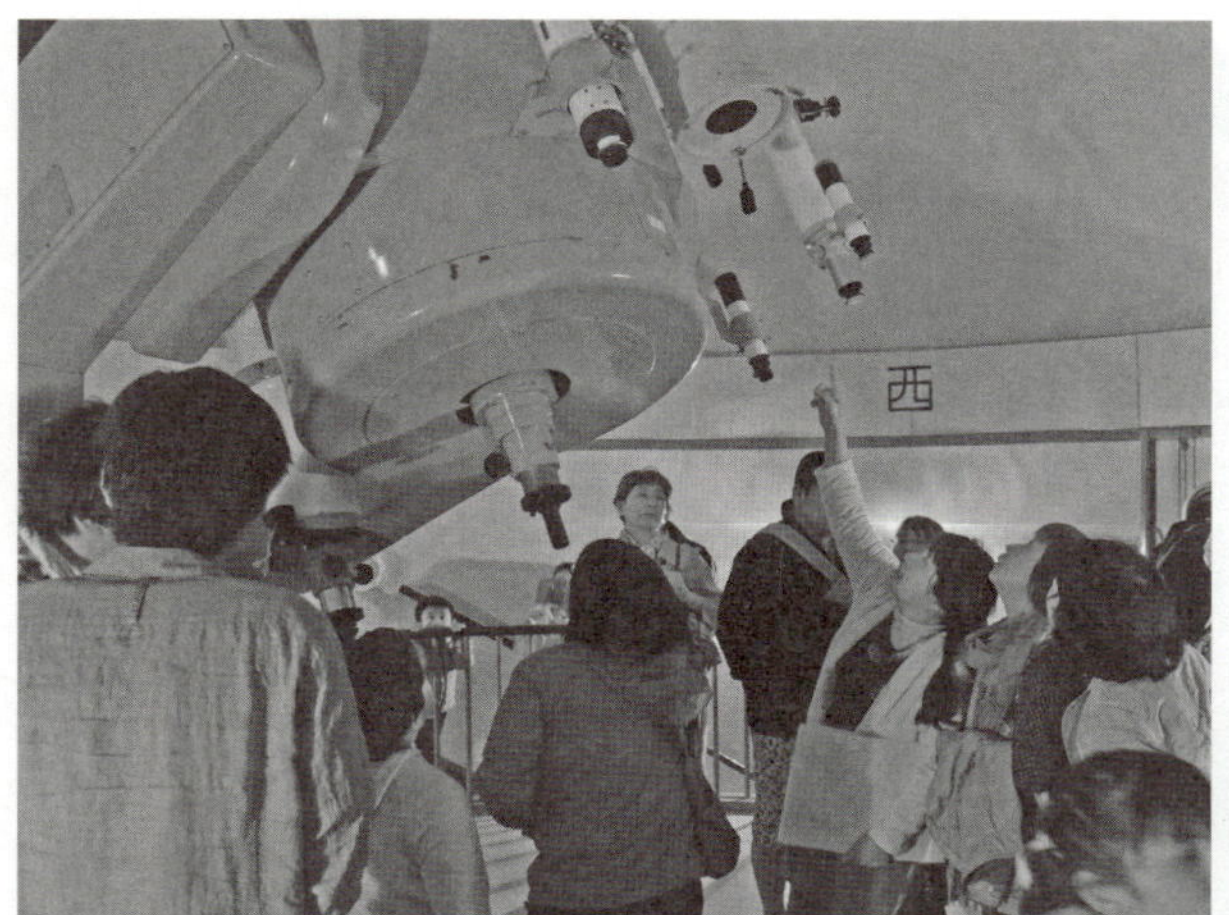

天文指導員が見どころを説明します。

特別観望会の様子

週末天体観望会（毎週土曜日）、特別観望会（珍しい天体現象や七夕、中秋の名月など）、天文教室（手作り天体望遠鏡・天体写真撮影の講座など）。※詳しくはHPでご確認ください。

福井市自然史博物館〔科〕

火星や土星など、惑星の見え味が抜群です。

DATA

- 福井市自然史博物館
- 福井県福井市足羽上町147
  TEL 0776-35-2844
- 9:00～17:15（入館は16:45まで）
- 月曜日（祝日の場合は開館）祝日の翌平日、年末年始
- 高校生以上：100円・中学生以下、70歳以上、障がい者の方：無料
- 【JR北陸本線】福井駅より徒歩30分／【福井鉄道福武線】足羽山公園口駅・商工会議所前駅より各徒歩20分
- http://www.nature.museum.city.fukui.fukui.jp/

望遠鏡
光学系／屈折
口径／20cm
設置年／1952年

福井市中心部に位置する足羽山（あすわやま）の上にある博物館です。常設展示では、福井の自然や生い立ちについて紹介しています。標本やジオラマ・映像などを用いた立体的な展示が特徴です。

当館屋上にある天文台の口径20㎝屈折赤道儀式望遠鏡は惑星の観望に威力を発揮し、ほかでは観ることができない、とてもシャープな像が魅力です。１９５２年の創立以来、60年以上火星観測を続けています。

また、天体観望会では、天体観望と共に眼下に広がる福井市街地の夜景も楽しむことができます。桜の開花にあわせて開催しているイベント「ナイトミュージアムと天体観望会」には、多くの方にご参加いただいており、春の風物詩として市民に親しまれています。

その他、当館のある足羽山には、足羽山公園遊園地（動物園）や福井市愛宕坂茶道美術館、福井市橘曙記念文学館など、見どころが多くありますので、散策を楽しみに訪ねてみてはいかがでしょうか。

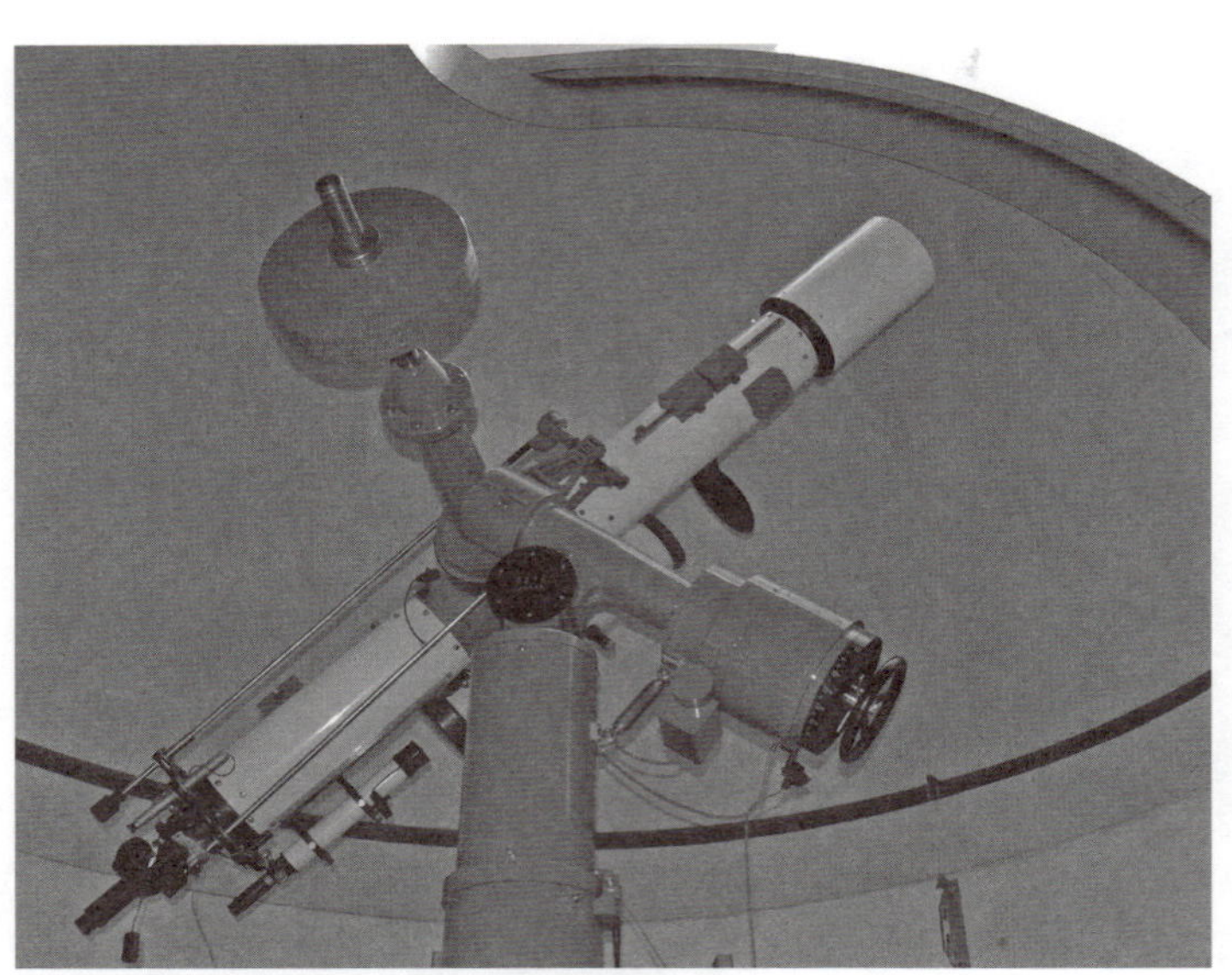

天文台の口径20 cm屈折赤道儀式望遠鏡

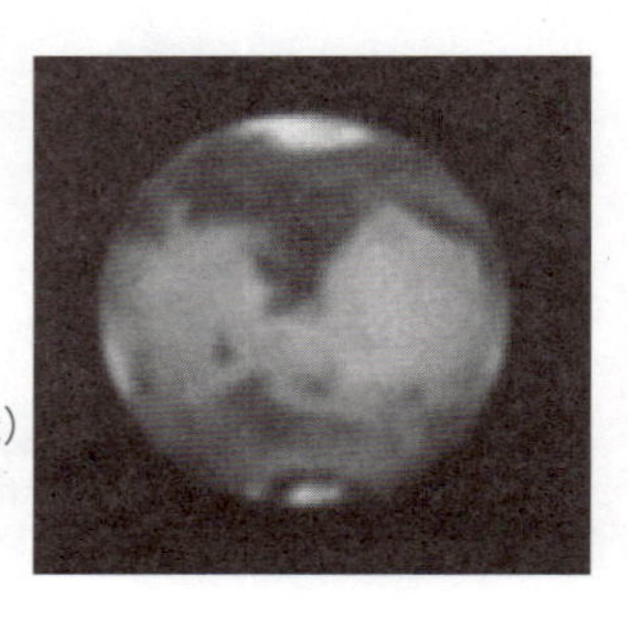

天文台で撮影した火星
（2014年4月14日、撮影：西田昭徳氏）

天体観望会を月１回程度（冬季を除く）開催しています。セーレンプラネット（自然史博物館分館）では日本一きれいなリアル８Ｋのドーム映像をご覧いただけます。

上田創造館〔科〕

心ときめく星空との出会いを、上田創造館の大型望遠鏡でお楽しみください。

DATA
- ：上田創造館
- ：長野県上田市上田原1640
  TEL 0268-23-1111
- ：9:00〜22:00
- 休：2018年度の6/4、10/1、12/29〜1/3、2/4
- ¥：大人：260円・高校生：210円・小中学生：110円・幼児：無料（プラネタリウム観覧料）
- ：【上田電鉄別所線】赤坂上駅より徒歩10分／【JR・しなの鉄道】上田駅より車で15分
- HP：http://www.area.ueda.nagano.jp/sozokan/

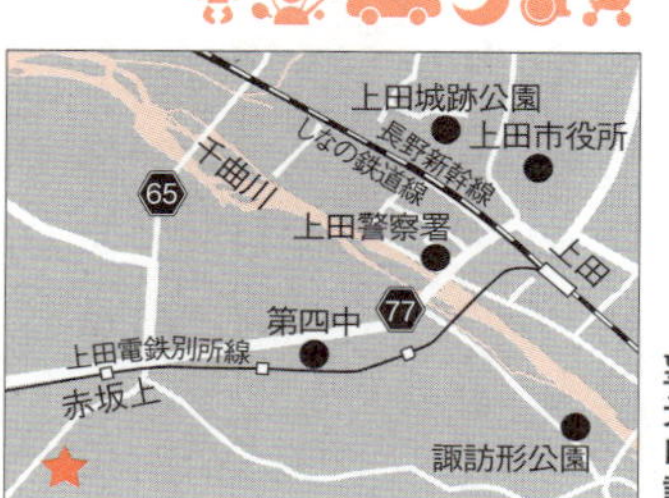

望遠鏡
光学系／屈折
口径／20cm
設置年／1986年

上田創造館には、1986年設置の大型天体望遠鏡、五藤光学研究所製20㎝屈折赤道儀があります。年6回、季節ごとの素敵な星空を星空案内の皆さんと一緒にご覧ください。何百年、何千年、何万年…かかってようやく届いた光が、瞳の中で輝きます。今宵、上田創造館でみる星々とのかけがえのない出会い、その瞬間をお楽しみください。

星空観望会が雨天の場合も、ご心配ありません。最新のデジタルプラネタリウムで今宵のスターウオッチング・チェックポイントをご紹介。上田創造館プラネタリウム室内の360度に広がるパノラマ映像で、上田地域の星空観察のためのスターウオッチングスポットを堪能いただくことができます。どうぞ、お出かけください。お待ちいたしております。

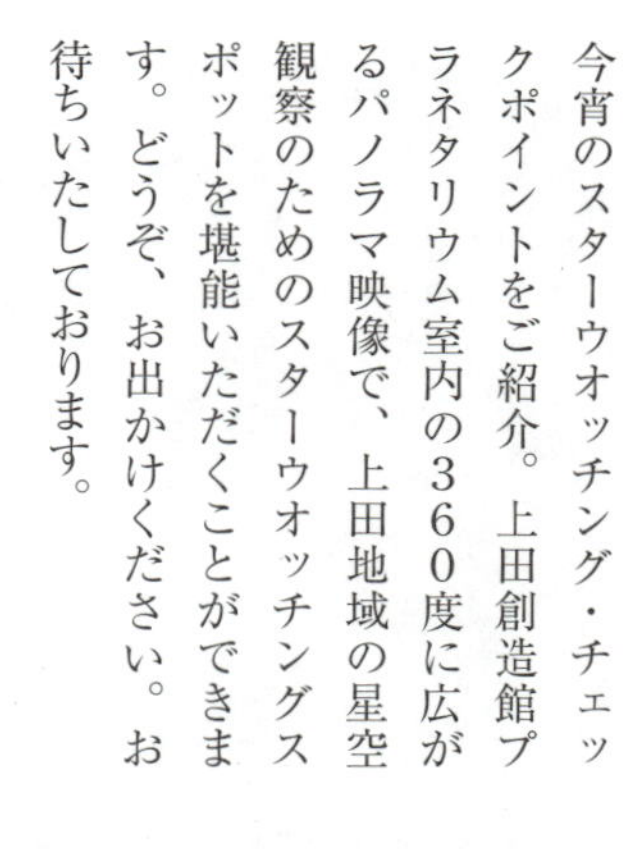

大型望遠鏡を使った観望会の様子

素敵な星空を大きな望遠鏡で覗いてみませんか。観望会開催日は、HPでご確認ください。

おんたけ休暇村・天文館〔宿〕

毎晩宿泊者を対象に無料で観望会を実施しています！

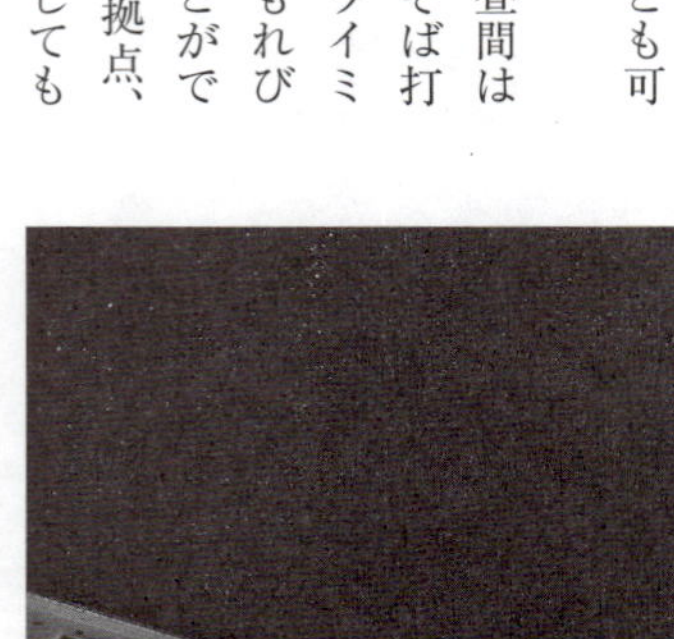

DATA

- :おんたけ休暇村・天文館
- :長野県木曽郡王滝村3159-25
  TEL 0264-48-2111
- :19:30～21:30
- 休:年に2回（春と秋　各1週間程度）
- ¥:大人1泊2食付7000円～（天文館は無料）
- :【JR中央本線】木曽福島駅より、無料送迎バスで1時間（要予約）
  【国道19号線】元橋交差点より車で50分
- HP:http:/www.ontake-kyukamura.net/

望遠鏡
光学系／反射
口径／60cm
設置年／1993年

日本百名山木曽御嶽山の中腹、標高1450mにある雄大な自然に包まれた宿泊型体験施設です。セントラルロッジは通年営業、会議室もあり、合宿や研修などのご利用にも適しています。6～9月はキャンプ場も営業しています。

併設の天文館には、口径60cmの反射望遠鏡と口径20cmの屈折望遠鏡があり、毎晩お泊りのお客様を対象に観望会をおこなっています。山間部にあり、近くには大きな都市がないため、夜空が暗く都会では見られない淡い天体も観望可能です。広場に出ていただくと、降るような星空を肉眼で見て、肌で感じることができます。年に数回、天文企画も実施しています。学校などの利用では、屋外に小型望遠鏡を数台設置して観測することも可能です。

夜は星空を満喫し、昼間は遊歩道散策や森林浴、そば打ち体験や木工工作、クライミング、日帰り温泉「こもれびの湯」などを楽しむことができます。御嶽山登山の拠点、木曽路の観光の拠点としてもぴったりです。

天文館にて観望会

天文館と夜空

毎晩 19:30 から観望会を実施、年に数回星空ツアーや天文教室など企画あり。
※詳しくは HP をご覧ください。天文館の利用は日帰りには対応していません。

北海道　東北　関東　中部　近畿　中国・四国　九州・沖縄

国立信州高遠青少年自然の家〔野〕

宇宙に 1218m 近い天文台です。

DATA

- 独立行政法人国立青少年教育振興機構 国立信州高遠青少年自然の家
- 長野県伊那市高遠町藤沢6877-11　TEL 0265-96-2525
- 9:00〜21:30
- 休：年末年始（12/28〜1/4）
- ¥：プラネタリウムと星空観察は基本無料、ただし、指導員をつけると2200円かかります。青少年団体の宿泊料は無料
- 【JR】茅野駅または【中央自動車道】諏訪ICより車で40分／【JR】伊那市駅または【中央自動車道】伊那ICより車で50分
- HP：http://takato.niye.go.jp/

望遠鏡
光学系／反射
口径／30cm
設置年／1995年

国立信州高遠青少年自然の家は、壮大な南アルプス・中央アルプス・八ヶ岳連峰の秀峰を望む、タカトオコヒガンザクラと城下町で知られる伊那市高遠町の晴ヶ峰高原にあります。広大なからまつ林の中に白樺が点在し、小川のせせらぎ・小鳥のさえずり・可憐な草花、冬は綿帽子のような雪と水晶のように透き通った氷など、四季を通して自然が豊かです。この大自然の中で、青少年に対し、生きる力の育成に必要な自然体験や集団宿泊活動をはじめ、多様な体験活動の機会を提供している青少年教育施設です。宿泊棟はログハウスタイプとロッジタイプの2種類があり、当施設最寄り駅からの無料送迎も可能です。

街の光から離れ標高1218mに位置している自然の家には、天体ドームや星見台が併設し、オールシーズン息を呑むほど美しい満天の星空を楽しむことができます。また、2016年3月にプラネタリウムがリニューアルオープンして、子どもから大人までが楽しめるデジタル投影式プラネタリウムに生まれ変わり、天候に関わらず星空を満喫できます。

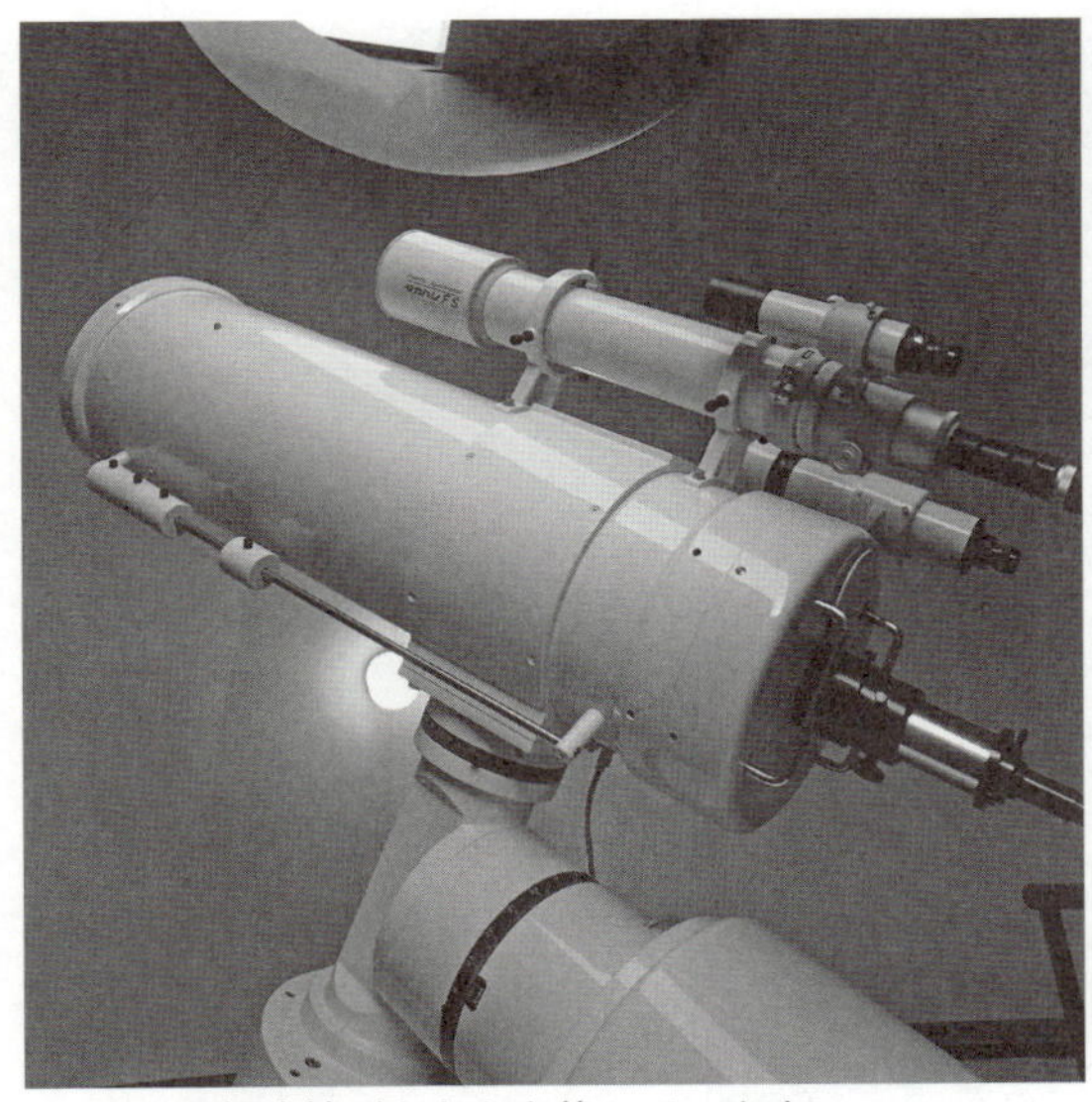

300mmの望遠鏡があなたを待っています。

大迫力の上弦の月が輝いています。

星座観察会を12月から3回実施予定。プラネタリウムや星空観察は随時受付。
※詳しくはHPでご確認ください。

長野市立博物館〔科〕

プラネタリウムと望遠鏡による星空観察を楽しめます。

DATA

- :長野市立博物館プラネタリウム
- :長野県長野市小島田町1414　TEL 026-284-9011
- :投影日:土・日・祝休日、夏休み、春休み（天文台公開は毎月第4土曜日）
- 休:月曜日、祝休日の翌日、年末年始、7月の第2週月〜金の5日間
- ¥:一般:250円・高校生:120円・小中学生:50円
  ※博物館は別途料金、土曜日は小中学生無料
- :【JR】長野駅よりバスで「川中島古戦場」下車、徒歩3分／【上信越自動車道】長野ICより車で5分
- HP:http://www.city.nagano.nagano.jp/museum/planetarium/index.html

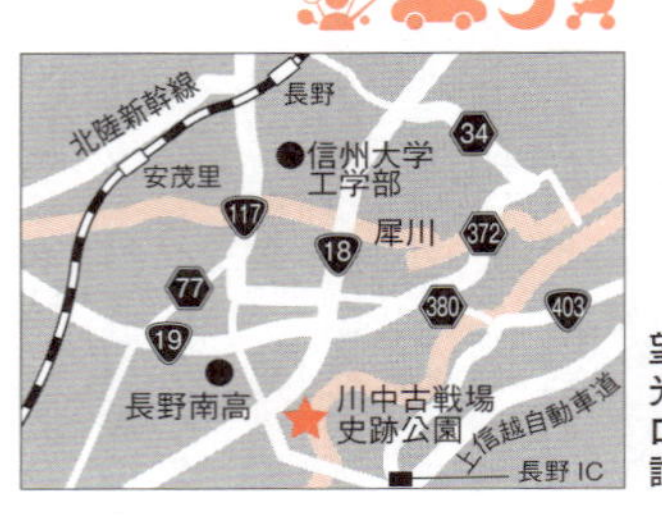

望遠鏡
光学系／反射
口径／40cm
設置年／1981年

長野市立博物館プラネタリウムは、川中島古戦場史跡公園内に立地しています。長野インターから近くアクセスがよく、きれいな星空を楽しむことができます。公園は、緑豊かで、春には桜が咲き乱れる美しい場所で、市民の憩いの場となっています。

毎月、第4土曜日の夜には、「夜のプラネタリウムと星空観察」を実施しています。博物館の40㎝反射望遠鏡だけでなく、ながはくパートナー（ボランティア）や天文同好会の皆さん自慢の望遠鏡でも星を見ることができます。

プラネタリウムの開館日は、土曜日、日曜日、祝休日、夏休み、春休みです。長野市立博物館オリジナルの番組を制作投影しています。

長野市立博物館では、「長野盆地の歴史と生活」をテーマにして、常設展示や特別展示、各種事業をおこなっています。

番組の内容や投影スケジュールなど、事業の詳細は博物館ホームページをご覧ください。

天体ドームと北の空

毎月、第４土曜日の夜には、「夜のプラネタリウムと星空観察」を実施しています。

佐久市天体観測施設　うすだスタードーム〔天〕

開館日は毎夜、大口径での天体観望が楽しめます。

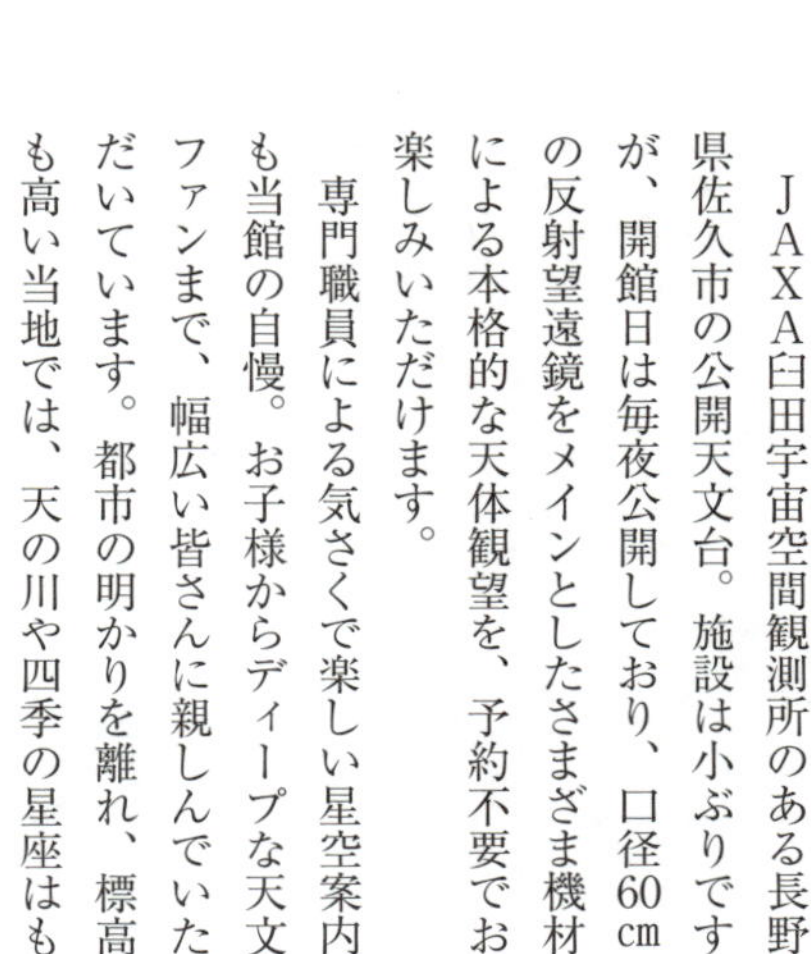

DATA

- 名称：佐久市天体観測施設　うすだスタードーム
- 住所：長野県佐久市臼田3113-1
  TEL 0267-82-0200
- 時間：10:00～22:00（最終入館は21:00まで）
- 休：月・火曜日、祝日の翌日、年末年始など
- ¥：一般：500円・小中学生：250円
  （20人以上は団体割引あり）
- 交通：【上信越自動車道】佐久平ICより30分／
  【JR小海線】臼田駅より車で15分
- HP：https://www.city.saku.nagano.jp/star-dome/index.html

望遠鏡
光学系／反射
口径／60cm
設置年／1996年

JAXA臼田宇宙空間観測所のある長野県佐久市の公開天文台。施設は小ぶりですが、開館日は毎夜公開しており、口径60㎝の反射望遠鏡をメインとしたさまざま機材による本格的な天体観望を、予約不要でお楽しみいただけます。

専門職員による気さくで楽しい星空案内も当館の自慢。お子様からディープな天文ファンまで、幅広い皆さんに親しんでいただいています。都市の明かりを離れ、標高も高い当地では、天の川や四季の星座はもちろん、大口径の力を十分発揮して星雲・星団・銀河も迫力満点にご覧いただけます。

昼間は昼間の星の観望や小望遠鏡による太陽観察、雨の日は当館で撮影した天体写真によるオリジナルのスライドショーでお楽しみいただいています。

60 cmカセグレン反射望遠鏡

毎夜の観望会のほか、スマホでの天体写真撮影会や星座教室など様々なイベントもおこなっています。

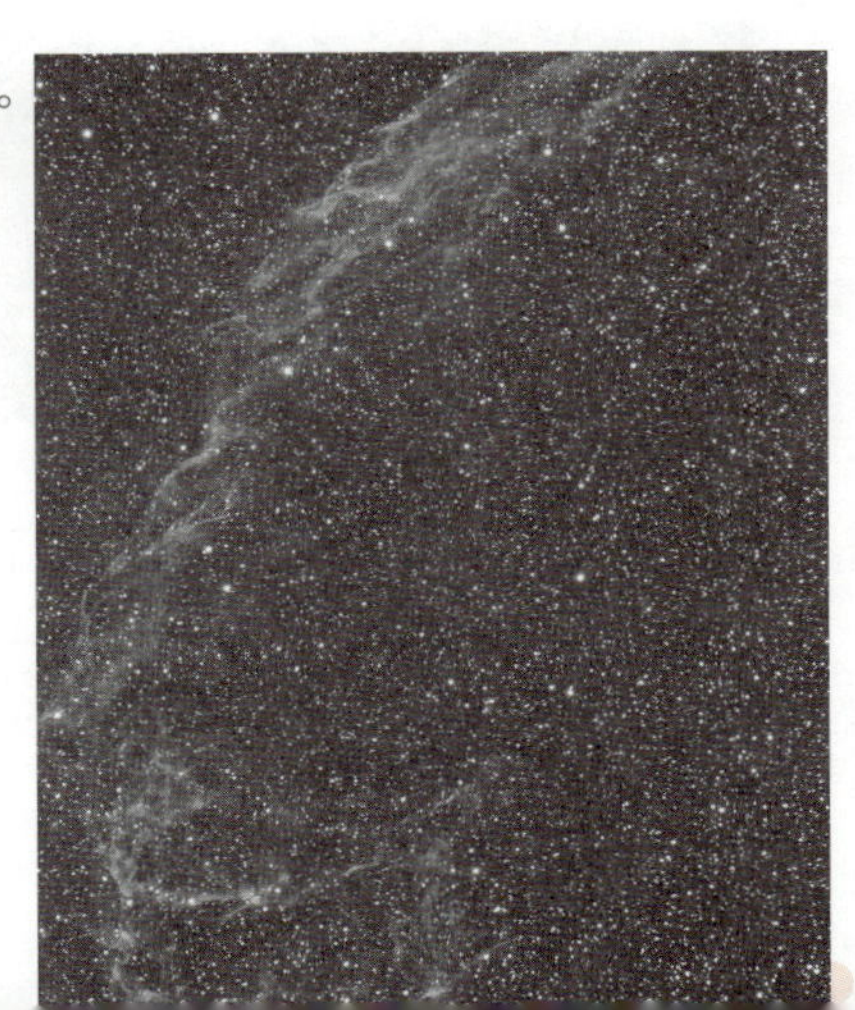

網状星雲。淡い星雲も見られます。

岐阜市科学館天文台〔科〕

星を見る会を毎月第２土曜日に開催しています。

DATA

- 岐阜市科学館天文台
- 岐阜県岐阜市本荘3456-41
  TEL 058-272-1333
- 9:30～17:30（入館受付は17:00まで）
- 休：月曜日（祝日の場合は直後の平日）、年末年始　※詳細はHPで
- ¥：高校生以上：300円・3歳以上中学生以下：100円（プラネタリウムセット券あり）
- 【名古屋鉄道】名鉄岐阜駅または【JR】岐阜駅よりバスで15分／【JR東海道本線】西岐阜駅より徒歩15分
- HP：http://www.city.gifu.lg.jp/8307.htm

望遠鏡
光学系／反射
口径／50cm
設置年／1988年

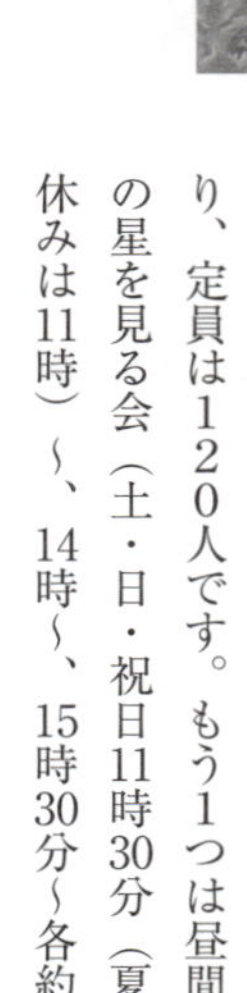

岐阜市科学館天文台は、科学館の屋上にあり階段を使用して入場します。内部には50cm反射望遠鏡と15cm屈折望遠鏡があります。天文台を利用するイベントは2つあり、1つは星を見る会（毎月第2土曜日3月から9月までは19時～、10月から2月までは18時～約2時間開催）において、天文台のほかに可搬式望遠鏡を使用して入館者に天体を観望してもらいます。この会は開催日当日に本館を利用された方を対象にしており、定員は120人です。もう1つは昼間の星を見る会（土・日・祝日11時30分（夏休みは11時）～、14時～、15時30分～各約20分開催）において、天文台で太陽・月・金星など昼間に見られる天体を観望してもいます。この会は入館料（プラネタリウム含まず）で参加できます。どちらの会も天候により中止する場合があります。

天文台のほかに、総合科学館として、常設展示、ドーム径20mのプラネタリウム、大掛かりな実験装置を用いて科学実験ショーをおこなうサイエンスショーがあります。詳しくはホームページをご覧ください。

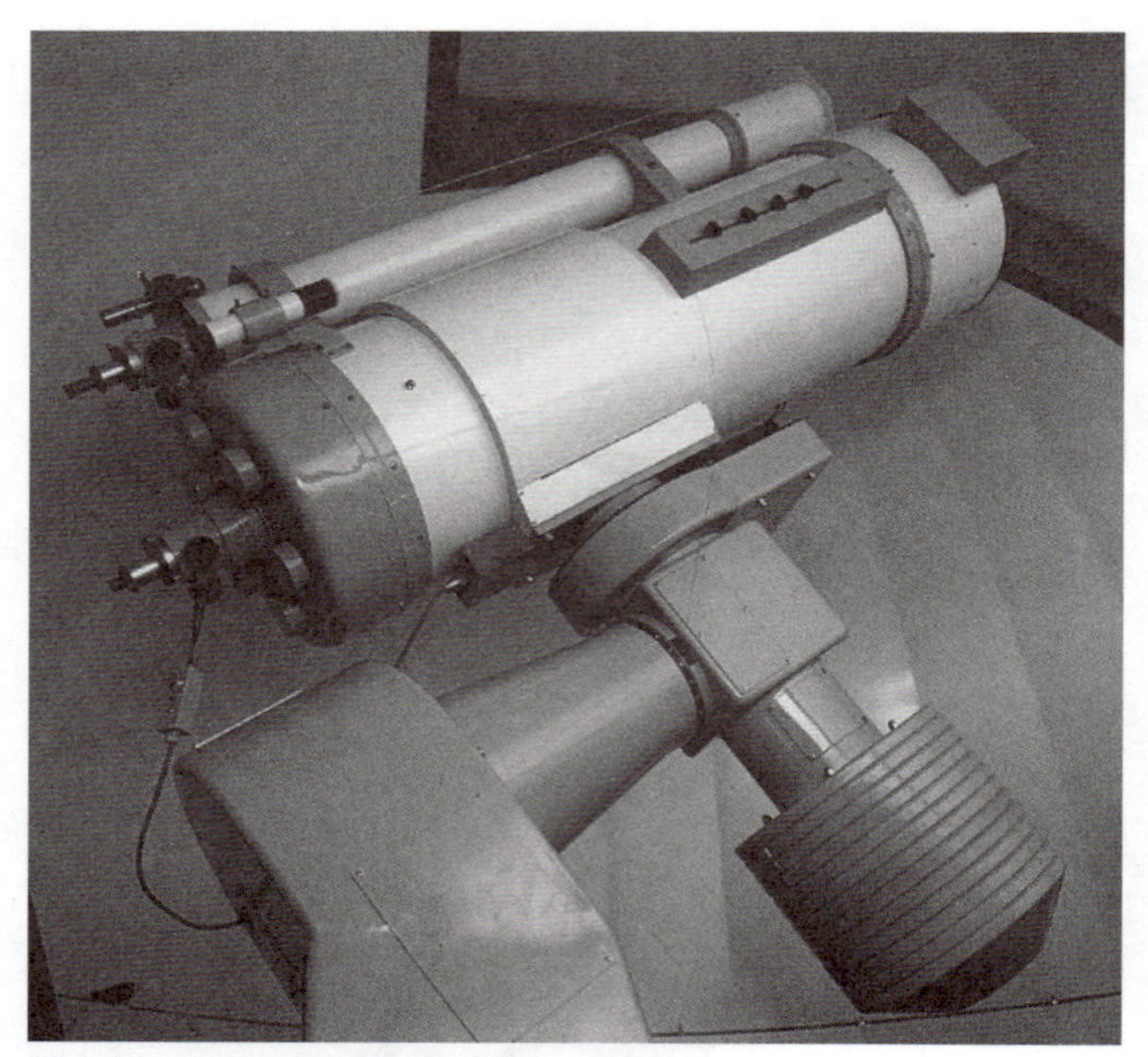

天文台にある50cm反射望遠鏡

星を見る会　毎月第２土曜日開催　３～９月：19:00、10～２月：18:00

生涯学習センターハートピア安八〔社〕

岐阜県最大の天体望遠鏡で、無料で観望できます。

DATA

- 生涯学習センターハートピア安八（天文台・プラネタリウム）
- 岐阜県安八郡安八町氷取30
  TEL 0584-63-1515
- 9:00～19:00（平日）、9:00～17:30（土日）、
  9:00～21:00（天文台公開日）
- 休：月曜日（祝日の場合は翌平日）、年末年始
- ¥：無料
- 【名阪近鉄バス羽島線】「安八町役場前下車」、1分／
  【名神高速道路】安八スマートICより車で8分
- HP：http://www.town.anpachi.gifu.jp/category/heartpia/

望遠鏡
光学系／反射
口径／70cm
設置年／2003年

岐阜県安八町にある、岐阜県最大口径の天体望遠鏡を有する公開天文台です。毎月6～8回、主に週末に夜間公開しています。付属の小型プラネタリウムは、開館日は毎日、定時投映をおこなっています。2018年春より最新機種にリニューアルされ、寝そべっての鑑賞もできます。

科学館のような展示スペースはありませんが、注目の天文現象の天文教室、口径70cm反射望遠鏡でのオリジナルの工作教室、写真撮影教室、写真展など、各種教室を随時開催しています。オリジナルの天文工作教具は注目されています。

天文台、プラネタリウムともに無料で、団体利用も随時受け付けています。

星空案内人®（星のソムリエ®）の認定資格が得られる講座を、毎年春に開講しています。天文同好会や宙フォト部、ジュニア天文倶楽部などの各種アクティビティもおこなわれています。

公式のツイッター、フェイスブックでは、天文台のイベント情報、注目の天文情報、星景写真などの最新情報を随時発信しています。

口径70cm反射望遠鏡

寝そべっての観覧もできる小型プラネタリウム

月に6～8回の「星見会」、8月第三土曜日の「夏の星まつり in あんぱち」、天文講座、工作など各種教室を随時開催。

月光天文台〔天〕

地球から宇宙までを1度に学べる天文台です。

DATA

- 公益財団法人 国際文化交友会 月光天文台
- 静岡県田方郡函南町桑原1308-222
  TEL 055-979-1428
- 9:30〜17:00
- 休：月曜日、毎月第4木曜日（祝日の場合は翌日）、年末年始
- ¥：高校生以上：600円・小中学生：300円・小学生未満：無料　※プラネタリウムは別料金
- 【JR東海道線】函南駅より3.8km（要予約の無料送迎有）／【伊豆縦貫道】大場・函南IC、三島・玉沢ICより車で各10分
- HP：http://www.gekkou.or.jp/

望遠鏡
光学系／反射
口径／50cm
設置年／2017年

箱根西麓、富士山と駿河湾を望む標高312mの高台に位置する天文台です。

1階サンフェイスには日本で最大級2mの太陽像を投影、黒点も手の中に写すことができ、雲の動きもリアルに体感できます。2階ジオワールドには、触れる恐竜の化石、珍しい鉱物など様々な展示を解説員がわかりやすく説明いたします。3階のコスモワールドでは、太陽系の惑星である地球や衛星の月、私たちの生命をはぐくむ太陽の姿から始まり、太陽系から銀河系まで広大な姿を見ていただけます。4階ムーンカフェでは富士山と駿河湾を一望する席でくつろげます。

また定例観望会（要予約）と特別観望会も定期的に開催し、屋上での観望や50cm反射望遠鏡で折々の注目する星を見ることができます。併設するプラネタリウム館では、今日の星空案内から星座の紹介、季節ごとに制作したプラネタリウム番組をご覧いただけます。

天体観望会で使用する50cm反射望遠鏡

冬の王者オリオン座で輝く大星雲M42

土曜日や祝日を中心に天体観望会を実施し、その他各種イベントや企画展を開催。詳細はHPでご確認ください。

ディスカバリーパーク焼津天文科学館〔科〕

静岡県 No.1 の望遠鏡で本物の宇宙を見る体験を、ぜひ！

DATA

- :ディスカバリーパーク焼津天文科学館
- :静岡県焼津市田尻2968-1 054-625-0800
- :9:00～17:00（平日）、10:00～19:00（土・日・祝）
- 休:月曜日（祝休日の場合は翌平日）、年末年始
- ¥:無料（ただしプラネタリウム、展示・体験室、星空観望会は有料）
- :【JR東海道本線】焼津駅よりバスで「横須賀ディスカバリーパーク」下車、徒歩1分
- HP:http://www.discoverypark.jp

焼津
焼津港
東海道
西焼津
焼津市役所
消防防災センター
中部自動車学校
焼津青少年の家
東海道本線
東海道新幹線
焼津市立総合病院
石津中央公園
静岡福祉大
和田中

望遠鏡
光学系／反射
口径／80cm
設置年／1997年

駿河湾沿い、富士山を望む場所にあるディスカバリーパーク焼津天文科学館の見どころは、天文台、プラネタリウム、展示・体験室。天文台に備わる大型望遠鏡は、焼津市出身の望遠鏡職人・法月惣次郎氏が手掛けました。法月氏の腕は、世界から「日本には望遠鏡製作の秘密基地がある」と言われたほどです。静岡県最大の赤道儀式反射望遠鏡は、直径80cmの鏡を主眼とし、その集光力は人間の目の1万倍以上。小さな望遠鏡では見られない天体の姿を見ることができます。特に惑星は見ごたえ充分。この望遠鏡を使う「星空観望会」は毎週土日の夜間に開催（要予約・有料）。小型望遠鏡での観望や星座探しもおこないます。昼間は「天文台見学会」を開催（当日先着順・無料）。大型望遠鏡の説明や、天気が良ければ昼間の星を観望できます。当館自慢の大型望遠鏡で、本物の宇宙を見る体験を、ぜひ。プラネタリウム（当日先着順・有料）では、職員による星空生解説や大迫力CG映像、小さなお子様向けプログラムを投影。宇宙をより身近に体感できます。展示・体験室（有料）では体験型展示と実験・工作で科学に触れ、子どもから大人まで気軽に、楽しく天文・科学体験ができます。屋上展望スペースは富士山絶景ポイント。駿河湾越しの富士山、こちらも見逃せません。

口径80cmの大型望遠鏡

星空観望会は毎週土・日開催。参加料100円。事前申込先着順。天文台見学会は毎日開催。当日申込先着順

大型望遠鏡で見る土星は環や模様も見える

浜松市天文台〔天〕

遠州灘に程近い浜松市南区にある公立天文台です。

DATA

- 名称：浜松市天文台
- 住所：静岡県浜松市南区福島町242-1
  TEL 053-425-9158
- 開館時間：9:00〜17:30（火・水・木曜日）、
  13:00〜21:00（金・土・日曜日）
- 休：月曜日、祝日、年末年始
- ¥：無料
- 交通：【東名高速道路】浜松ICより車で20分／
  【JR】浜松駅よりバスで20分「福島」下車
- HP：http://www.city.hamamatsu.shizuoka.jp/s-kumin/hao/

望遠鏡
光学系／屈折
口径／20cm
設置年／1982年

市民の皆様の「宇宙へのとびら」として気軽にお越しいただける公開天文台です。すぐ南は遠州灘。遮るものが少なく、きれいな星空をお楽しみいただけます。

おすすめは年間を通して毎週土曜日の夜におこなっている「土曜星空観望会」です。予約不要、入場無料で、どなたでもお気軽にお越しいただけます。天文台職員とともに星空をご案内するのは星空大好き、宇宙大好きな市民ボランティアの皆さん。

わくわくするような星空案内をめざし、優しくわかりやすく星空をご案内いたします。

その他太陽観望会や天文現象に合わせた観望会などイベントが盛りだくさん。

当館の所有する移動天文車「きらきら号」では、市内の学校や公共施設にお邪魔して、地域の皆さんと一緒に星空を楽しんでいます。

観測室の20cm大望遠鏡が活躍します。

土曜星空観望会（毎週土曜日開催）、太陽・昼間の星観望会（毎月第１日曜日開催）、その他星空を楽しむイベントが盛りだくさんです。

旭高原　元気村〔天〕

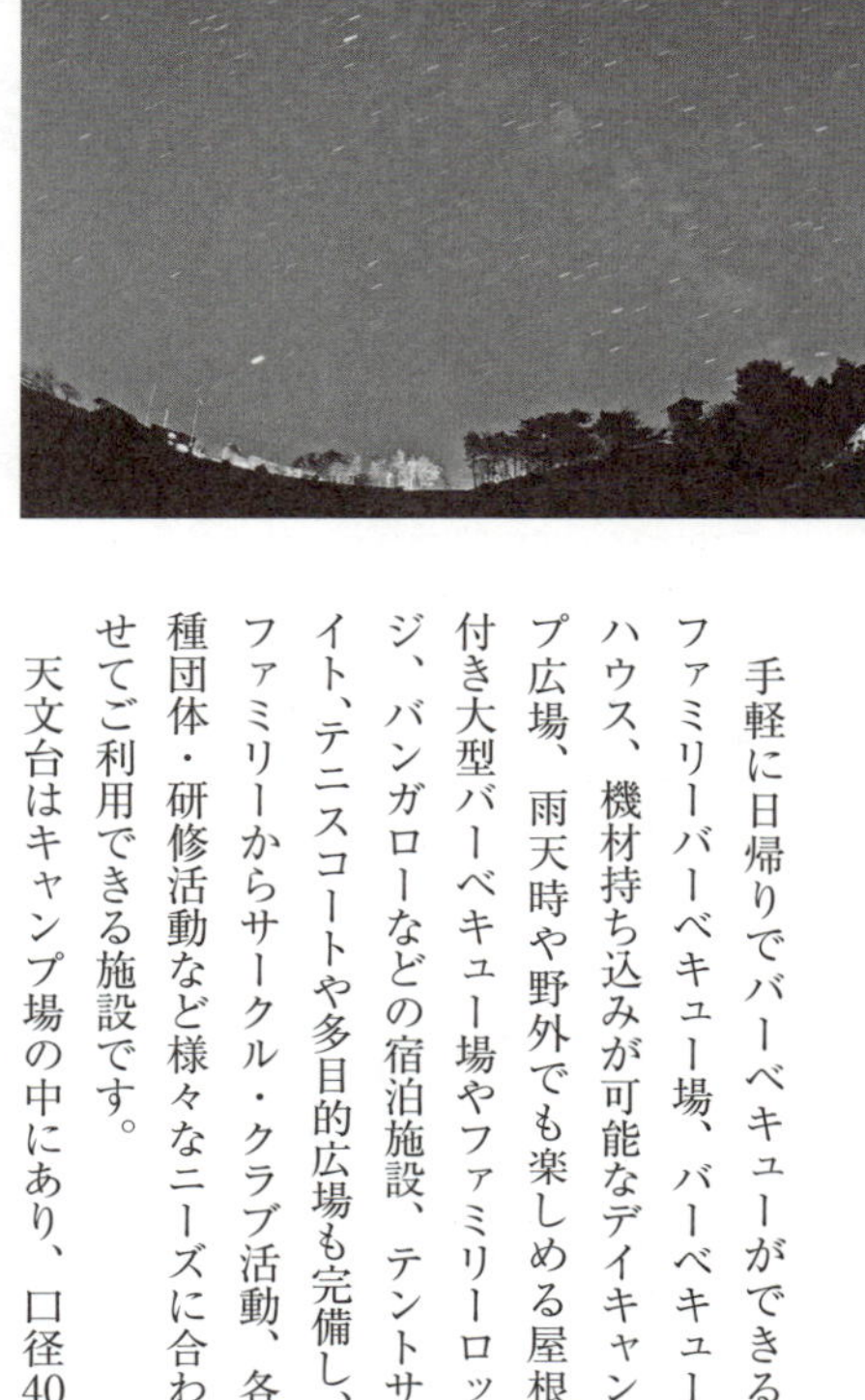

名古屋インターから約90分の場所にある天文台です。

DATA

- :旭高原　元気村
- :愛知県豊田市旭八幡町根山68-1
  TEL 0565-68-2755
- :9:00～17:00
- 休:木曜日（祝日の場合は翌日）、12/28～1/1
  ※春・夏・冬休み期間中は木曜日も営業
- ¥:100円（天文台・きらめき観望会利用料）
- :【東海環状自動車道】勘八ICより45分／【東名高速道路】名古屋ICより90分
- HP:http://asahikougen.co.jp/institution5.html

望遠鏡
光学系／反射
口径／40cm
設置年／1994年

手軽に日帰りでバーベキューができるファミリーバーベキュー場、バーベキューハウス、機材持ち込みが可能なデイキャンプ広場、雨天時や野外でも楽しめる屋根付き大型バーベキュー場やファミリーロッジ、バンガローなどの宿泊施設、テントサイト、テニスコートや多目的広場も完備し、ファミリーからサークル・クラブ活動、各種団体・研修活動など様々なニーズに合わせてご利用できる施設です。

天文台はキャンプ場の中にあり、口径40cm、コンピューター制御の高性能天体望遠鏡（ミラッセ）を備えています。また、主案内望遠鏡として口径13cmの屈折望遠鏡を装備しています。きらめき観望会開催日は、4月～11月の、土曜日および連休の中日です。日没から1時間後に、月、惑星、星団などから1天体を観望します。また天文台の貸切での利用もおこなっています。詳しくはホームページでご確認ください。

ミラッセ

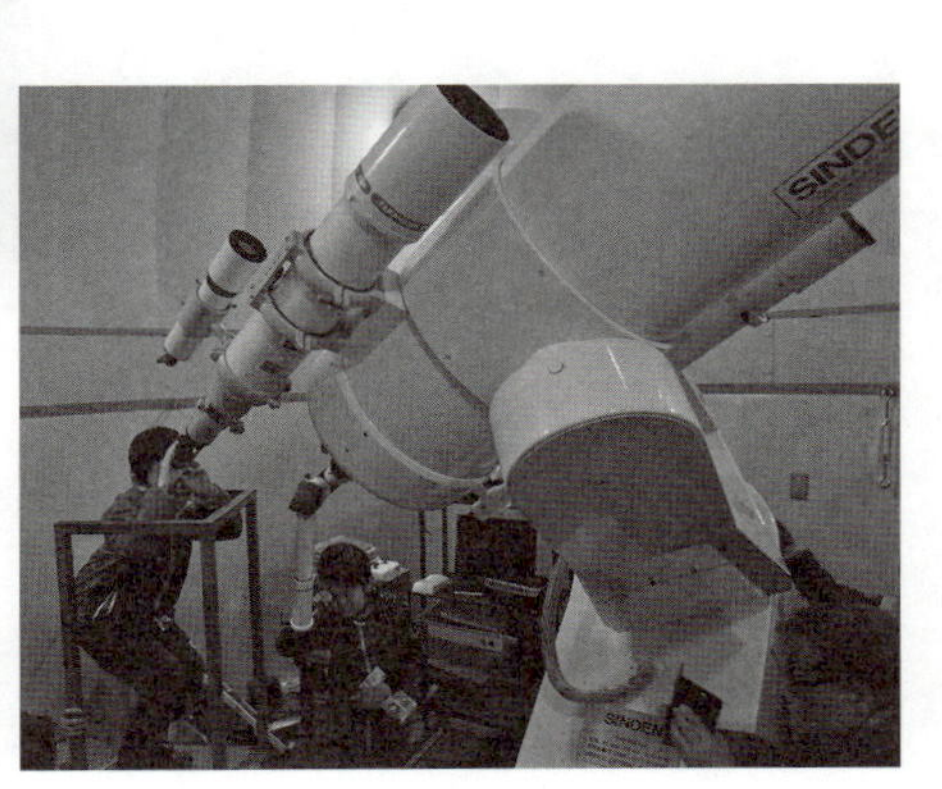

観望会の様子

きらめき観望会開催日は、4～11月の土曜日および連休の中日。開始時間は日没から1時間後です。
観望料は、100円（3歳以上）です。当日16:00までにご予約ください。

名古屋市科学館〔科〕

街中で多くの方に星を楽しんでいただける施設です

DATA

- 名古屋市科学館
- 愛知県名古屋市中区栄2-17-1（芸術と科学の杜・白川公園内）　TEL 052-201-4486
- 9:30～17:00（入館は16:30まで）
- 休：月曜日（祝日の場合は直後の平日）、毎月第3金曜日、年末年始　※詳細はHPで
- ¥：一般：800円・高校大学生：500円（要学生証）・中学生以下：無料（展示室とプラネタリウム）
- 【地下鉄東山線・鶴舞線】伏見駅、4・5番出口から徒歩5分
- HP：http://www.ncsm.city.nagoya.jp/

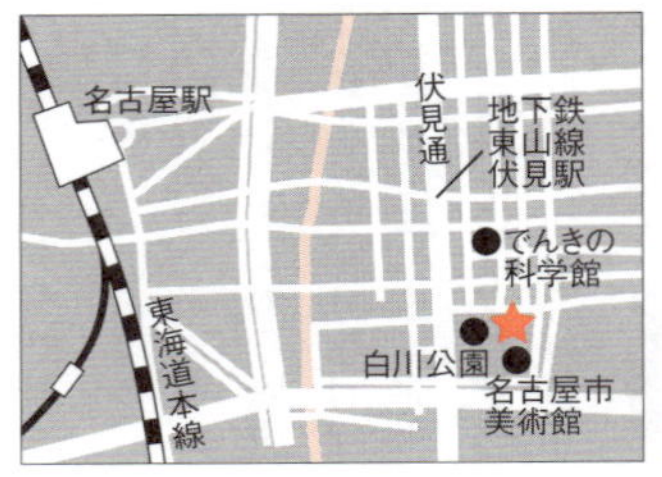

望遠鏡
光学系／反射
口径／80cm
設置年／2011年

名古屋市科学館は、天文館、理工館、生命館からなる総合科学館です。理工館と天文館は、2011年にリニューアルオープンし、年間100万人以上の入館者を迎えています。その中でも最大の特徴がプラネタリウムです。ギネス世界記録認定の世界最大35mドーム。光学式プラネタリウムによる限りなく本物に近い星空。デジタル式プラネタリウムによる迫力ある宇宙体験。天文現象や最新研究データの可視化。そして7名の専門学芸員による生解説をお楽しみいただけます。

「市民観望会」では、プラネタリウムでの講座のあと、天文台の80cm反射望遠鏡をはじめ、星のひろばの多数の望遠鏡で、その時々の見ごろの天体をご覧いただきます。事前の申し込みが必要です。市民観望会は大人700円、小人300円。開催日時などは、当館ホームページをご覧ください。

「昼間の星をみる会」では、80cm反射望遠鏡で青空の中の星をお楽しみいただきます。当館に入館されている方ならどなたでも自由にご参加いただけます。

昼間の星をみる会

市民観望会

市民観望会は年12回ほど実施（事前申し込み制）。昼間の星をみる会は年24回ほど実施（入館者対象）。

ホテル近鉄 アクアヴィラ伊勢志摩〔宿〕

志摩の星空を観測体験できる「天文館」です。

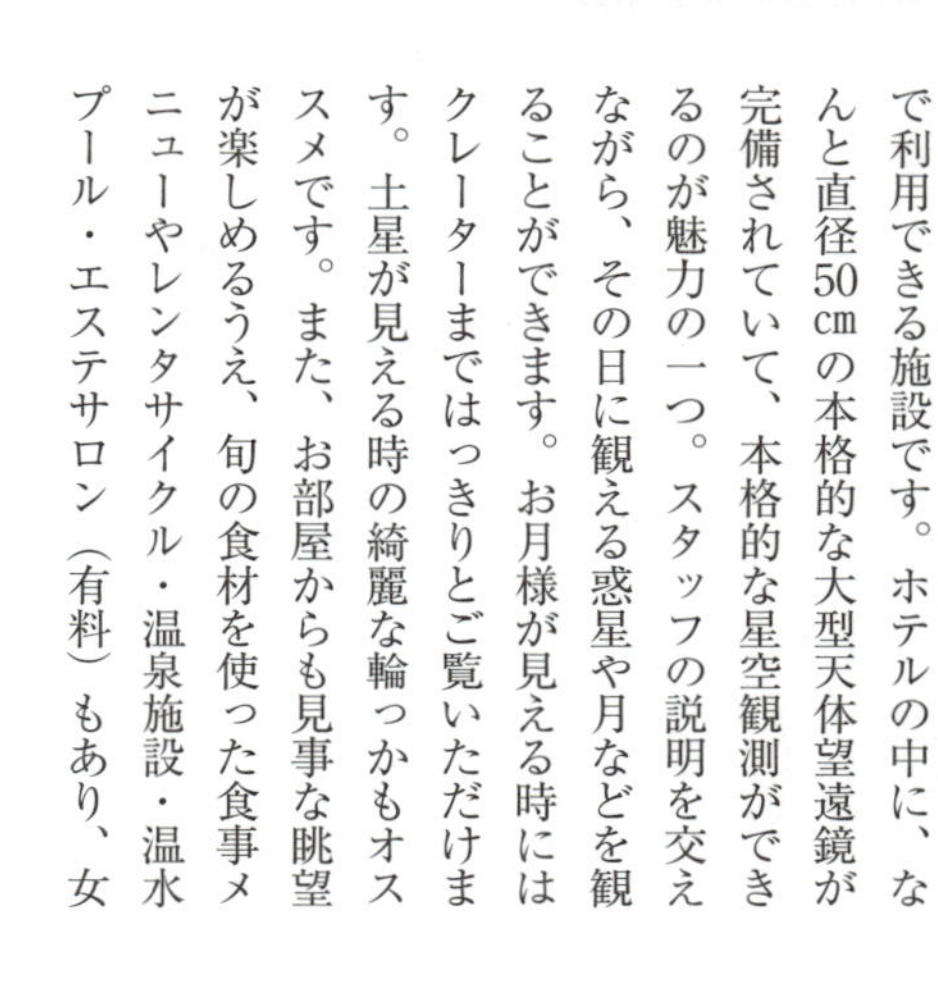

DATA
- :ホテル近鉄 アクアヴィラ伊勢志摩
- :三重県志摩市大王町船越3238-1 TEL 0599-73-0001
- :19:00〜21:00
- 休:なし（悪天候の場合は閉館）
- ¥:無料
- :【近鉄志摩線】賢島駅より無料送迎バスにて25分／【伊勢自動車道】伊勢西ICより1時間
- HP:https://www.miyakohotels.ne.jp/aquavilla/index.html/

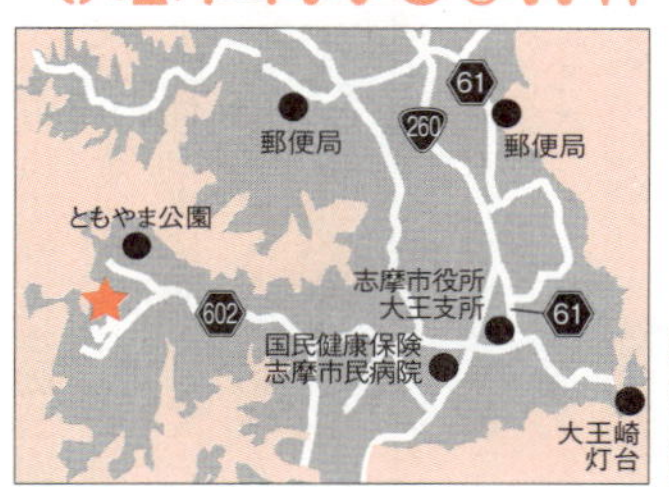

望遠鏡
光学系／反射
口径／50cm
設置年／1999年

志摩の星空を観測体験できるアクアヴィラの「天文館」は、ホテル宿泊者のみ無料で利用できる施設です。ホテルの中に、なんと直径50cmの本格的な大型天体望遠鏡が完備されていて、本格的な星空観測ができるのが魅力の一つ。スタッフの説明を交えながら、その日に観える惑星や月などを観ることができます。お月様が見える時にはクレーターまではっきりとご覧いただけます。土星が見える時の綺麗な輪っかもオススメです。また、お部屋からも見事な眺望が楽しめるうえ、旬の食材を使った食事メニューやレンタサイクル・温泉施設・温水プール・エステサロン（有料）もあり、女性やお子様連れにも大人気のホテルです。日中は敷地内の散策路をゆっくりお散歩しながら伊勢志摩の綺麗な景色をお楽しみください。

大型望遠鏡で見る星空は圧巻です。

天文館は広大な敷地の中にございます。

詳しくはHPでご確認ください。

松阪市天体観測施設天文台〔天〕

望遠鏡による天体観察を中心に星空を学習する施設です。

DATA

- 名：松阪市天体観測施設天文台
- ★：三重県松阪市立野町美濃平1268（中部台運動公園内）
  TEL 0598-26-2132（開館時）
  ※閉館時は総合体育館事務所（0595-26-7155）
- 時：19:00〜21:00
- 休：土曜日のみ開館（悪天時、年末年始などは休館）
  ※土曜日が５回ある月の第１土曜日は休館
- ¥：無料
- 交：【JR・近鉄】松阪駅よりバスで「中部中学校口」下車、徒歩15分※1
- HP：http://cosmic.world.coocan.jp/matsusaka

松阪
松坂城跡
阪内川スポーツ公園
阪内川
42
紀伊本線
166
熊野街道
みえこどもの城
郵便局

望遠鏡
光学系／反射
口径／45cm
設置年／1987年

松阪市天文台は、松阪市中部台運動公園内の高台にある市民などを対象にした公開天文台です。毎週土曜日の夜に開催している観望会では、２階天体ドーム内の45㎝カセグレン式望遠鏡と15㎝屈折望遠鏡を用いて季節の星雲・星団や惑星を観察していただくほか、バックヤードで肉眼や双眼鏡による星座解説もおこなっています（悪天候の場合は星が見えないため中止になります）。

天体観望のほか、毎月最終土曜日には「こどもクラブ」（小学生以上を対象・要事前申込み）、第２土曜日には「天体写真クラブ」を１階研修室で開催し、レクチャーや工作をおこなう講座で天体に親しんでいただいています。

同公園内にある三重県立こどもの城のドームシアターでプラネタリウムを鑑賞した後に、当施設で実際の星空を観ていただくのもおすすめです。

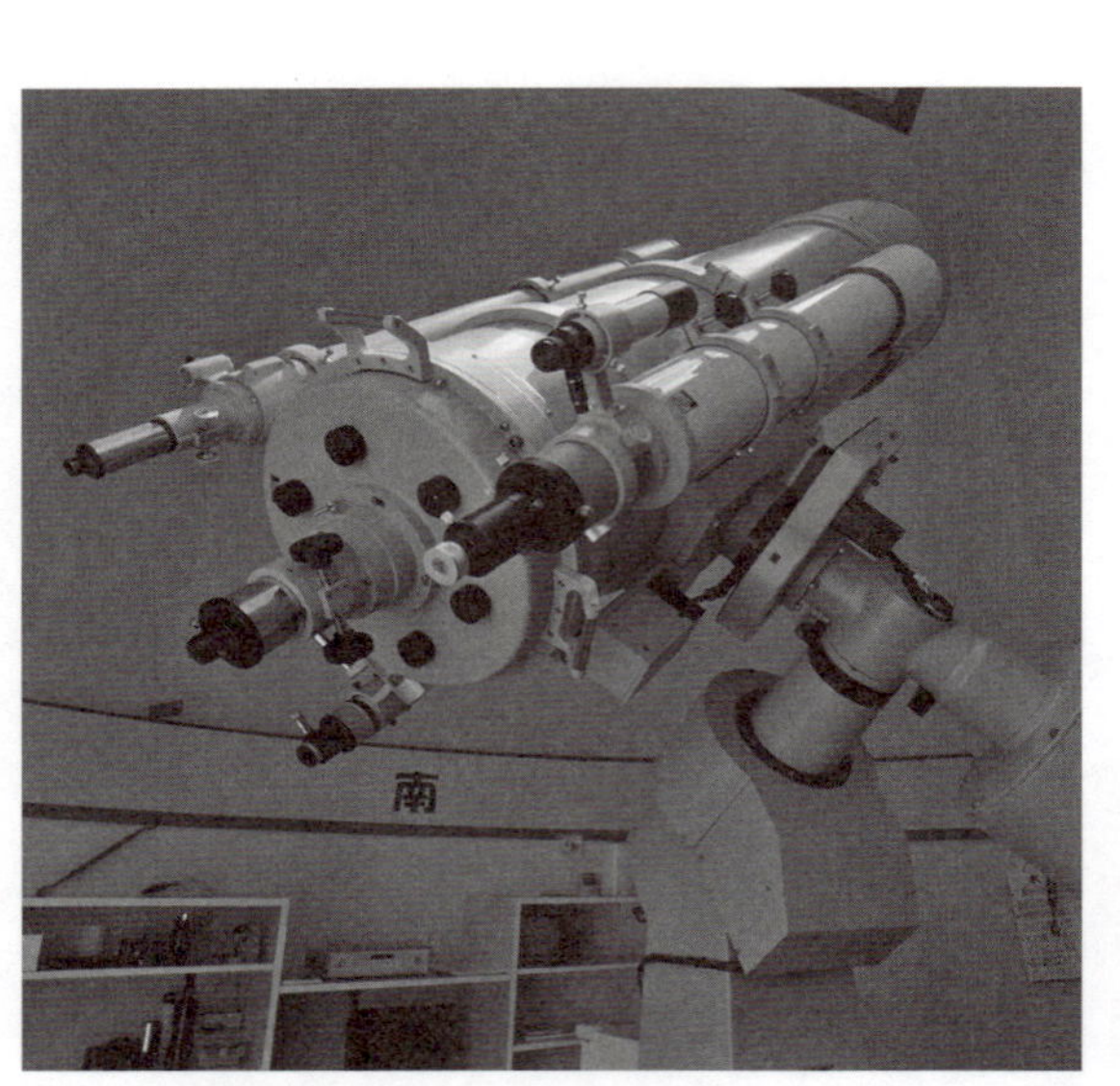

天文台の望遠鏡

観望会の様子

毎週土曜日にドーム内の望遠鏡や双眼鏡などで季節の天体や惑星を観察する観望会を開催しています。
※1 中部台運動公園第３駐車場から道路を横断し、テニスコート入口から坂道を上り徒歩５分です。

北海道
東北
関東
中部
近畿
中国・四国
九州・沖縄

北海道
東北
関東
中部
近畿
中国・四国
九州・沖縄

三重県立熊野少年自然の家〔野〕

月の無い夜は、天の川がよく見えます。特に夏は！

DATA
：三重県立熊野少年自然の家
★：三重県熊野市金山町1577
TEL 0597-89-3340
：9:00〜17:00（天体の観望希望の方は、ご連絡下さい）
休：月曜日、年末年始
¥：無料
：【JR紀勢本線】熊野市駅より車で15分
HP：http://www.kuma-sho.com

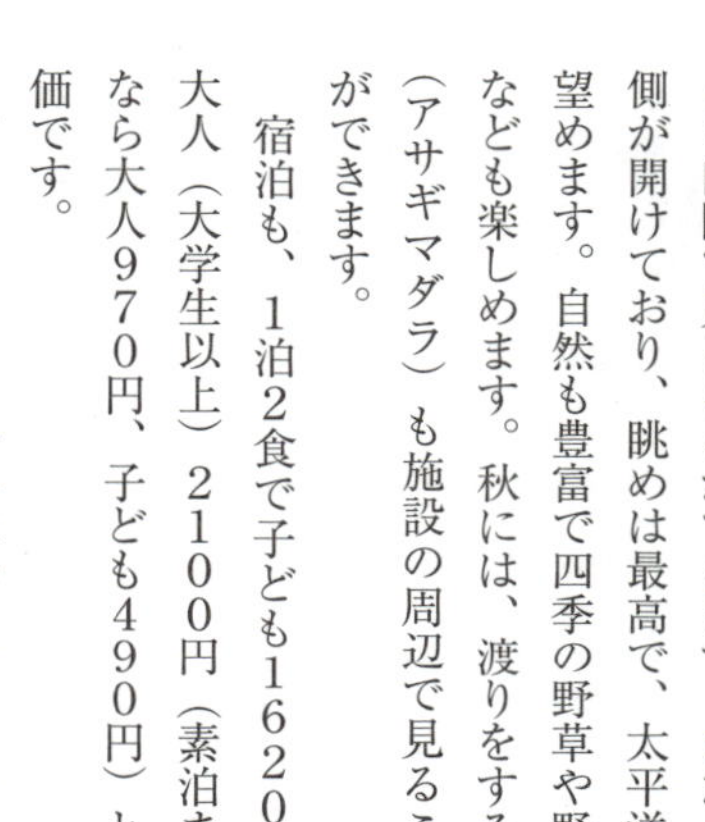

天文ドームは、山の中腹（標高184m）に位置しているため、Seeingも安定しており、惑星の観望には適しています。空も暗いので天の川やアンドロメダ銀河なども肉眼で見ることができます。また、南側が開けており、眺めは最高で、太平洋も望めます。自然も豊富で四季の野草や野鳥なども楽しめます。秋には、渡りをする蝶（アサギマダラ）も施設の周辺で見ることができます。

宿泊も、1泊2食で子ども1620円、大人（大学生以上）2100円（素泊まりなら大人970円、子ども490円）と安価です。

バーベキューや野外炊事もできるサイトもあります。食事のみの利用は、原則としてできません。

近くには、熊野古道や柱状節理が見事な楯ヶ崎、巨岩の見事な大丹倉、海水の浸食によってできた海蝕洞 鬼が城と獅子岩などがあり、地質学などに興味ある方にとっても、魅力ある場所がたくさんあります。

熊野市
イオン
普門寺
有馬中
42
311
紀勢本線
くまのスタジアム
52

望遠鏡
光学系／反射
口径／45cm
設置年／1987年

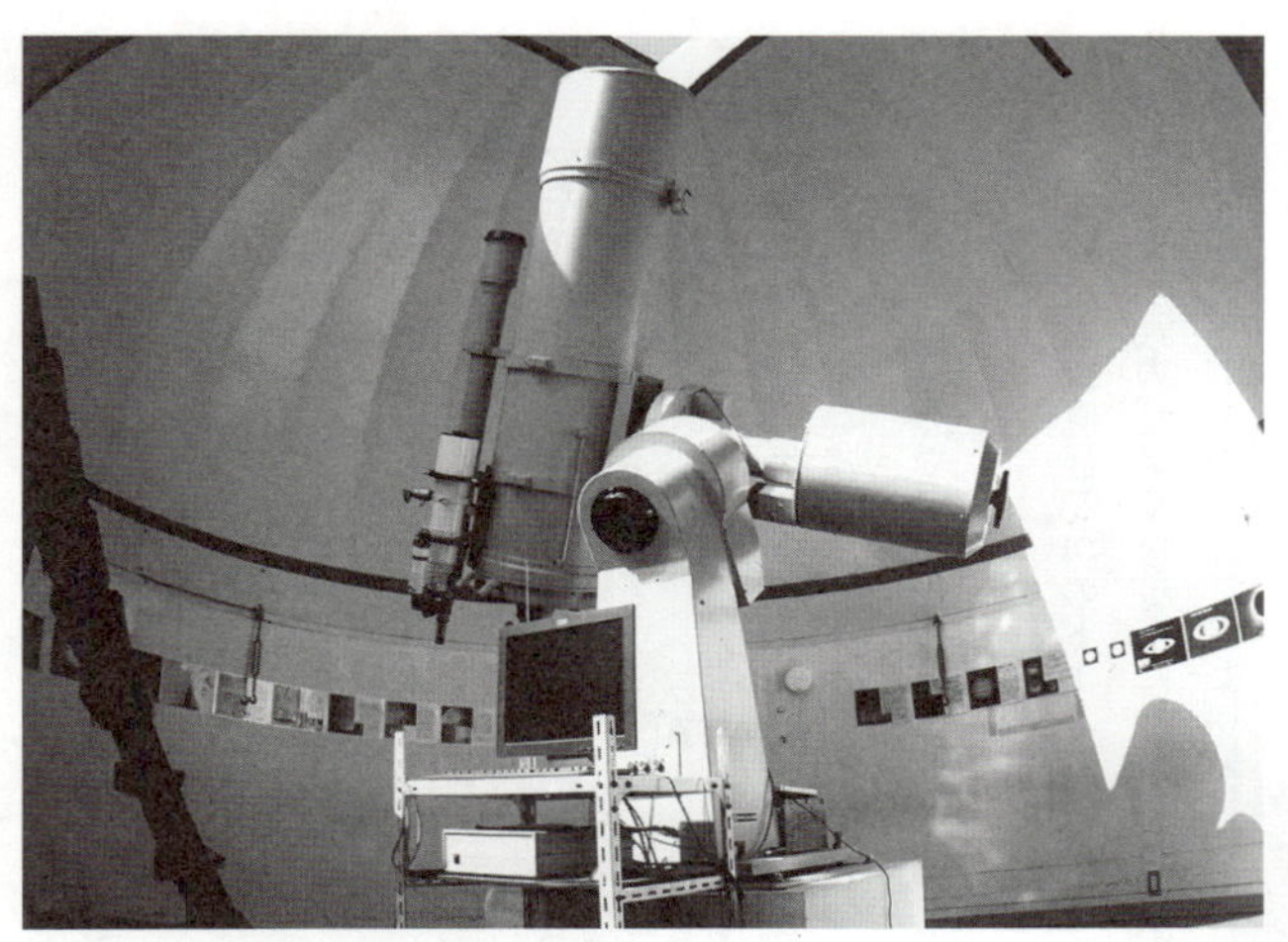

天の川と天体ドーム（右上）と
45cmカセグレン望遠鏡

2005年の火星

年間10回の観望会（1・2月は休み）また、天文現象がある時に合わせて特別観望会をおこなっています。

富山市科学博物館附属 富山市天文台〔天〕

口径100㎝の大型反射望遠鏡で毎週水～土曜日にテーマを決めた星空観察会を開催しています。また日中は、直径6・5mドームの裏側から2400本もの光ファイバーを埋め込み星空を再現するミニプラネタリウム「星空の部屋」で、各季節の星空や、天体や天文現象についての解説をおこなっています。さらに県民公園「野鳥の園」内に立地し、野鳥観察コーナーもあります。

近隣施設としては、地下2500mから汲み上げている温泉施設「とやま古洞の湯」があります。

自然豊かな県民公園
「野鳥の園」内にあります。

DATA

- 名:富山市科学博物館附属 富山市天文台
- ★:富山県富山市三熊49-4
  TEL 076-434-9098
- 時:10:00～17:30（日～火曜日）、13:00～21:30（水～土曜日）
- 休:年末年始 ※臨時休館あり
- ¥:高校生以下:無料・個人大人:210円・団体:150円・通年観覧:620円
- 交:【JR】富山駅より車で30分／【北陸自動車道】富山西ICより車で10分
- HP:http://www.tsm.toyama.toyama.jp/tao/

望遠鏡
光学系／反射
口径／100cm
設置年／1997年

星空観察会：毎週水～土曜日（19:30 ～ 21:30）
特別観測会：七夕・中秋の名月・ふたご座流星群などの天文現象がある時

福井県児童科学館（エンゼルランドふくい）〔科〕

エンゼルランドふくいは、福井県北部に位置する、宇宙飛行士の毛利衛氏が名誉館長を務める体験型施設です。

展示エリアでは、数・形・力など7つのテーマを通して宇宙や科学の原理を遊びながら楽しく学ぶことができ、高さ7m幅4mの巨大モニター「ジオ・エンゼル」には世界各地の自然や宇宙から見た地球の様子などを常時上映しています。

北陸最大級直径23mのドームスクリーンでは、光学式のリアルな星空に加え、新型のデジタルプラネタリウムで、より美しく迫力のある映像が楽しめます。

星空の生解説や大人向け
プログラムも充実しています。

DATA

- 名:福井県児童科学館（エンゼルランドふくい）
- ★:福井県坂井市春江町東太郎丸3-1
  TEL 0776-51-8000
- 時:9:30～17:00、9:30～18:00（7/1～8/31）
- 休:月曜日（休日を除く）、休日の翌日（土・日・休日を除く）、12/28～1/3
- ¥:無料 ※スペースシアター、展示エリアは別料金
- 交:【JR北陸本線】春江駅より徒歩20分／【北陸自動車道】丸岡ICより車で15分
- HP:http://angelland.or.jp/

望遠鏡（移動式）
光学系／反射
口径／21cm
設置年／1999年

毎月1回、屋外芝生広場にて星空観望会「星をみるかい？」を開催（冬季は休み）。毎月テーマを変えて開催。雨天・曇天時はプラネタリウムで星空解説をおこないます。

美しい星空の宿　スター☆パーティ〔宿〕

八ヶ岳南麓、40cm大型望遠鏡天体観測ができるペンション

八ヶ岳南麓標高1100mにある星をテーマにしたペンションです。敷地内の天文台で晴れた日は毎日オーナー主催の星空観察会を無料で開催。子ども連れや女性グループでも安全で気軽に天体観測が楽しめます。

初心者向けの貸出用望遠鏡や双眼鏡、客室用プラネタリムなど星空を楽しむための施設が充実していて、深夜でも敷地内で星空を楽しむことができます。24時間入れる貸切の大きなお風呂も好評。春から夏は八ヶ岳を望むハイキングや高原散策。秋の紅葉散策、冬は清里スキー場でウインタースポーツなど1年中楽しめるロケーションです。

DATA
- :美しい星空の宿　スター☆パーティ
- :山梨県北杜市大泉町西井出8240-1263
  TEL 0551-38-1611
- :15:00チェックイン、10:00チェックアウト
- 休:無し（不定休）
- ¥:大人1泊朝食付6600円
- :【JR小海線】甲斐大泉駅より徒歩13分（送迎可）
  【中央自動車道】長坂ICより車で県道28号線経由14分
- HP:http://www.star-party.jp/

望遠鏡
光学系／反射
口径／40cm
設置年／2002年

甲斐大泉
八ヶ岳高原線
ペンション風の季
ペンションピーターラビット
28

組立望遠鏡教室・入門用望遠鏡教室・星景写真入門講座・双眼鏡で星空観察入門講座、各教室・講座随時受付（要事前申込み）

羽村市自然休暇村〔宿〕

地上の明かりが少ない高原で星空が楽しめます。

ソフトクリームや広大な牧草地の風景で有名な観光地、清里。中でも有名な清泉寮のすぐ近くにある宿泊施設です。ゴールデンウィークや夏休みなど、希望者の多い時期には毎日、天体観測を実施しています。それ以外でもリクエストがあれば、できる限り対応いたします（要事前予約。気象条件により実施できない場合あり）。また、ご宿泊者様には屋上で自由にお使いいただける天体望遠鏡を1晩1000円で貸出もしています（要予約）。

望遠鏡
光学系／反射
口径／50cm
設置年／1989年

DATA
- :羽村市自然休暇村
- :山梨県北杜市高根町清里3545-3877
  TEL 0551-48-4017
- :15:00チェックイン、10:00チェックアウト
- 休:月2回（不定期）、7～9月：無休
- ¥:大人1泊素泊まり4500円より
  天体観測　宿泊者無料、ビジター大人:500円・子ども:300円（要事前予約。いずれも1名様市外料金）
- :【中央自動車道】長坂ICより車で25分／
  【JR小海線】清里駅より徒歩20分
- HP:http://www.hamura-kyukason.jp/

天体観測は毎週土曜日 20:00。団体宿泊時、地元の天文家による解説付き星空観測可（要事前予約。有料）。

山梨県立科学館〔科〕

「遊び×学ぶ×体験する！」

直径20mドームのスペースシアターでは、プラネタリウムやドームシネマを毎日投影しています。オリジナル番組が人気です。

土・日・祝日、夏休み・春休み期間には、天体観測室で太陽の観察をおこなっています。黒点や白斑のほか、Hα線で太陽のプロミネンスやダークフィラメントなどを見ることができます。

その他、各種の体験展示を配置した広い展示室や、実験教室、工作教室、未就学児のためのあそびの部屋などがあります。屋外には遊具もあり、1日中楽しんでいただけます。

DATA

- 山梨県立科学館
- 山梨県甲府市愛宕町358-1
  TEL 055-254-8151
- 9:30～17:00（入館は16:30まで）、夏休み期間は9:30～18:00（入館は17:00まで）
- 休：月曜日、休日の翌日、年末年始、臨時休館日
- ¥：大人：510円、小中高校生：210円、幼児：無料（スペースシアターは別料金）
- 【JR】甲府駅より徒歩約30分、または【JR】甲府駅より路線バスで「科学館」下車（土・日・祝、夏休み期間に運行）
- HP：http://www.kagakukan.pref.yamanashi.jp/

望遠鏡
光学系／屈折
口径／20cm
設置年／1998年

スターライトツアーなど夜の天体観察会もあります。開催日や時間についてはHPをご覧ください。

安曇野市・森林体験交流センター「天平の森」〔宿〕

キャンプ場・コテージで泊まりながら星空が楽しめます。

眼下に安曇野、西に北アルプスを一望する長峰山にあります。

天文台は毎週、金・土曜日が公開日（要予約）ですが、宿泊（キャンプ場・コテージ）されると、平日でも天文台をご利用になれます。

また毎週土曜日には、天平の森天文同好会主催の「星空観望会」が管理棟前駐車場で開催され、いろんな望遠鏡での星空観察を楽しむことができます。こちらの参加は無料です。

施設管理棟には展望風呂もあり、すばらしい北アルプスの眺望が楽しめます。

澄み切った信州の星空をご堪能ください。

DATA

- 安曇野市・森林体験交流センター「天平の森」
- 長野県安曇野市明科光2573-35
  TEL 0263-62-6235
- 10:00～17:00（夜間営業時：～21:00）
- 休：火曜日、冬期休業：12～3月
- ¥：星空観望会　小学生以上：210円
- 【長野自動車道】安曇野ICより車で30分
- HP：www.anc-tv.ne.jp/~nes

天平の森HP天文台のご案内参照

望遠鏡
光学系／反射
口径／40cm
設置年1995年

川崎市八ヶ岳少年自然の家〔野〕

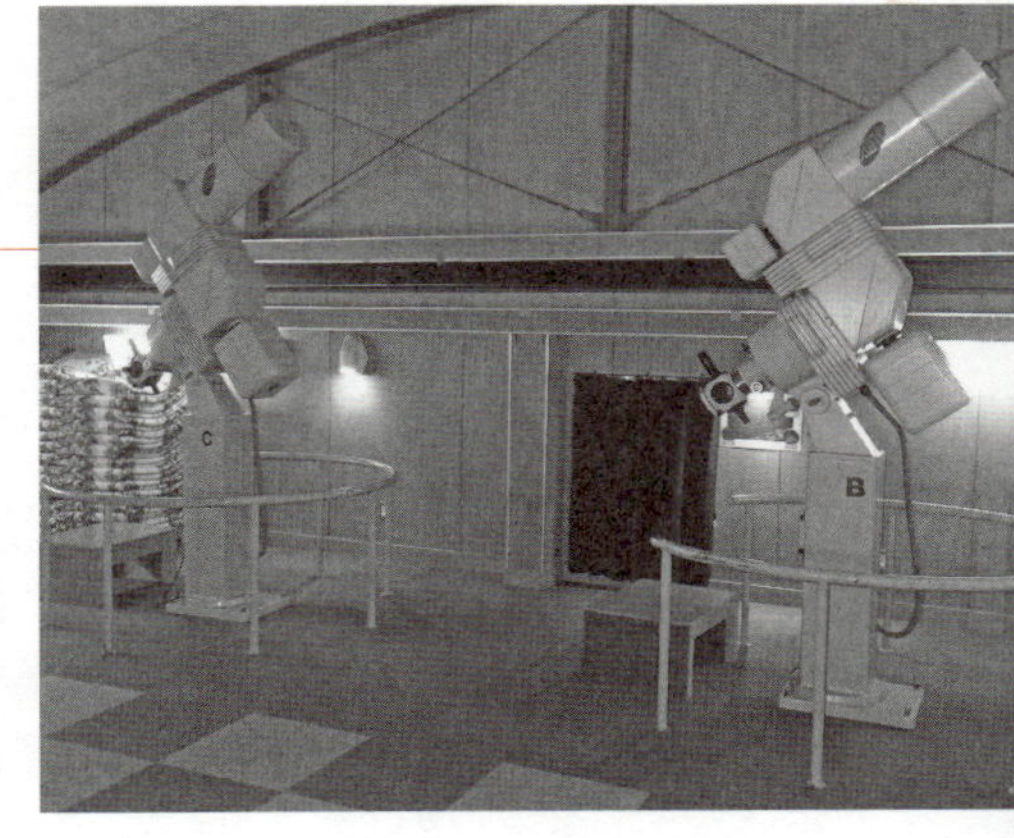

標高 1200m の富士見高原で満点の星空を堪能できます！

当施設は、八ヶ岳の1つ編笠山の麓にあり、約500人が利用できる宿泊棟、星を観察するアストロハウス、野外炊飯場、バーベキュー場、キャンプファイヤー場などあります。また、冬には近くにある2つのスキー場でスキーの体験などもでき、年間を通じて豊かな自然にふれる体験活動ができます。

利用にあたっては、川崎市の団体のほか川崎市以外の団体についても利用できます。アストロハウスについては、当施設に宿泊している団体を対象に、クーデ式望遠鏡4台を使用して星空観察をおこなっています。

DATA

- :川崎市八ヶ岳少年自然の家
- :長野県諏訪郡富士見町境字広原12067-482
  TEL 0266-66-2011
- :7:00〜22:00
- 休:無料
- ¥:宿泊料　小学生:300円・中学生:400円・高校生:800円・大人:1500円
- :【JR中央線】小淵沢駅より7km／【中央高速道】小淵沢ICより5km
- HP:www.kawasaki-yatugatake.jp/

望遠鏡
光学系／屈折
口径／20cm
設置年／1992年

当施設宿泊団体が星空観察希望の際に実施。また、月１回近隣在住の方々へ、「ふじみ星空観察会」を実施。

大垣市スイトピアセンター（こどもサイエンスプラザ 天体観測室）〔科〕

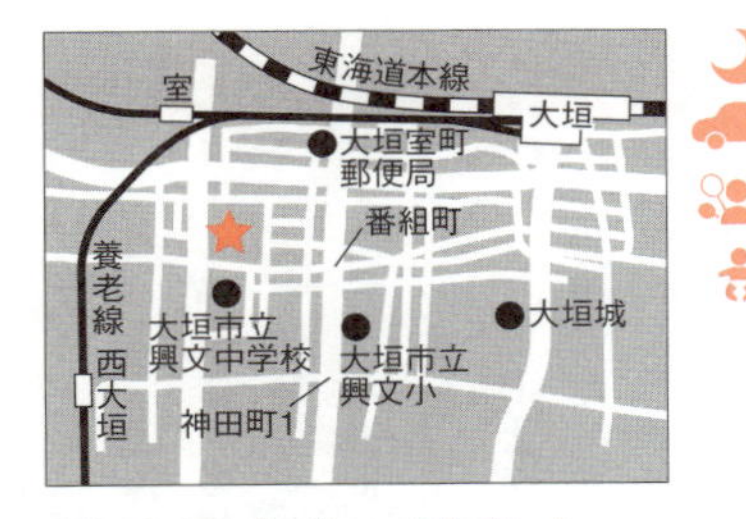

地球や宇宙の神秘を体験しながら学びます。

「こどもサイエンスプラザ」では、1階から4階まで、地球・宇宙をテーマにした展示や、遊びを通して、科学を学べる体験型アイテムを揃えています。特に、月面上での重力体験ができる「スペースウォーク」は、子どもたちに大人気です。4階にある「天体観測室」では、太陽や月、惑星などの観測会を定期的におこなっています。また、1階エントランスには、C11型蒸気機関車も展示しています。隣接する「学習館」にあるプラネタリウムでは、季節ごとの番組上映やプラネタライブなどのイベントをおこなっています。

望遠鏡
光学系／屈折
口径／20cm
設置年／1995年

DATA

- :大垣市スイトピアセンター（こどもサイエンスプラザ 天体観測室）
- :岐阜県大垣市室本町5-51
  TEL 0584-84-2000
- :9:00〜17:00
- 休:火曜日、祝日の振替日、年末年始
- ¥:無料
- :【JR東海道線】大垣駅より徒歩15分／【養老鉄道】室駅より徒歩5分
- HP:http://www.og-bunka.or.jp/

「市民天体教室」〈毎月第４土曜日〉４〜９月：19:00 〜 20:30、10 〜３月：18:30 〜 20:00

岐阜天文台〔天〕

1971年に設立した民間の天文台です。学術研究、天文資料の収集と公開提供、天文知識の普及と青少年の科学する心を養い情操教育に資することを目的に無料で一般公開をおこなっており、第3土曜日は天文教室（有料）を開催しています。岐阜市科学館と連携してスタンプラリーもおこなっています。各種望遠鏡を備えるほか、誰でも自由に使える小型望遠鏡も人気です。開台以来約59万人（2016年度現在）が来訪されています。

施設はすべて無償のボランティアにより管理、運営されていますが、出張星見会や講演、学校教育にも積極的に協力しています。

岐阜、大垣、羽島各市からアクセスの良い平野部にあります。

DATA

- 🏢：公益財団法人　岐阜天文台
- ★：岐阜県岐阜市柳津町高桑西3-75
  TEL 058-279-1353
- 🕒：一般公開日：毎月第1土曜日・第3土曜日の18:00〜21:00
- 休：一般公開日以外は団体のみ対応（要予約）
- ¥：無料
- 🚃：【JR】岐阜羽島駅より車で20分
- HP：http://gao.or.jp/

望遠鏡
光学系／屈折
口径／25cm
設置年／1971年

毎月、第1・第3土曜日に無料で一般公開をおこなっています。晴天のときは望遠鏡で興味深い天体を観察することができます。

西美濃天文台〔天〕

広々とした6・5mドーム、太陽望遠鏡、オリジナル簡天儀、多様な小型望遠鏡や研修室を備えています。隣接する近世日本城郭を模した藤橋城内にはメガスターⅡBとデジタル映像を併用した「西美濃プラネタリウム」があります。近隣には「宿泊研修施設ふじはし星の家」、お食事処「鶴見亭」、「水と森の学習館」があり、日本一の総貯水量を誇る「徳山ダム」まで車で数分という揖斐川の上流部に位置しています。

美しい星空が見られる揖斐川上流部の山間地にあります。

望遠鏡
光学系／反射
口径／60cm
設置年／1990年

DATA

- 🏢：西美濃天文台
- ★：岐阜県揖斐郡揖斐川町鶴見332-1
  TEL 0585-52-2611（藤橋城・西美濃プラネタリウム）
- 🕒：10:00〜16:30
- 休：月・火曜日（休日の場合は翌日）、12〜3月休館
- ¥：高校生以上：300円・中学生以下：200円
- 🚃：【岐阜方面】から国道303号、【大垣方面】からは国道417号で、横山ダムからおよそ10 km
- HP：http://www.town.ibigawa.lg.jp/

「ふじはし星の家」で宿泊研修をする学校などの団体利用がメインですが、随時団体利用も可能です。

清水船越堤公園星の広場天文台〔他（公園）〕

静岡県内最大級望遠鏡で
無料観望会を開催しています。

清水船越堤公園は、桜の名所として大変有名です。遊歩道に沿って丘を登りつめると、目の前には市街地や港が広がり、その向こうに美しい富士山の姿も眺めることができます。この公園の北端の丘陵部に星の広場があり、4mドーム内には、県下最大級の望遠鏡が設置され、観望会が静岡県天文研究会により開催されています。第3土曜日の定例観望会の見所は、コミュニティFM放送局のFM清水（サイマルラジオにも対応）にて、当日11時25分からのコーナーで紹介しています。

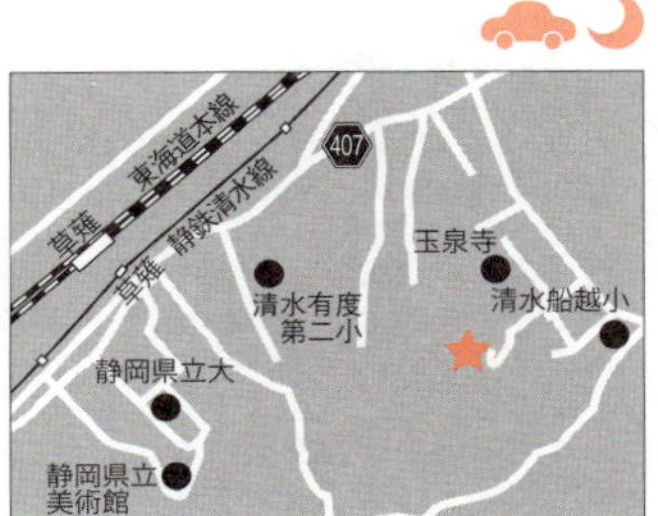

望遠鏡
光学系／反射
口径／41cm
設置年／1986年

DATA

- 📷：清水船越堤公園 星の広場天文台
- ★：静岡県静岡市清水区船越町497
  TEL 054-352-3322（静岡県天文研究会井上）
- ⏲：19:30～20:30（毎月第3土曜日）
- 休：上記以外
- ¥：無料
- 🚃：【JR東海道本線】草薙駅よりバスで「船越南」下車、徒歩10分／【JR東海道本線】清水駅より車で15分
- HP：http://www.mars.dti.ne.jp/~k-okano/

毎月第３土曜日は、定例観望会を開催しています。その他、天文イベントなどにより、特別開催する場合もあります。

スカイワードあさひ　天体観測室〔天〕

昼は太陽！夜は星！
気軽に天体観測が楽しめます。

「星の広場」スカイワードあさひ天体観測室は、尾張旭市北部丘陵地に建つ「スカイワードあさひ」の8階にあります。市街地から近く、気軽に天体観測ができる施設として親しまれています。

日曜日の夜間天体観望会では50cm反射望遠鏡で月や惑星、星雲・星団を観察します。昼間の太陽観望会では10cmHα太陽望遠鏡で黒点やプロミネンスなどの太陽活動が観察できます。観望会は無料で予約なども不要です。開催中に来ていただければどなたでも天体観測が楽しめます。

望遠鏡
光学系／反射
口径／50cm
設置年／1992年

DATA

- 📷：スカイワードあさひ　天体観測室
- ★：愛知県尾張旭市城山町長池下4517-1（尾張旭市城山公園内）
  TEL 0561-52-1850
- ⏲：太陽観望会　火・土・日曜・祝日（10:00～12:00、13:00～15:00）
  夜間天体観望会　第1～4日曜日（日没1時間後～1時間程度）
- 休：12/29～1/3
- ¥：無料
- 🚃：【名鉄瀬戸線】尾張旭駅より徒歩15分
- HP：http://www.city.owariasahi.lg.jp/

7～9月第1週日曜日は、夜間天体観望会を尾張旭市内の小学校で開催するため、スカイワードあさひ天体観測室ではおこないません。

半田空の科学館〔科〕

地球と宇宙をテーマに、見るのはもちろん遊びながら知識を深められる施設です。直径18ｍのドームに240席あるプラネタリウムでは満天の星空のもと星座解説や天文現象を紹介し、宇宙の不思議を体験できます。屋上の天体観測所には口径40㎝の反射望遠鏡などたくさんの望遠鏡があり、毎月おこなう〝半田星空観察会〟では皆様に様々な天体をご覧いただいています。半田市は江戸時代の面影を伝える蔵の街並みや「ごんぎつね」で知られる新美南吉記念館もあり、朝から晩まで楽しむことができます。

愛知県知多半島唯一のプラネタリウムのある施設です！

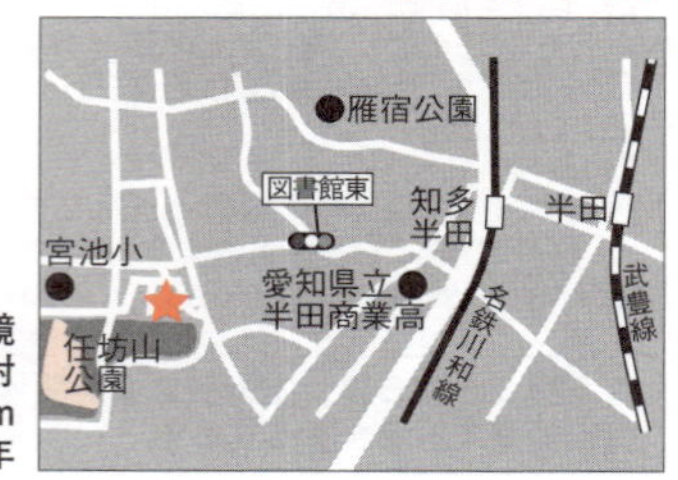

望遠鏡
光学系／反射
口径／40cm
設置年／2017年

DATA

- :半田空の科学館
- :愛知県半田市桐ヶ丘4-210
  TEL 0569-23-7175
- :9:00〜17:00
- 休:月曜日（祝日の場合は翌平日）、年末年始
- ¥:展示室:無料、プラネタリウムは大人:210円〜・小人100円〜
- :【名鉄河和線】知多半田駅または成岩駅より徒歩20分／【知多半島道路】半田ICより車で5分
- HP:https://sky-handa.com/

毎月開催の半田星空観察やよく晴れた金曜日の夜におこなう「星見る Friday ☆」など天体観察をするチャンスはたくさん！

夢と学びの科学体験館〔科〕

刈谷
東海道本線
名鉄三河線
さくら屋みなくる刈谷店
合同庁舎
刈谷病院
刈谷市交通児童遊園

観望会では、見る天体をドームで事前に学習します。

土・日・祝日には、プラネタリウムのほかラボ科学体験講座やサイエンスショー、簡単工作などが楽しめ、1日中遊べるエリアとなっています。プラネタリウムでは、通常のプログラム以外にも、日によって、幼児向け投映、夜間投映、アロマの香りとともに楽しむ投映など、幅広い内容が楽しめます。観望会で活躍する大型望遠鏡では、惑星の形や模様、月のクレーターなどをはっきりとご覧になっていただけます。家族連れに大人気の交通児童遊園も隣接しています。合わせて楽しむのもおすすめです。

望遠鏡
光学系／反射
口径／45cm
設置年／1981年

DATA

- :夢と学びの科学体験館
- :愛知県刈谷市神田町1-39-3
  TEL 0566-24-0311
- :9:00〜17:00
- 休:水曜日（祝日の場合は翌日）、年末年始
- ¥:無料　※プラネタリウム、ラボ科学体験講座などは別料金
- :【JR東海道本線・名鉄三河線】刈谷駅より徒歩8分
- HP:https://www.city.kariya.lg.jp/yumemana/index.html

観望会を不定期で開催。開催決定時には、HP でお知らせします。

（ふじわら・ひであき）
2010年に東京大学大学院を修了後、宇宙航空研究開発機構（JAXA）勤務を経て現職。博士（理学）。「ちりも積もれば惑星となる」をキーワードに、世界の様々な望遠鏡を使って惑星の材料となるちり粒を観測する傍ら、すばる望遠鏡の広報担当者としてハワイ現地から精力的に情報発信している。惑星の生い立ちや天文学者の「生き様」などに関する講演も多数。最近のブームはハワイで踊る「盆ダンス」。日本からハワイに渡って根付いた独特の文化に最初は驚いたが、今ではすっかりトリコに。

広視野観測で迫る宇宙の膨張と元素の起源

　さらにすばる望遠鏡最大の特長が、高い感度と視力を持ちながら、しかも空の広い範囲を一度に撮影できるという性能です。本体が頑丈につくられ、最上部の「主焦点」にもカメラを搭載できる、すばる望遠鏡ならではのユニークな性能です。２０１２年にはおよそ9億画素を持つ巨大なデジタルカメラHyper Suprime-Cam（ハイパー・シュプリーム・カム）が新たに搭載され、その広い視野を活かした大規模な観測が進められています。

　最近の成果がダークマター「地図」の発表です。Hyper Suprime-Camの観測画像に写った２０００万個以上の銀河の形を精密に計測することで、重力レンズ効果の解析から、史上最高の広さと解像度を持つダークマター地図を作成したのです。今後さらに大規模な観測を進め、宇宙のどの場所、どの時代に、銀河やダークマターがどれくらい存在するのかをくまなく調べることで、宇宙膨張の歴史やダークエネルギーの謎に迫れると期待されています。

　また２０１７年には米欧の重力波望遠鏡が観測した重力波源GW170817からの光を初めて検出し、しかもその明るさが次第に暗くなる様子の追跡にも成功しています。これは中性子星合体で金などの元素が合成された証拠を初めて捉えたものです。宇宙を構成する元素がどのようにできたのか、その起源を解き明かす上で、すばる望遠鏡は新たな時代に導いたのです。

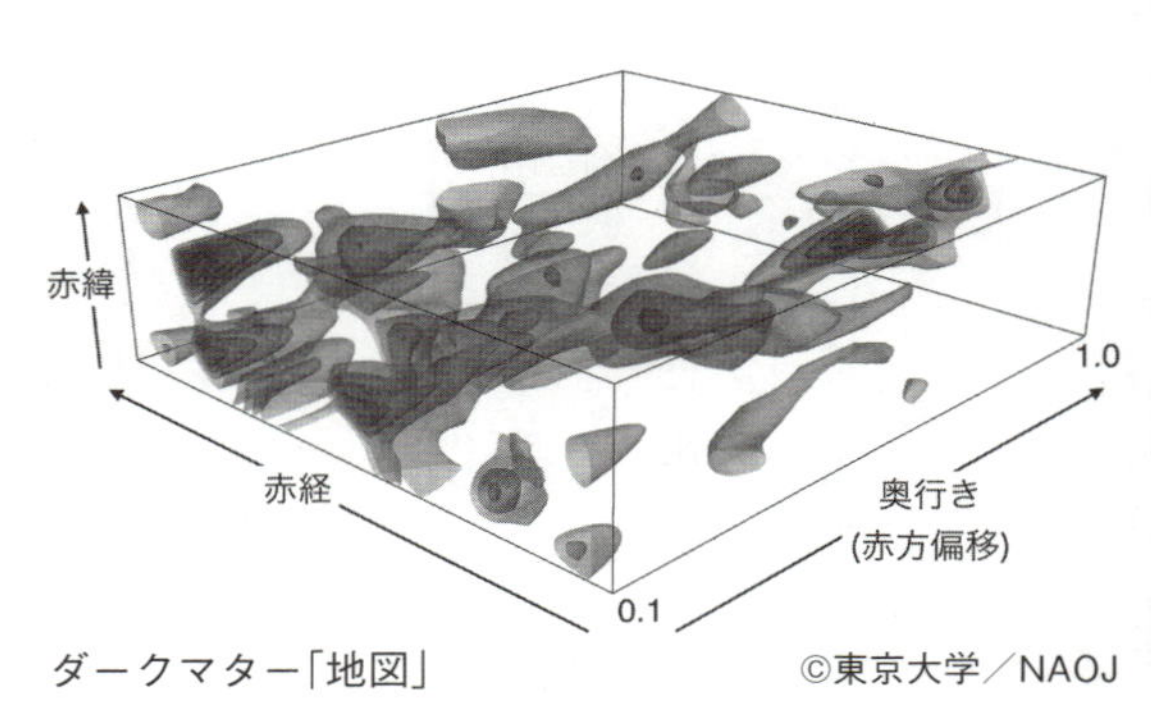

ダークマター「地図」　©東京大学／NAOJ

すばる望遠鏡を支える人々

　観測開始以来さまざまな成果を出し続けているすばる望遠鏡の運用拠点となるのが「ハワイ観測所」です。およそ１００人のスタッフが現地で働いています。実は天文学者は少数派で、むしろ望遠鏡や観測装置のメンテナンス・改良、実際の観測作業などを担う技術者がスタッフの半数を占めています。さらに日本とハワイの規則に従って複雑な事務を担うスタッフも活躍しています。

　すばる望遠鏡の名前は、プレアデス星団（和名「すばる」）にちなんで一般公募によってつけられましたが、「すばる」はもともと大和言葉で「まとまる・集まる」という意味の「すまる（統まる）」という語です。その名の通り、いろいろな技能を持ったスタッフが、世界の様々な場所からここハワイに集まり、最先端のすばる望遠鏡を動かしているのです。

重力波源からの光　©NAOJ

アンデスの巨大電波望遠鏡ＡＬＭＡ

国立天文台教授・チリ観測所長
阪本成一

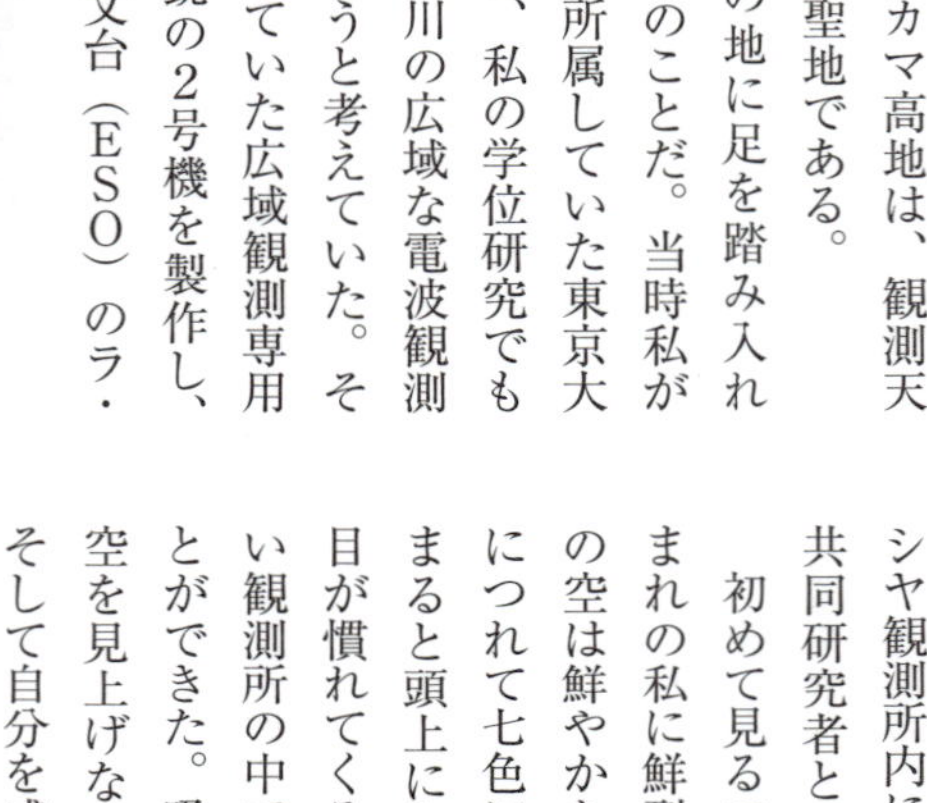
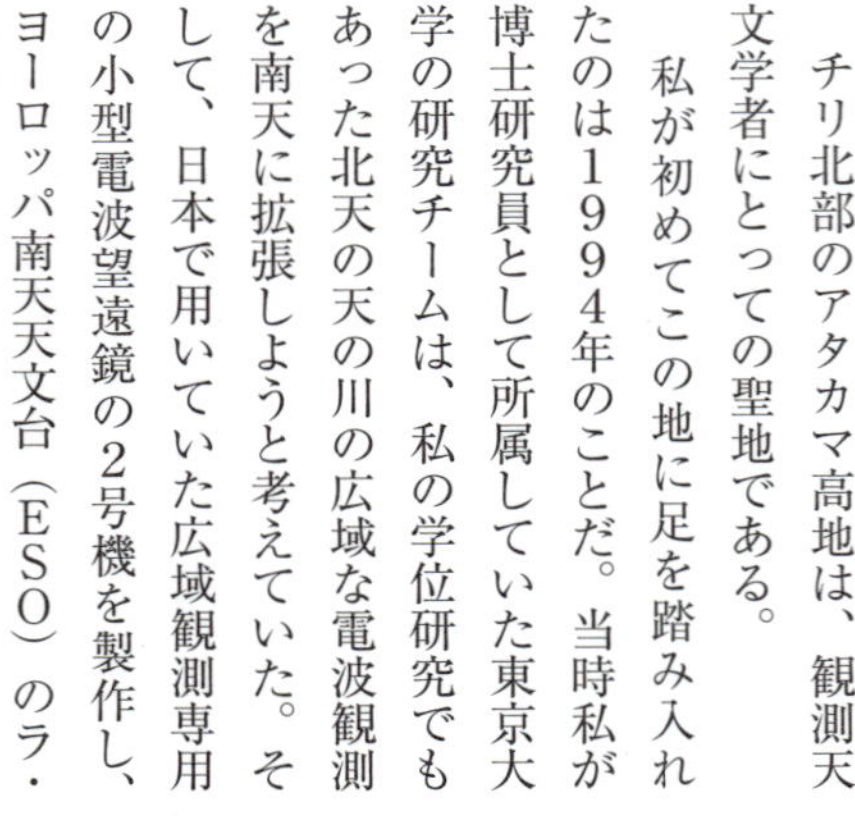

ALMA望遠鏡。中央部に固まっているのが「アカタマコンパクトアレイ」。©Clem & Adri Bacri-Normier (wingsforscience.com)/ESO

チリ北部のアタカマ高地は、観測天文学者にとっての聖地である。

私が初めてこの地に足を踏み入れたのは１９９４年のことだ。当時私が博士研究員として所属していた東京大学の研究チームは、私の学位研究でもあった北天の天の川の広域な電波観測を南天に拡張しようと考えていた。そして、日本で用いていた広域観測専用の小型電波望遠鏡の２号機を製作し、ヨーロッパ南天天文台（ＥＳＯ）のラ・シヤ観測所内に設置させてもらうべく、共同研究者とともに乗り込んだのだ。

初めて見るアタカマの空は、都会生まれの私に鮮烈な印象を残した。日中の空は鮮やかな青。それが日が落ちるにつれて七色に表情を変え、薄明が収まると頭上に壮大な天の川が現れた。目が慣れてくると、人工の明かりのない観測所の中でも、星明かりで歩くことができた。吸い込まれそうに深い星空を見上げながら、宇宙の中の地球、そして自分を感じた。

世界最先端の望遠鏡が集結

アタカマ高地が天体観測に適しているのには理由がある。東に連なるアンデス山脈は急峻で、アマゾンからの湿った空気はその東麓に雨を降らし、山を越えるころには乾燥する。西に広がる太平洋の沿岸にはフンボルト海流が南極から冷たい水を運び、下層に冷たい空気、上層に温かい空気という安定した状態を作り、雨を降らすための上昇気流を発生させない。この結果、年間降水量が数十㎜という世界でも最も乾燥した地域が生まれた。晴天率が高く、乾燥し、かつ標高の高いこの地は、天体から届く光の観測だけでなく、水蒸気に吸収されやすい電波や赤外線の観測にも適している。高い標高にもかかわらず比較的平坦であることや、比較的安定した治安、優秀な現地労働力の入手性、そして関税免除をはじめとするチリ政府の便宜供与などが、この地を望遠鏡銀座へと変えてきた。

いまや、世界最大の電波望遠鏡であるＡＬＭＡをはじめ、口径８ｍの光学望遠鏡４基を擁するＥＳＯパラナル観測所、ＥＳＯラ・シヤ観測所、カーネギー研究所のラス・カンパナス天文台、米国国立光学天文台のセロ・トロロ汎米天文台など、世界有数の観測所がこの地域に集結しており、次世代の大型光学望遠鏡の建設も進んでいる。日本関係でもＡＬＭＡに加えて国立天文台のＡＳＴＥサブミリ波望遠鏡や名古屋大学のＮＡＮＴＥＮ２サブミリ波望遠鏡がＡＬＭＡの敷地内で運用されてお

り、隣接するチャナントール山頂では東京大学アタカマ天文台（ＴＡＯ）の口径６・５ｍ赤外線望遠鏡の建設が進んでいる。

ＡＬＭＡで探る暗黒の宇宙

ここでＡＬＭＡについて改めて説明しよう。これはアタカマ高地にある世界最大の電波望遠鏡である。とはいえ一つの巨大なアンテナではなく、直径12ｍのアンテナ50基と、アタカマコンパクトアレイと呼ばれる直径７ｍのアンテナ12基と直径12ｍのアンテナ４基からなるシステムを組み合わせ、一つの電波望遠鏡システムとして運用する。建設と運用には、日本を中心とする東アジアと、北アメリカ、ヨーロッパが共同で当たっている。正式名称を「アタカマ大型ミリ波サブミリ波干渉計（Atacama Large Millimeter submillimeter Array）」といい、ＡＬＭＡはその英語名称の略だが、スペイン語の〝ａｌｍａ〟（「魂」や「愛しい人」などの意味）という語も意識している。ミリ波・サブミリ波と言われる波長の短い電波を観測することで、光では見えない暗黒の宇宙を探ることができる。

ALMA望遠鏡の頭上に広がる南天の天の川。　©ESO

望遠鏡が置かれているのが標高５０００ｍの山頂施設であり、優れた観測条件の反面、平地に比べて気圧は半分、気温も30度ほど低い過酷な環境の中で、日中には技術者が保守作業を行っている。一方、科学運用の拠点となるのが山麓施設であり、百数十名の研究者や技術者などが交替で科学運用や保守等に当たっている。ここは標高２９００ｍにあり安全なため、事前申し込み制で土日に40名ずつ一般見学を受け入れており、好評を博している。

２００３年に建設を開始したＡＬＭＡは、２０１３年に本格運用を開始した。得られた科学成果は期待通りのものであった。宇宙が生まれて間もない時期の「宇宙の再電離」のしくみや、銀河の衝突合体のメカニズム、銀河の中心に潜む超巨大ブラックホール、惑星の誕生現場の詳細構造などに迫る目覚ましい成果が挙がり、毎月のように報道されている。しかしこれらの期待された成果がすべてではない。この種の大型装置の常として、まったく予想していなかったような大発見がもたらされることだろう。

人類の英知を結集して実現されたこの望遠鏡は、現時点での人類の技術の到達点を示すものであり、学術分野における国際協力の象徴でもある。報道を通じてだけでなく、ぜひ多くの方々にご自身の目でご覧いただきたい。そのためにＡＬＭＡ山頂施設の一般見学を実現することが、所長を任された私にとっての一つの夢である。

（さかもと・せいいち）
1965年、東京都出身。東京大学大学院理学系研究科博士課程修了。博士（理学）。専門は電波天文学と科学コミュニケーション。国立天文台助手・助教授を経て、2007年4月よりJAXA宇宙科学研究所で広報担当教授として小惑星探査機「はやぶさ」などの宇宙科学研究の広報普及を統括。2014年8月に国立天文台教授、2016年4月よりチリ観測所長を併任。国際協力で運用されている世界最大の電波望遠鏡“ALMA”に中心メンバーの一人として関わっている。東京大学在学中にはボート部の主将を務め、学生日本代表にもなった「体育会系天文学者」。

小栗 順子 / 切り絵ギャラリー

プロフィールは20ページをご覧ください

ようこそ！私の「天文・宇宙の切り絵」その④

最後にご紹介するのは、国立天文台水沢地区にある旧緯度観測所本館（奥州宇宙遊学館）を舞台に描いた、夏の夜空に舞う大白鳥です。

国立天文台水沢と奥州宇宙遊学館による夏のイベント「いわて銀河フェスタ２０１７」（岩手県）のなかで、切り絵展のお誘いを頂きました。展示会場となった旧臨時緯度観測所本館（木村榮記念館）は、7月に国の有形文化財として登録されることになった建造物の一つです。記念館の名称にある木村榮博士は、国立天文台水沢ＶＬＢＩ観測所の前身、緯度観測所初代所長を務められました。１９００年（明治33年）に建築された木造平屋建。凛とした空気が漂う空間での作品展示は、とても貴重な経験となりました。

イベントもいよいよ終盤。一時的な激しい雨のあとに見た、記念館の斜め向かいの奥州宇宙遊学館。夕陽に照らされて、とても美しく、眩しかったのを覚えています。その時に受けた感動をもとに描いた作品です。

Northern Cross（ノーザンクロス）

○あとがき

作品を描くたびに、その時の自分だからこそ表現できるもの、挑戦できるテーマ、出会う新たな感情があるように思います。また、制作活動を重ねていくたびに、独特の難しさと面白さを感じています。でも、作品に臨むときの新鮮な感覚や真摯な姿勢を意識するのは変わらないものです。さまざまなシーンで出合う人とのご縁、応援してくれる方々への感謝は尽きません。

これからもつねに新しいテーマに挑戦しながら、私ならではの表現を求めていきたいと思います。

近畿

兵庫県立大学西はりま天文台〔天〕

なゆた望遠鏡　©兵庫県立大学西はりま天文台

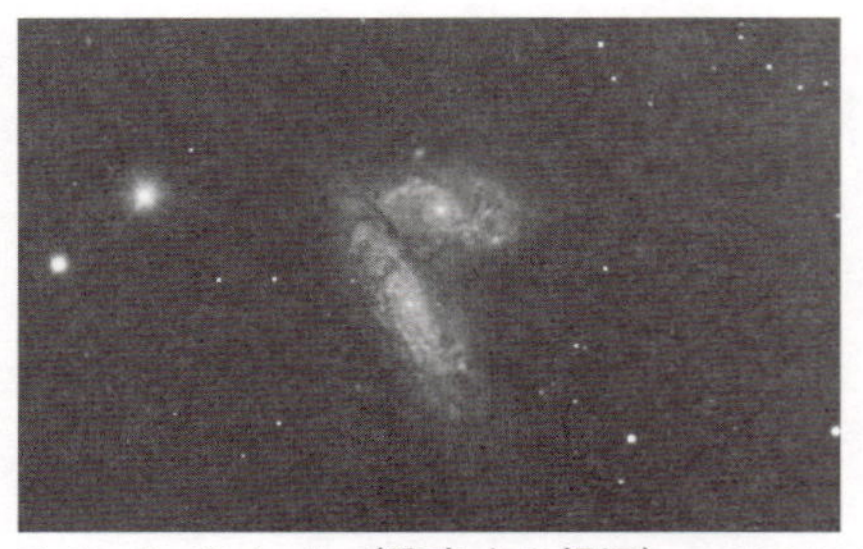

Butterfly Galaxies（衝突する銀河）　©兵庫県立大学西はりま天文台

望遠鏡
光学系／反射
口径／ 200cm
設置年／ 2004 年

世界最大級の公開望遠鏡「なゆた」で天体観望できます。

兵庫県立大学西はりま天文台は、大学の研究施設として研究活動を行うとともに、「星」と「宇宙」の魅力を通して一般の方の楽しみや学びへ貢献する公開天文台でもあります。

最大の特徴は、常時公開された天体望遠鏡の中で世界最大級の鏡を持った「なゆた望遠鏡」による夜間天体観望会を開催していることです。なゆた望遠鏡を通して、迫力ある月面や惑星の姿、遠く離れた星雲・星団・銀河を観望いただけます。また、宿泊施設を併設し、お泊りの方のみ敷地内にて「星空の街・あおぞらの街　全国大会　環境大臣賞」受賞の美しい星空をお楽しみいただけます。宿泊者専用の貸し出し望遠鏡も初級から上級者用とご用意しています。

昼間は館内にて、星や宇宙について楽しく学べる展示やなゆた望遠鏡を見学できます。また、土・日・祝日や夏休みなどには、昼間の星と太陽の観察会と天文工作教室を実施しています。

館内にはミュージアムショップもあり、様々な天文グッズや西はりま天文台オリジナルグッズを多数取り扱っています。

なゆた望遠鏡がある天文台南館　©兵庫県立大学西はりま天文台

毎年5月にアクアナイト、8月にスターダスト、12月にキャンドルナイトと呼ばれるイベントを実施しています。21時以降、敷地内は立ち入り禁止（宿泊の方は除く）です。出前観望会・出前授業の受付あり。

DATA
- 兵庫県立大学西はりま天文台
- 兵庫県佐用郡佐用町西河内407-2 TEL 0790-82-3886
- 南館：9:00-18:00、北館：9:00-17:00、敷地内：9:00-21:00
- 休：第2・第4月曜日（祝日の場合は翌日）、年末年始他
- ¥：無料
- 【JR・智頭急行】佐用駅よりタクシーで10分／【中国自動車道】佐用ICより車で10分
- HP：http://www.nhao.jp/

ダイニックアストロパーク天究館〔天〕

大きな望遠鏡で宇宙の神秘を楽しめる天文台です。

DATA

- 🏛:ダイニックアストロパーク天究館
- ★:滋賀県犬上郡多賀町多賀283-1
  TEL 0749-48-1820
- ⏰:11:00〜17:00、19:30〜21:30（毎週土曜日）
- 休:日〜金曜日
- ¥:小中学生:100円・高校生以上:200円、昼間の太陽観望・施設見学は無料
- 🚃:【名神高速道路】彦根ICより車で15分
- HP:http://www.dynic.co.jp/astro/index_i.html

望遠鏡
光学系／反射
口径／60cm
設置年／1987年

ダイニックアストロパーク天究館は1987年に滋賀県多賀町に開設された民間天文台です。毎週土曜日に開館しており、昼間は太陽黒点やHα光での太陽プロミネンスの観察、昼間の星の観察のほか、隕石などの展示見学が楽しめます。夜の天体観望会では60㎝反射望遠鏡やベランダに設置されたたくさんの望遠鏡で月・惑星や星雲・星団などさまざまな天体が楽しめます。それぞれの望遠鏡にはボランティアスタッフが付いていて見えている天体についての詳しい説明が楽しめます。

天文台がある多賀町には全国で3位の長さを誇る鍾乳洞の河内風穴や200万年前のアケボノゾウの全身骨格化石を展示した多賀町立博物館などもあり、天文から地学まで楽しむことができます。

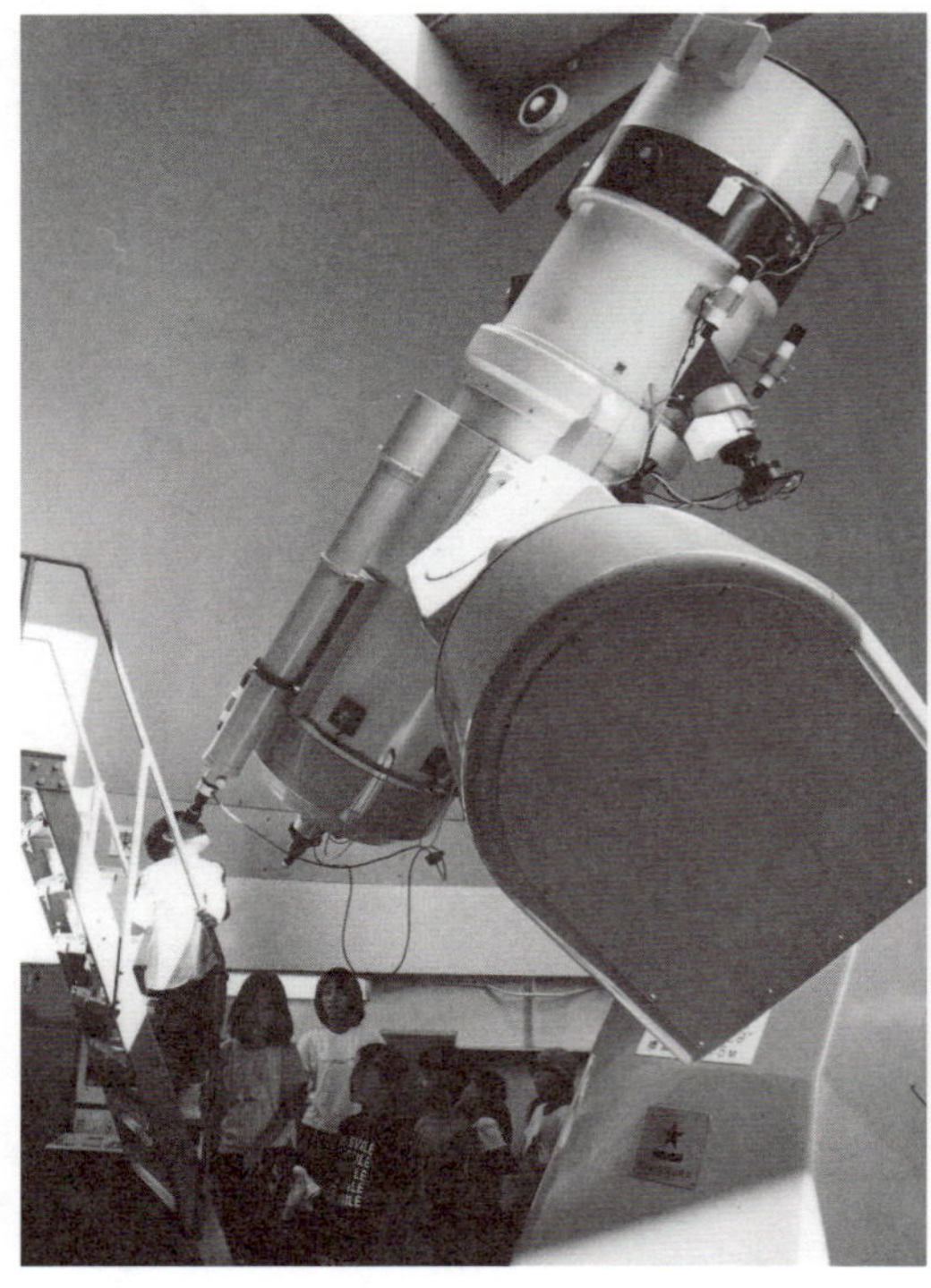

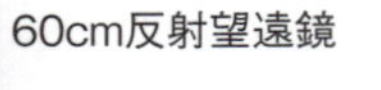
60cm反射望遠鏡

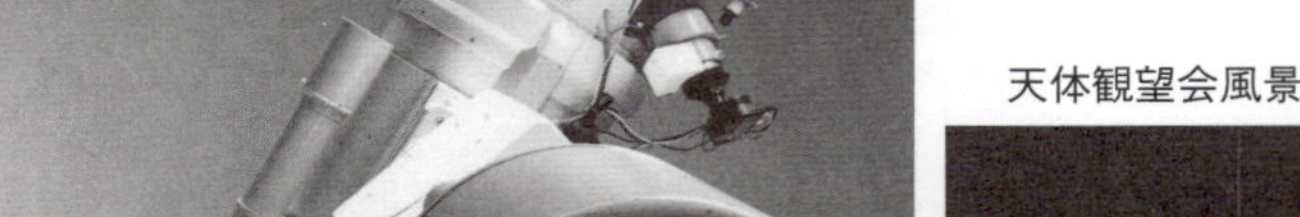

天体観望会風景

天体観望会では「惑星を見ようスタンプラリー」を実施しており、全惑星観察者には土星の写真がプレゼントされます。

比良げんき村天体観測施設〔天・宿・野〕

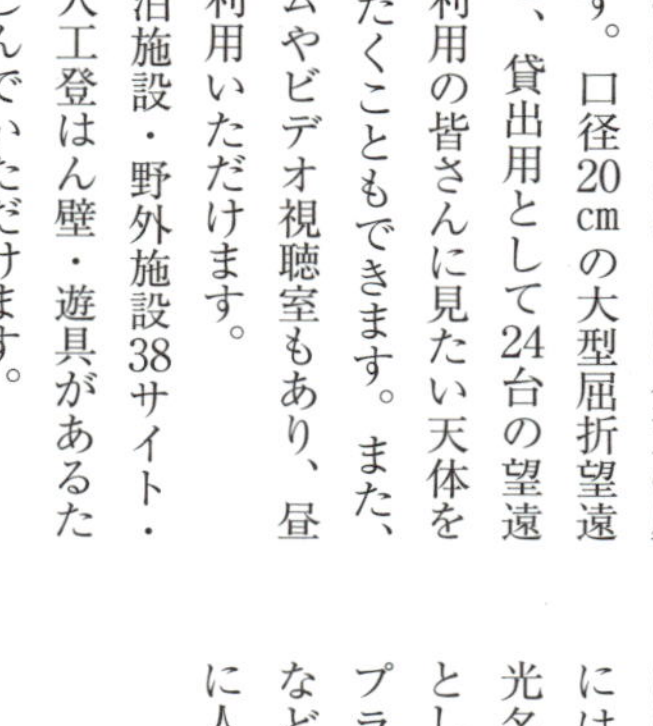

寝て観るプラネタリウムです。天体学習会もしています。

DATA
- 比良げんき村天体観測施設
- 滋賀県大津市北小松1769-3
  TEL 077-596-0710
- 9:00～21:00（天体観測施設）
- 休：月曜日（ただし、夏休み期間は開館）
- ¥：大人：540円・小中高生：320円、4歳以上幼児：100円
  ※大津市内割引あり、有料施設は要予約
- 【JR湖西線】北小松駅より徒歩15分、または車で国道161号線から2分
- HP：http://www.genkimura.club/

北小松薬師堂
種徳寺
松井しいたけハウス
湖西線
北小松

望遠鏡
光学系／屈折
口径／20cm
設置年／1991年

当天体観測施設は、比叡山と連なる比良山系北部のふもと標高約２００ｍに位置し、眼下には「びわ湖」が眺望でき、山手には県下一の落差76ｍを誇る楊梅の滝や比良登山道があります。

近くには建物がないため、ほぼ全天の星が観察できます。口径20㎝の大型屈折望遠鏡（自動追尾）、貸出用として24台の望遠鏡があり、ご利用の皆さんに見たい天体をとらえていただくこともできます。また、プラネタリウムやビデオ視聴室もあり、昼夜を問わずご利用いただけます。

その他、宿泊施設・野外施設38サイト・木工実習室・人工登はん壁・遊具があるため、充分に楽しんでいただけます。

近くには、「びわ湖バレイ」と琵琶湖を南北一望できる絶景スポットの「びわ湖テラス」があり、大人の山岳リゾートとして全国区の人気です。春には桜、5月はスイセン、秋には山一面を染める紅葉が観光名所になり、冬はスキー場として賑わいます。話題のジップラインやスカイウォーカーなどのアトラクションは若者に人気です。

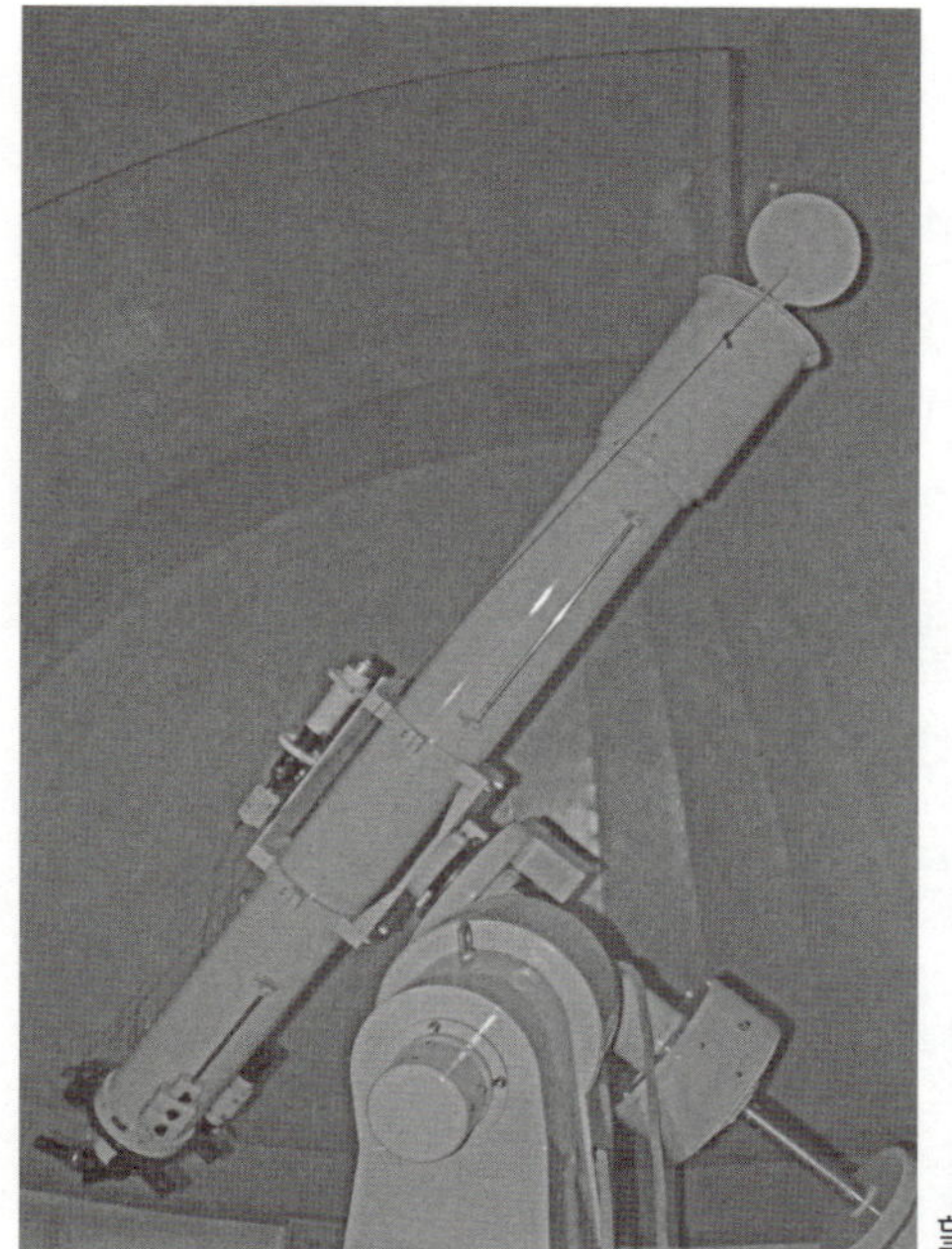

望遠鏡

月１回（夏休みは毎週）土曜日に、天体観望会を実施。
2019年1月6日（日）の部分日食イベント予定。

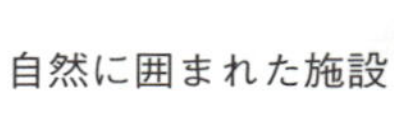

自然に囲まれた施設

京都府立丹波自然運動公園 丹波天文館〔他（天文館）〕

京都市内に比べて夜空も暗く、美しい星空が満喫できます。

丹波天文館は、1986年にハレー彗星が地球に接近したときに、子どもたちに宇宙への関心とロマンを深めていただこうと設置され、2016年に開館30周年を迎えました。

50㎝の大型反射望遠鏡をメインに15㎝屈折望遠鏡、10㎝屈折望遠鏡などを備えています。

昼間は15㎝屈折望遠鏡で太陽プロミネンスや黒点、時には金星や水星、1等星などの明るい恒星を見ることができます。夜は丹波高原の澄み切った夜空のもと、50㎝の大型反射望遠鏡で月や金星、木星、土星のほか星雲や星団などを観望することもできます。

DATA

- 京都府立丹波自然運動公園　丹波天文館
- 京都府船井郡京丹波町曽根崩下代110-7 TEL 0771-82-0300
- 昼間観望　毎日1:30～16:00、夜間観望　毎週土曜日（ただし7～9月は毎週火曜日と土曜日の週2回）19:30～21:30（4～10月）、18:00～21:00（11～3月）※夜間観望には事前予約が必要
- 休：12/29～1/3
- ¥：無料
- 【京都縦貫自動車道】丹波ICより車で5分、または京丹波みずほICより10分／【JR山陰本線】園部駅より、バスで「自然運動公園前」下車
- HP：http://www.kyoto-tanbapark.or.jp/play/page02.html

望遠鏡
光学系／反射
口径／50cm
設置年／1986年

50cmカセグレン式反射望遠鏡

2カ月に1回天文教室を開催（有料：1人300円）、月食などの天文現象が起こったときには、随時開催します。

北海道 東北 関東 中部 近畿 中国・四国 九州・沖縄

貝塚市立善兵衛ランド〔天〕

気軽に電車でも行くことができる天文台です！

DATA

:貝塚市立善兵衛ランド
:大阪府貝塚市三ツ松216
TEL 072-447-2020
:9:00〜17:00（日・月・火）、9:00〜21:45（木・金・土）
休:水曜日、毎月末、祝日の翌日、年末年始
¥:無料（団体は要予約で有料）
:【水間鉄道】三ヶ山口駅より徒歩8分
HP:http://www.city.kaizuka.lg.jp/zenbe/

望遠鏡
光学系／反射
口径／60cm
設置年／1992年

貝塚市立善兵衛ランドは、貝塚の生んだ江戸時代の科学者、岩橋善兵衛（1756〜1811年）の業績を顕彰するために開設されました。

岩橋善兵衛は、苦心して独自に工夫した望遠鏡を作製し、その性能の良さゆえに幕府の天文方や伊能忠敬をはじめ、全国各地の天文学者に用いられました。また平天儀、平天儀図解などを通して江戸時代の天文学の発展に貢献しました。館内には岩橋善兵衛が作製した望遠鏡などを展示しています。

そして、多くの方に気軽に宇宙と親しんでいただくため、いつでも見学者を受け入れています。太陽観察用望遠鏡や60㎝反射望遠鏡での観察だけでなく、屋上での星座の解説などもおこなっています。館内には太陽系惑星モデルや大型星座早見盤や多くの天文書籍も備えています。

各種天文現象の観察会や天体写真展、星空コンサートなどのイベント、また市民天文教室、親子天文教室などの各種講座、観測器具工作実習等を開催しています。さらに各種団体からの観望・研修、出張観望会なども実施しています。

60cm反射望遠鏡

展示室

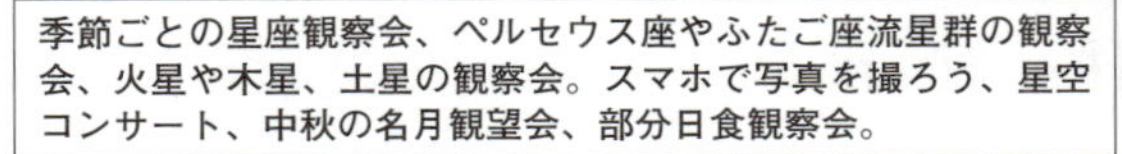
季節ごとの星座観察会、ペルセウス座やふたご座流星群の観察会、火星や木星、土星の観察会。スマホで写真を撮ろう、星空コンサート、中秋の名月観望会、部分日食観察会。

堺市教育文化センター ソフィア・堺〔社〕

大阪府内最大級の反射望遠鏡でのぞく宇宙の神秘！

DATA

- 堺市教育文化センター　ソフィア・堺
- 大阪府堺市中区深井清水町1426
  TEL 072-270-8110
- 天体観察会 第1・3・5週の土曜日、第2・4週の金曜日
  19:30～21:00（4～9月）、19:00～20:30（10～3月）
- 休：月曜日（祝日の場合は開館、臨時休館あり）
- ¥：無料（天体観察会）　※プラネタリウムは別料金
- 【泉北高速鉄道】深井駅より徒歩800 m
- HP：http://sofia-sakai.jp/astro/

望遠鏡
光学系／反射
口径／60cm
設置年／1996年

当館6階にある天文台には、大阪府内最大級の口径60㎝の反射望遠鏡があります。週1回のペースでおこなっている「天体観察会」では、この望遠鏡のほか、15㎝双眼鏡なども用いて堺の街から月や惑星、星雲などをご覧頂いています。2階のプラネタリウムと併せてご覧ください。

開催日時：毎月1・3・5週の土曜日と、第2・3週の金曜日に開催しています。※曇天雨天の際は中止になります。中止判断は当日17時の時点で決定します。HPのツイッターでお知らせします。事前申し込みは不要です（入退場自由）。

当日直接6階の天文台までお越しください。〈10～3月〉19時から、エレベーターが稼働します。20時30分まで観察会をおこないます。〈4～9月〉19時30分から、エレベーターが稼働します。21時まで観察会をおこないます。

入場方法の詳細についてはホームページにて事前にお知らせいたしますのでご確認ください。

60cm反射望遠鏡

プラネタリウム：平日５回投影、土日祝と春休み、夏休み、冬休みは７回投影。
番組内容はHPでご確認ください

明石市立天文科学館〔科〕

日本標準時子午線上に建つ「時と宇宙の博物館」です。

DATA

- 明石市立天文科学館
- 兵庫県明石市人丸町2-6 TEL 078-919-5000
- 9:30〜17:00（最終入館は16:30まで）
- 休：月曜日・第2火曜日（祝日の場合は翌日）、年末年始
- ¥：大人：700円（高校生以下無料）※団体割引・高齢者割引・障害者割引などあり
- 【JR山陽本線】明石駅より徒歩15分
  【山陽電車】人丸前駅より徒歩3分
- HP：http://www.am12.jp/

明石市立明石小学校
神戸大学附属幼稚園
明石公園
神戸大学附属小学校
人丸山公園
明石
山陽本線
山陽電鉄
人丸前

望遠鏡
光学系／反射
口径／40cm
設置年／1998年

東経135度日本標準時子午線上に建つ、「時と宇宙」をテーマにする博物館。登録有形文化財に指定されており、文字盤の直径6・2mの塔時計がシンボルとなっています。

子午線や天文、天体観測、暦と時をテーマにした展示や、いろいろな形の日時計で時を知ることができる日時計広場があるほか、国内現役最古で稼働期間が日本一長いプラネタリウムで生解説による投影をおこなっています。

16階の天体観測室には口径40cmの反射望遠鏡があり、毎週土曜日・日曜日の10時45分から13時に一般公開をおこなっています。天気が良ければ、昼間の星を見られるかもしれません。また、月に1回程度、夜間に天体観望会なども開催しています。

13階・14階の展望室からは360度の大パノラマで明石海峡大橋や淡路島が一望できます。また、小さな子どもが遊べるスペースや授乳室があるキッズルームもあり、お子様連れでも安心して来館できます。

口径40cmの反射望遠鏡（16階天体観測室）

天体観望会：月に1回程度あり。参加方法：電話またはHPより申し込み。
※詳しくはHPでご確認ください。

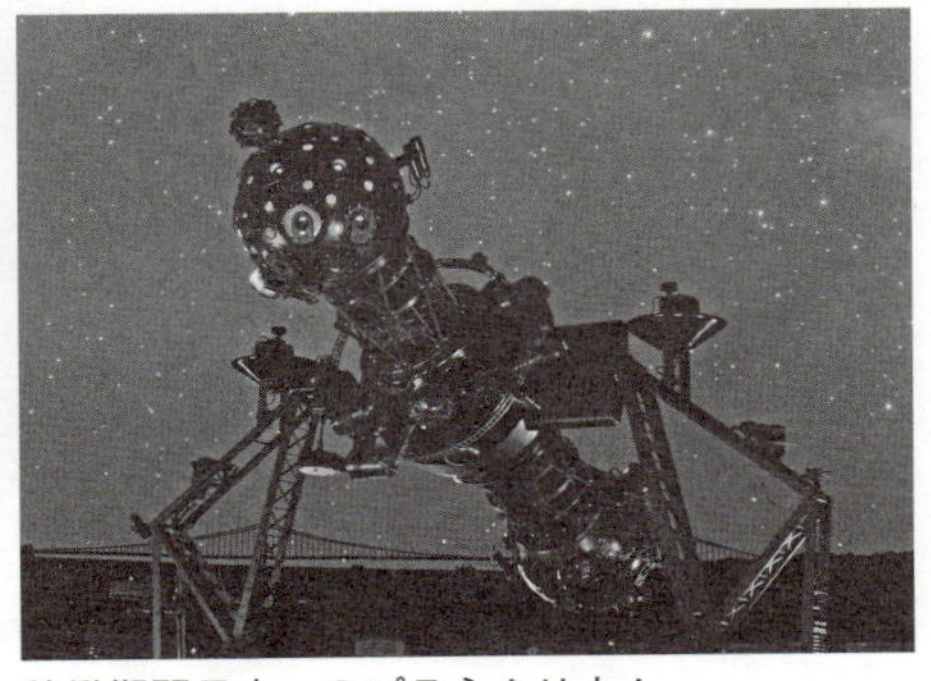

稼働期間日本一のプラネタリウム

尼崎市立美方高原自然の家〔野〕

宿泊者には20時から無料の天体観望会を実施です。

DATA

- :尼崎市立美方高原自然の家
- :兵庫県美方郡香美町小代区新屋1432-35 TEL 0796-97-3600
- :9:00～21:00
- 休:月曜日、年末年始等
- ¥:施設使用料:100円～
- :【尼崎市内】から車で2時間30分／【北近畿豊岡自動車道】八鹿氷ノ山ICから45分
- HP:http://obs-mikata.org

望遠鏡
光学系／反射
口径／40cm
設置年／1996年

標高約７３０ｍに位置する施設は、１年中いろんなアウトドアメニューが楽しめるワンダーゾーンです。宿泊者には大型望遠鏡をつかった天体観望会を無料で実施しています。また周囲は樹齢５００年程の巨木にたくさん出会える自然観察トレイルやそれぞれすてきな特徴をもっています。「とちっぱの森」「こだまの森」「ささやきの森」の３つの森などで、ゆっくり自然を散策できます。特に冬は積雪が２ｍを越えるので、ネイチャースキー、スノーシューハイキング、雪洞やかまくらの体験、エアボードなどエキサイティングなキャンプが楽しめます。

すこし足をのばしてブナの森で１日すごすのも最高ですよ。みんなでやりたいことを可能にしていきましょう。また、体力に関係なく誰でもロープを使って気軽に木登りが楽しめるツリーイングや、家族で楽しめる本格的なシャワークライミングはオススメです。

事前予約が必要な場合もありますので、くわしくはお問い合わせください。

星空フェスでは、一斉消灯をおこない満天の星空を鑑賞できます。

ご宿泊者には20時から無料の星空観望会にご参加いただけます。毎年9月には星空フェスを開催しています。

加古川市立少年自然の家 天体観測室〔野〕

開放感あふれる観測室で星の光を堪能しましょう！

DATA

- 🔭：加古川市立少年自然の家　天体観測室
- ★：兵庫県加古川市東神吉町天下原715-5　TEL 079-432-5177
- 🕘：9:00～17:00
- 休：月曜日、祝日、年末年始
- ¥：加古川市および東播磨地域に在住の方：1人200円、その他の地域に在住の方：1人400円
- 🚃：【JR神戸線】加古川駅より、車で15分／【加古川バイパス】加古川西ランプより車で10分
- HP：http://www.city.kakogawa.lg.jp/soshikikarasagasu/kyoikushidobu/shonenshizennoie/index.html

望遠鏡
光学系／反射
口径／40cm
設置年／1996年

加古川市立少年自然の家の天体観測室は、クーデ式20㎝屈折望遠鏡を3台、フォーク式40㎝カセグレン反射鏡を1台、全部で4台の大型望遠鏡を常設しています。スライディングルーフ式の部屋の中にこれら4台をまとめて備えているため、よくあるドーム型天文台と比べて、大人数があまり待つことなく効率よく観望できる、並んでいる間も夜空を広く眺めることができる、という大きな特徴があります。

観望会は通常、少年自然の家を利用する団体を対象に活動プログラムのひとつとしておこなっていますが、一般の方々が気軽にご参加いただける様々なイベントも数多く実施しています。中でも、月に1回程度実施している「青空の星見会」という昼間の観望会は、少年自然の家の野外フィールドを一般開放する「無料散策日」にあわせて実施しており、自然散策やアスレチック、ポニーのえさやり体験なども楽しむことができるため、初めて来られる方にオススメです。

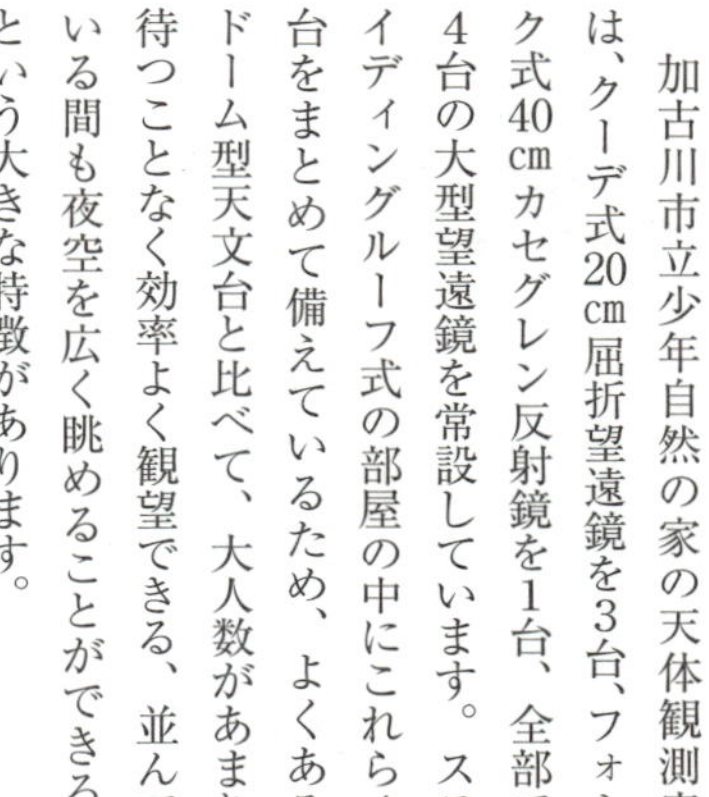

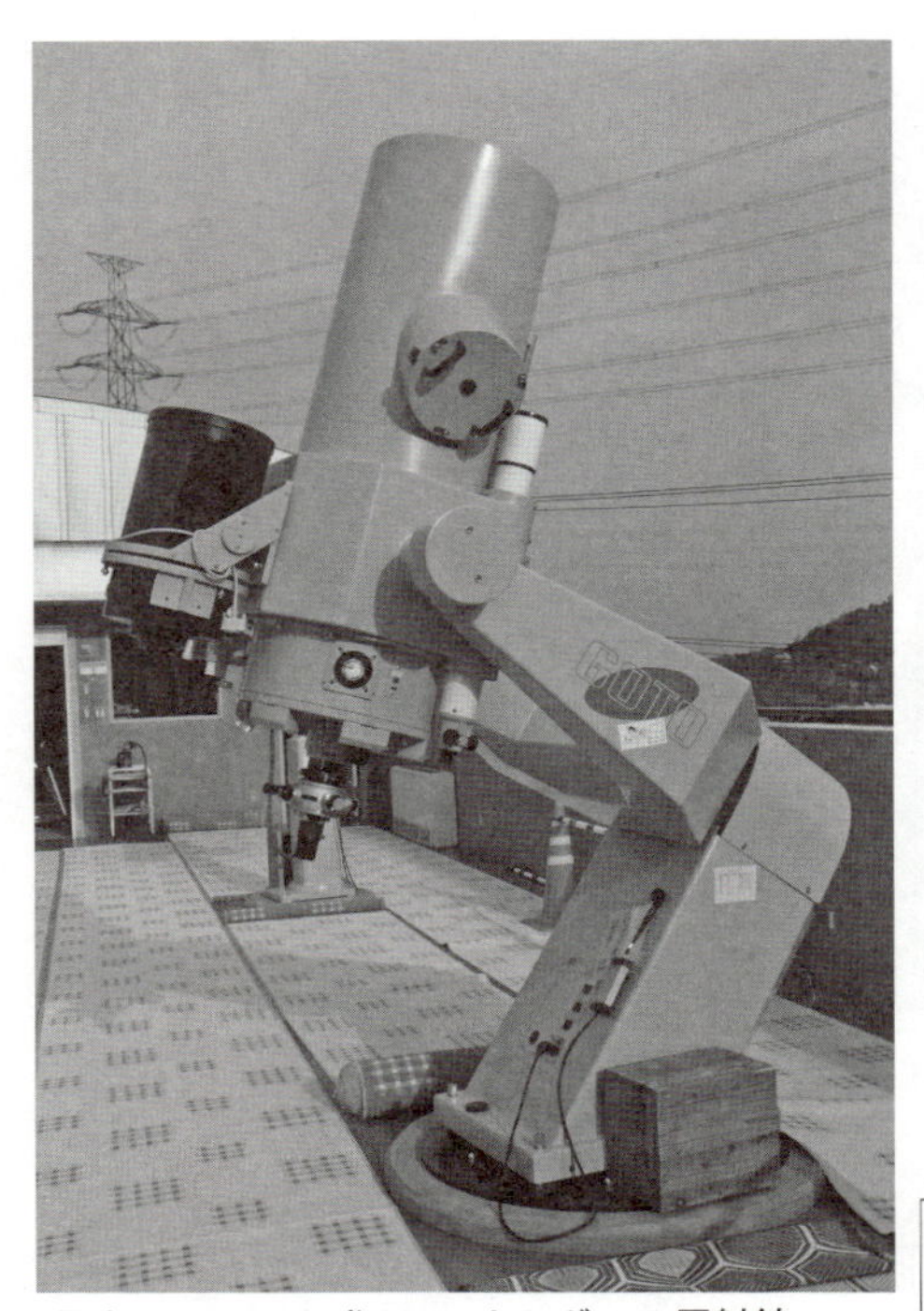

最大のフォーク式40cmカセグレン反射鏡

「青空の星見会」実施中の天体観測室

観望会（予約不要・無料のもの）：［夜間］月１～２回、土曜日 19:00～21:00、［昼間］月１回程度、日曜日 9:30～11:30、13:00～14:30
団体利用（要予約・有料）：10名以上から利用可、１時間程度

休暇村南淡路〔宿〕

淡路島唯一の天文台がある ファミリー歓迎のホテルです

DATA

- :休暇村南淡路
- :兵庫県南あわじ市福良丙870-1 TEL 0799-52-0291
- :15:00チェックイン、10:00チェックアウト
- 休:不定休(要問い合わせ)
- ¥:1泊2食10,900円～
- :【神戸淡路鳴門自動車道】淡路島南ICよりうずしおライン経由で約6 km
- HP:https://www.qkamura.or.jp/awaji/

望遠鏡
光学系／反射
口径／40cm
設置年／2007年

淡路島の南端にあり、大鳴門橋を一望できる温泉が自慢。人気の海鮮ビュッフェをはじめ、春は「桜鯛」、夏は「鱧」、冬は「3年とらふぐ」、淡路島ブランド「淡路ビーフ」など、季節ごとのお料理をご用意しております。また、夜は天体望遠鏡をつかって星をご覧いただき皆さまを星の世界へご案内いたします。

天体望遠鏡では、月や惑星、星団や星雲など季節ごとに見える天体をご覧いただいております。星のソムリエ®による天然プラネタリウムも人気です。曇りや雨などの星が見えない日は、レクチャールームで映像解説をおこなっております。周辺観光には、鳴門の渦潮や淡路人形浄瑠璃、大塚国際美術館など芸術を楽しむ事ができる施設や、淡路ファームパークイングランドの丘や淡路島牧場など動物とふれあえる施設もあり、お子様連れのお客様にも大人気です。淡路島は一年を通して温暖な気候に恵まれており、四季折々の草花が楽しめることでも有名です。

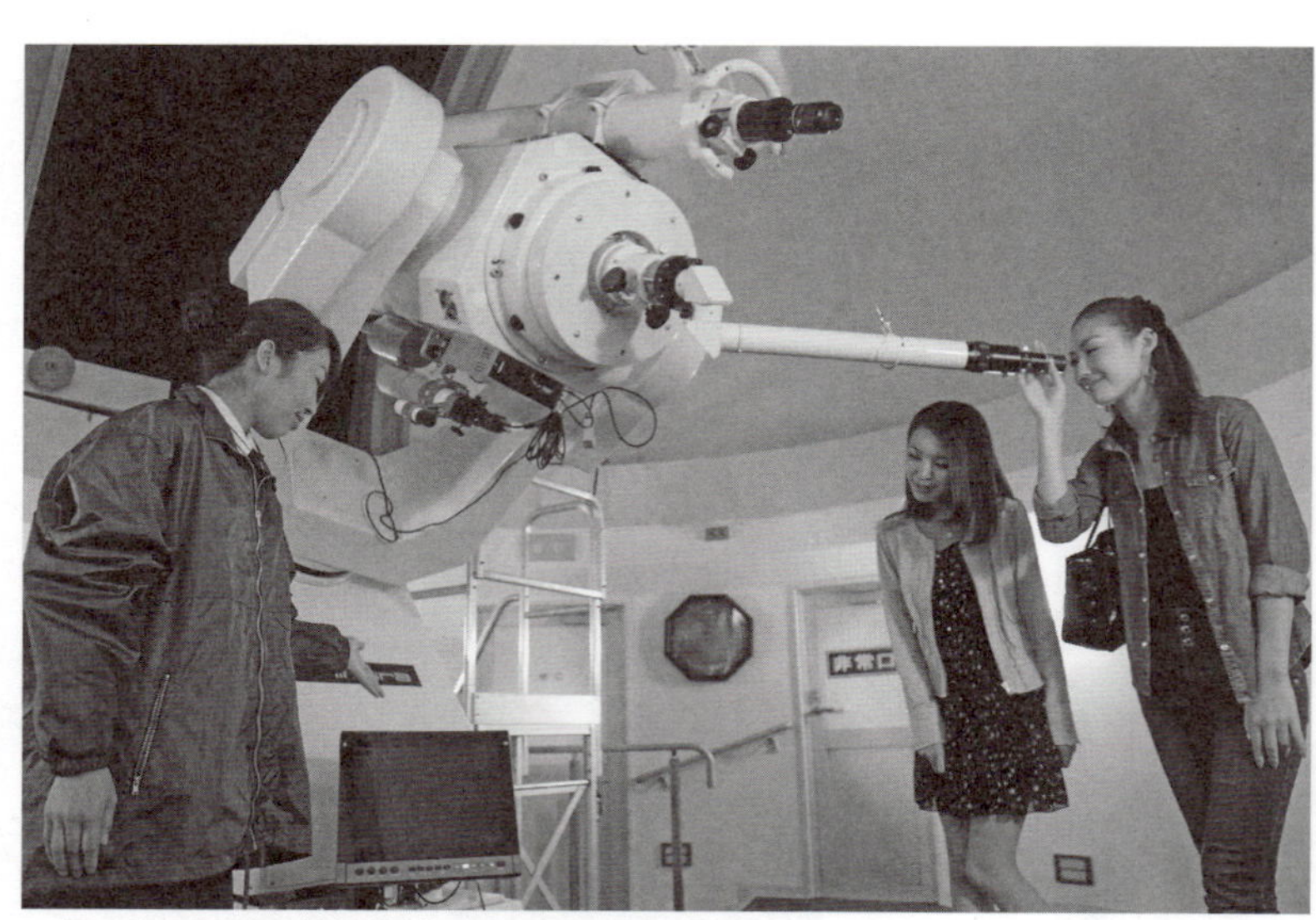

口径40cm大型反射望遠鏡でスターウォッチング

天体観測は毎晩 20:00 ～ 21:00 (7・8 月は 20:30 ～ 21:30) で実施いたします。

北海道
東北
関東
中部
近畿
中国・四国
九州・沖縄

にしわき経緯度地球科学館「テラ・ドーム」〔科〕

東経135度と北緯35度の交差する「日本のへそ」にある科学館です。

DATA

- にしわき経緯度地球科学館「テラ・ドーム」
- 兵庫県西脇市上比延町334-2
  TEL 0795-23-2772
- 10:00〜18:00、19:30〜21:00（天体観測会）
- 休：月曜日・祝翌日（土日祝日を除く）、12/29〜1/2
- ¥：大人：510円・学生：200円・小中学生：100円、天体観測会200円（入館料不要）
- 【JR加古川線】日本へそ公園駅より徒歩5分／【中国自動車道】滝野社ICより車で15分
- HP：http://www.nishiwaki-cs.or.jp/terra/

望遠鏡
光学系／反射
口径／81cm
設置年／1993年

日本のへそから地球、宇宙を知ろうをテーマに、地球や宇宙について楽しく学べます。直径6mのプラネタリウムでは、お子様でもお楽しみいただける短めの番組を上映しています。81cm反射望遠鏡を備えた天文台では、1時間ごとに「お昼の天体観測会」をおこなっています。雲がなければ太陽や金星、1等星などを見ることができます。

土曜日と祝前日におこなっている「夜のスターウォッチング」は、事前予約の定員制のため、ゆったりとたくさんの天体をお楽しみいただけます。特に81cm望遠鏡で見る球状星団は圧巻です！

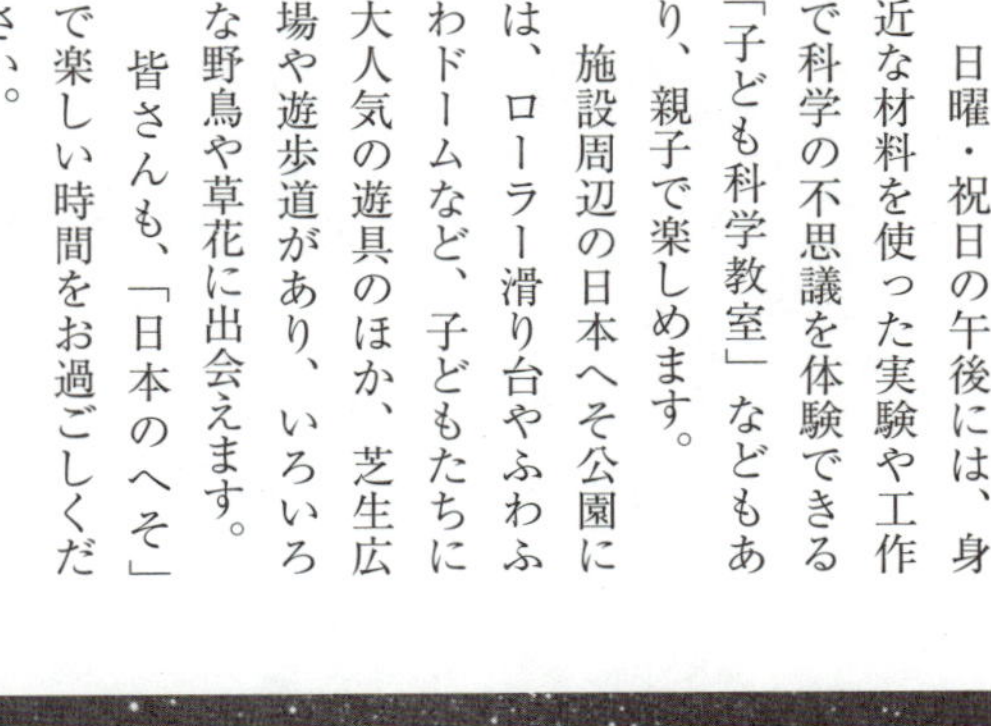

日曜・祝日の午後には、身近な材料を使った実験や工作で科学の不思議を体験できる「子ども科学教室」などもあり、親子で楽しめます。

施設周辺の日本へそ公園には、ローラー滑り台やふわふわドームなど、子どもたちに大人気の遊具のほか、芝生広場や遊歩道があり、いろいろな野鳥や草花に出会えます。皆さんも、「日本のへそ」で楽しい時間をお過ごしください。

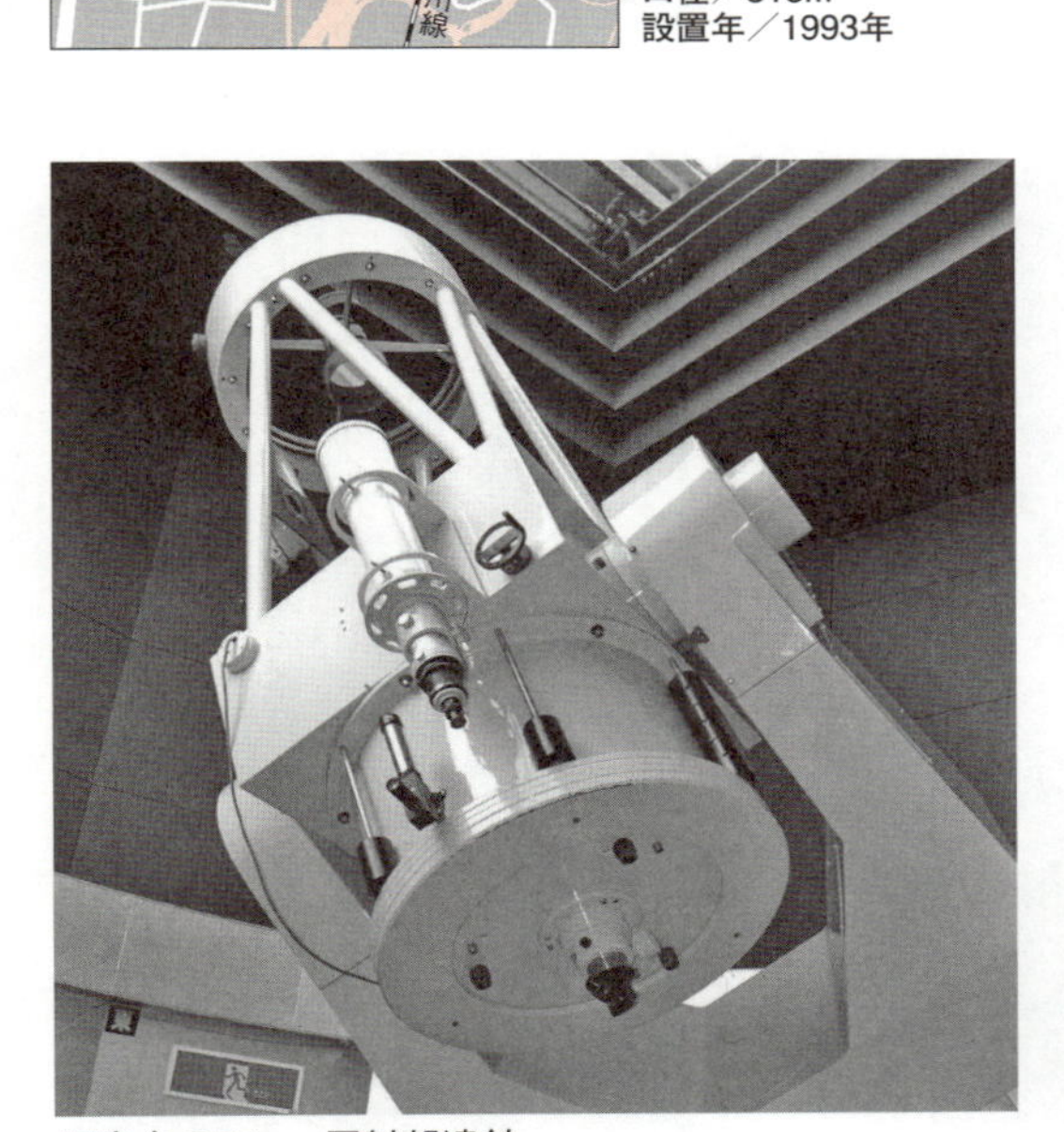

天文台の81cm反射望遠鏡

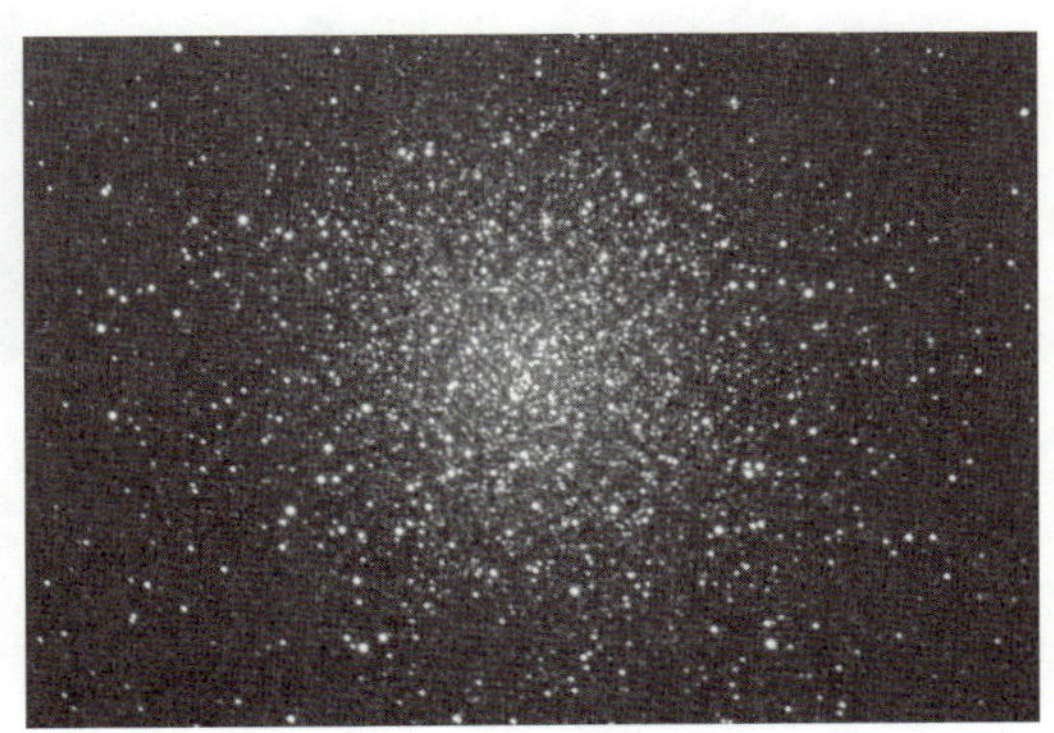

球状星団（スタッフおススメの天体）

昼の天体観測：毎時0分から。夜のスターウォッチング：土曜日・祝前日（夏休みは木・金・土）19:30〜21:00、1人200円（要予約）。

姫路市宿泊型児童館「星の子館」(天)

泊まっても、泊まらなくても、毎晩楽しめる天文台です。

DATA
- :姫路市宿泊型児童館「星の子館」
- ★:兵庫県姫路市青山1470-24
  TEL 079-267-3050
- :9:00〜17:00まで(宿泊の方は21:00まで)
- 休:8月・12月を除く毎月第2水曜日、年末年始
- ¥:無料　※宿泊は宿泊料が必要、イベントの内容によっては参加費が必要
- :【JR姫新線】余部駅より徒歩30分／【姫路バイパス】太子東ICより車で5分
- HP:https://ssl.himeji-hoshinoko.jp/

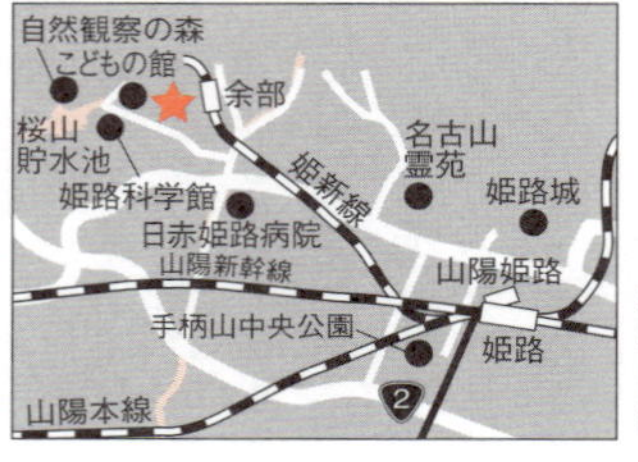

望遠鏡
光学系／反射
口径／90cm
設置年／1992年

星の子館は、遊んで、泊まって、天文台で星を見ることができる宿泊型児童館です。

お天気が良い夜には、星の子館の天文台に遊びに来てみませんか？　星の子館の天文台では、ゆっくり楽しみながら星を眺める「観望会」を毎晩開催しています。宿泊の方も、宿泊されない方も、どなたでも無料で参加できます。晴れている日なら大きな天体望遠鏡でいつでも本物の宇宙の姿が見られます。もしお天気が悪くても、大きな望遠鏡に出逢えて、クイズで宇宙のことを楽しく知ってもらうことができます。専門の職員が解説をしますので、星を見るのが初めての方や小さいお子様連れも大歓迎です。お気軽にお越しください。

天文台のほかにも、地元の食材を使ったボリューム満点のメニューがそろった「キラキラ★レストラン」やたくさんの本にかこまれた「どくしょルーム」、親子で安全に楽しく過ごせる遊戯室「なかよしホール」など、朝から夜まで楽しめる施設です。

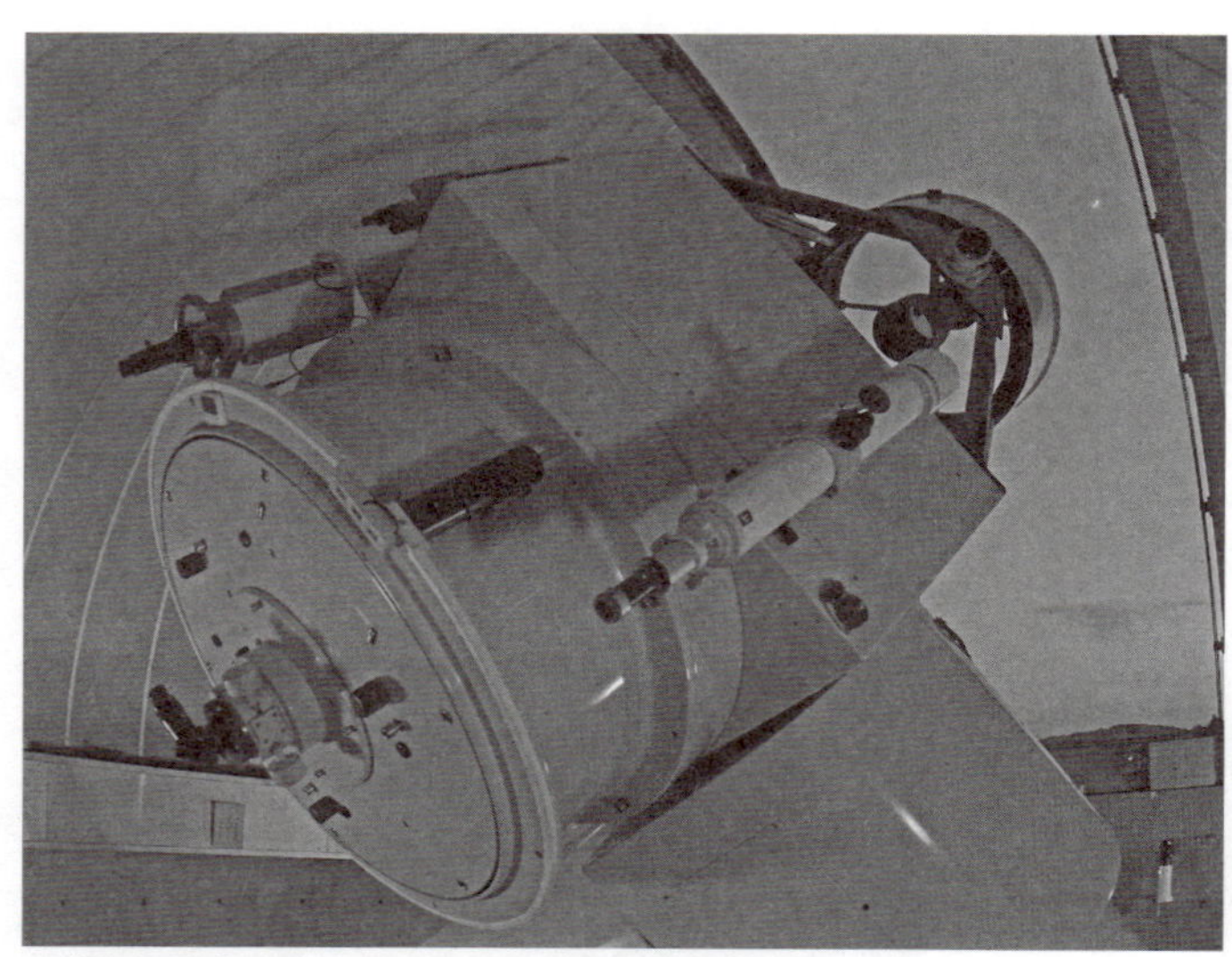
天体観測室「あさひララ」の90cm反射望遠鏡

90cm反射望遠鏡で撮影した月

夜の観望会：休館日を除き、毎日２回（19:00〜、20:00〜）、要予約
昼の観望会：土・日・祝 13:00〜、予約不要

紀美野町立 みさと天文台〔天〕

大阪から車で約2時間で行ける、天の川の観光名所です。

DATA

- 紀美野町立 みさと天文台
- 和歌山県海草郡紀美野町松ケ峯180 TEL 073-498-0305
- 水曜：13:00～17:00、木金土日祝日：13:00～観望会終了
- 休：月・火曜日（祝休日の場合は順延）、年末年始、整備期間
- ¥：入館無料、星空ツアーは有料（一般：200円、小中高校生：100円）
- 【阪和自動車道】海南東ICから国道370線経由、約25 km
- HP：http://www.obs.jp/

隠地山
風の古民家 うえみなみ
美里の湯 かじか荘
慶風高
370
だるま湯

望遠鏡
光学系／反射
口径／105cm
設置年／1995年

「星が多すぎて空が無い…」

これは、無数の星で埋め尽くされた星空に圧倒され、お客様が思わず口にした一言です。そんな宇宙の様々な驚きを本物の星空で体感できる特別な観光スポットとして、和歌山県北部の紀美野町が直営している公開天文台です。

「苗村鏡」として知られる超高精度鏡を搭載した大望遠鏡が予約せずに覗けることに加え、

・大阪から車で約2時間
・肉眼での天の川観察に必要な広大な視界と暗い夜空

…こんな難しい条件を満たす抜群の立地に恵まれていることが人気の理由です。晴れた土曜日の夜はいつも台内が混雑します。

木曜～日曜の星空ツアー（夜の観望会19時30分～）と土曜・日曜昼のプラネタリウム（14時30分～）、宇宙旅行ができる3Dシアター（15時30分～）を毎週開催しています。

紀美野町全体がグルメスポットとしても有名で、流星群などの大イベントでは、地元飲食店のレベルの高さが自慢です。

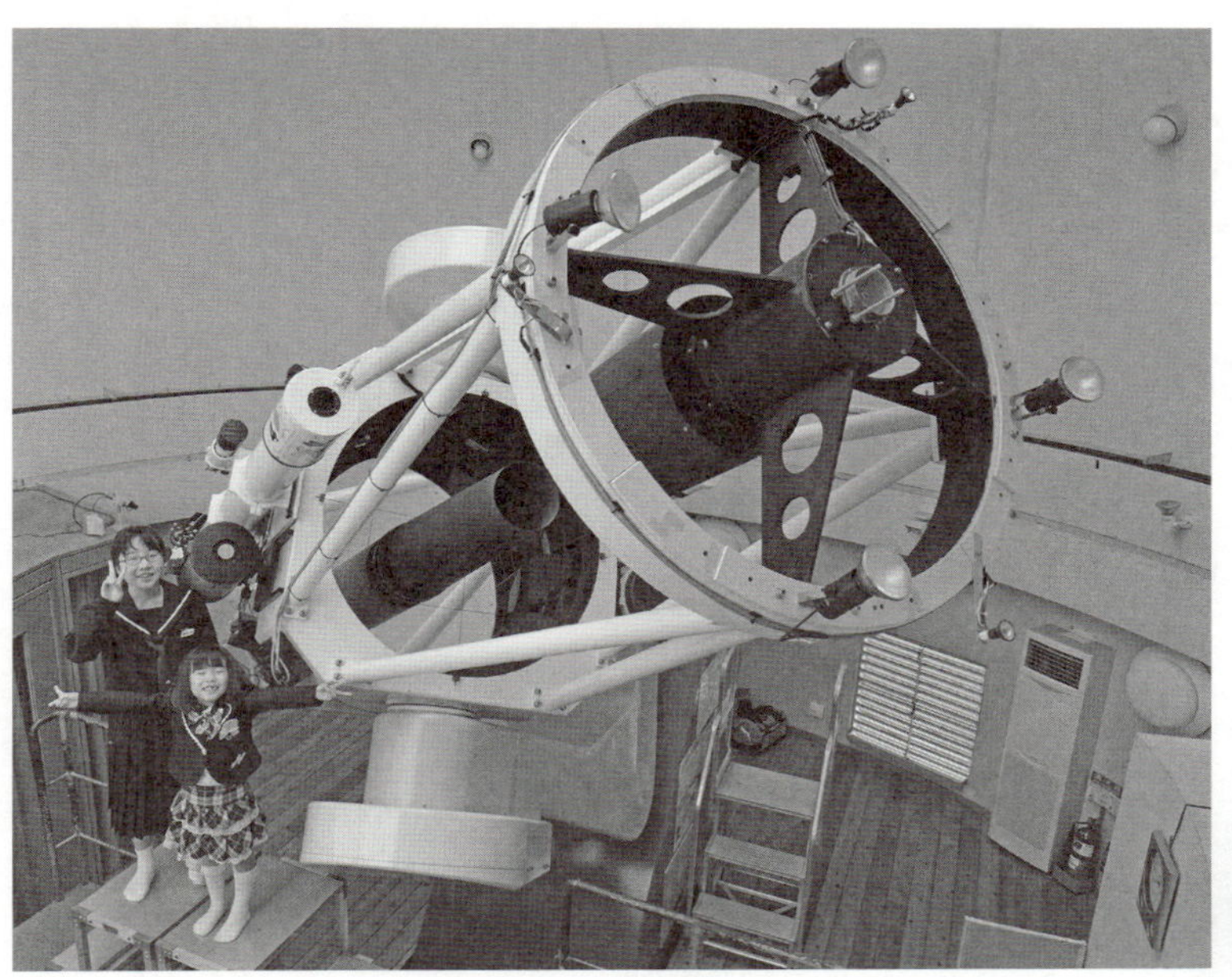

和歌山最大の口径105cm大型望遠鏡と公式専属モデル りなちゃん&さきちゃん

「天の川が見えるカフェ」など季節の夜空とセットで楽しめるカフェが人気。日食や流星群など、天文現象を自然豊かな環境で体験できる特別イベントも実施しています。

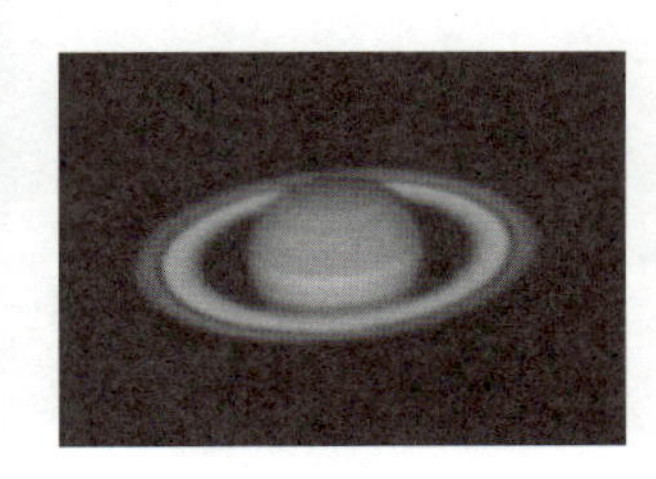

彦根市子どもセンター〔社〕

彦根市子どもセンターは幼児から高校生までが楽しみながらさまざまな学習ができる施設です。

施設の4階には天文台ドームがあり、西村製作所製20cm屈折望遠鏡が設置されています。

天体観望活動としては、小・中学生を対象とした天文クラブの活動を毎月おこなっているほか、毎月1回の星空教室（定員30名・要予約）、小学校低学年児童を対象としたジュニア天文体験、また天体観測室の公開もおこなっています。

児童を主な対象とした天文普及活動をおこなっています。

DATA

- 施設名：彦根市子どもセンター
- 所在地：滋賀県彦根市日夏町4769
  TEL 0749-28-3645
- 開館時間：8:30～17:00
- 休館日：12/29～1/3
- 料金：無料
- 交通：【湖岸道路】宇曽川須三嶺大橋交差点から上流に向かって車で2分、宇曽川左岸の荒神山公園地先
- HP：www.city.hikone.shiga.jp/

望遠鏡
光学系／屈折
口径／20cm
設置年／1988年

○星空教室（年間10回）○天文クラブ（年間10回）○ジュニア天文体験（年間3回）
○天体観測室の公開（夏休み中10回・春と秋のイベント2回）

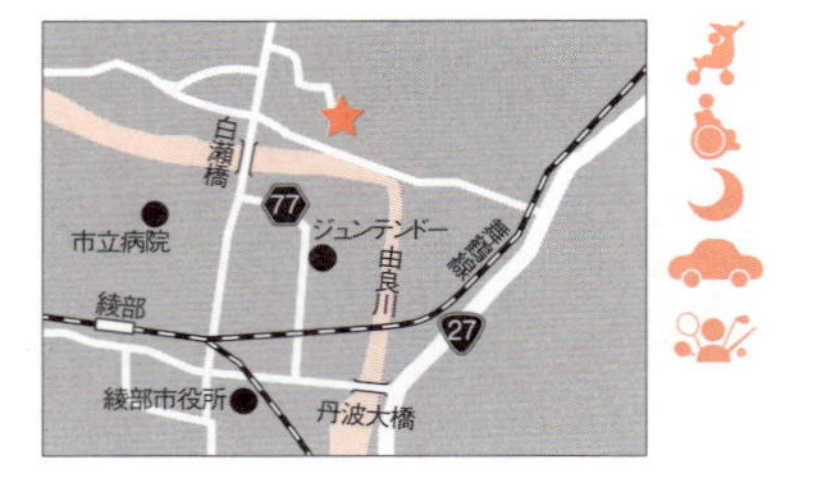

綾部市天文館パオ〔天〕

星以外でも、また雨の日の昼間でも楽しい天文館です。

天体観察のほかにも、シアターや展示室でお楽しみいただけます。シアターの上映はお客様のご希望により上映しております。展示室には、星占いなど遊び心で体験していただける機器があります。

また、自由工作コーナーでは素材を自由に使って天文や科学にこだわらず、様々な物作りを楽しむことができます。化石採集体験や凝った工作教室など、年間を通して様々な催しをおこなっています。また屋外には、長い滑り台もあり、子どもから大人まで楽しむことができます。

望遠鏡
光学系／反射
口径／95cm
設置年／1995年

DATA

- 施設名：綾部市天文館パオ
- 所在地：京都府綾部市里町久田21-8
  TEL 0773-42-8080
- 開館時間：9:00～16:30（火曜～木曜）、9:00～21:30（金曜～日曜）
- 休館日：月曜日、祝日の翌日の平日、年末年始
- 料金：高校生以上：200円・小中学生：100円
- 交通：【JR山陰線】綾部駅より車で7分／【舞鶴自動車道】綾部ICより車で1.5 km
- HP：http://www.city.ayabe.lg.jp/shakaikyoiku/tenmonkan/index.html

金・土・日曜は21:30まで開館し、95cm望遠鏡で観察会を実施。また、特別な天文現象の夜には、特別観望会も開催。

久御山町ふれあい交流館ゆうホール〔社〕

直径5mのドーム内に口径40cmの反射鏡のほか、屋上観測スペースに2台の屈折鏡用、1台の双眼鏡用のピラーを設置しています。陶芸や木工作などができる創作室、240名収容のホール、会議室、学習室などを備え、子どもからお年寄りまで幅広い年齢の方が集い学ぶことができる生涯学習施設です。町立図書館、教室相談室を併設しています。

週末の星空観察会では屋上観測スペースが家族連れで賑わいます。深夜、早朝の観望会。日中の太陽観察会なども開催しています。

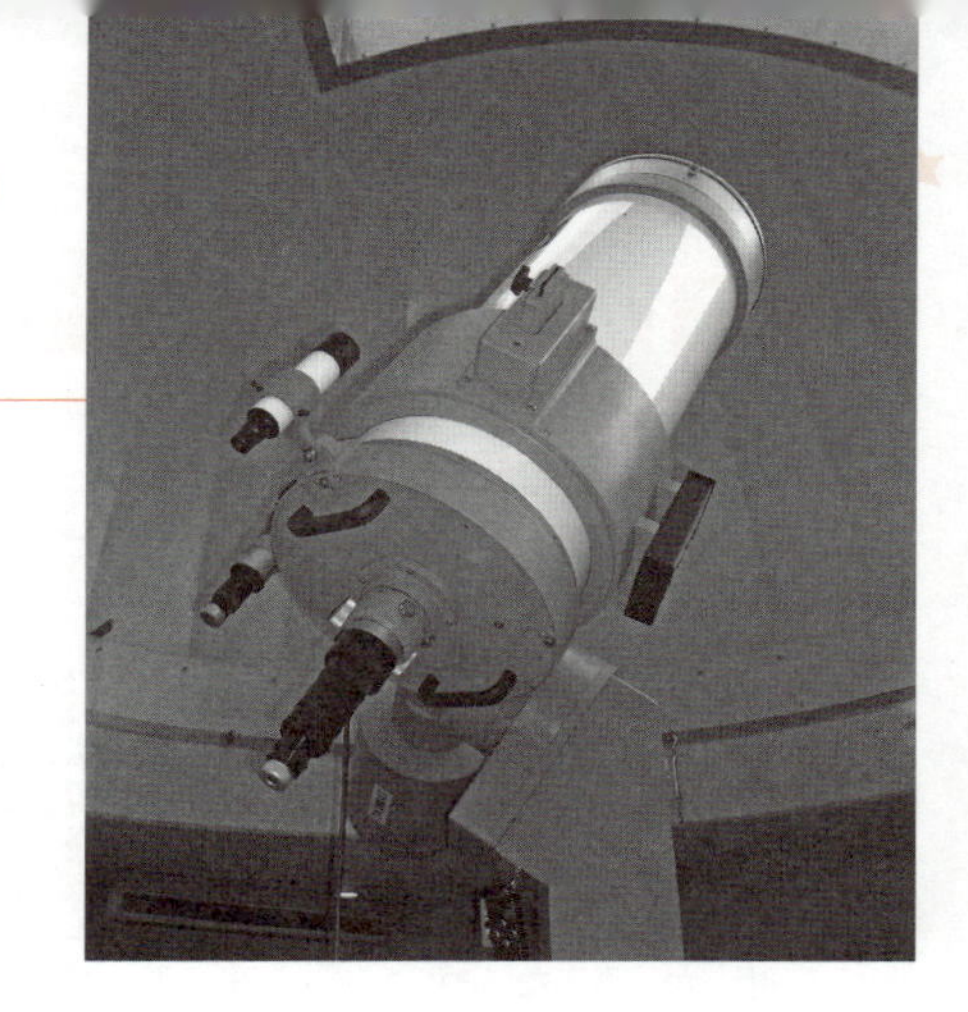

子どもから大人まで楽しめる施設です。

DATA

- :久御山町ふれあい交流館ゆうホール
- :京都府久世郡久御山町佐古外屋敷235 TEL 0774-45-0002
- :9:00～22:00
- 休:月曜日（祝日の場合は翌日）、12/28～1/4
- ¥:無料
- :【京阪電車】中書島駅、【近鉄電車】大久保駅よりバスで、「佐古」下車、徒歩1分
- HP:http://kumiyama-bunka-sports.jp/

毎月2回、概ね土曜の夜に観望会を開催。

望遠鏡
光学系／反射式
口径／40cm
設置年／1999年

光福寺
久御山町立総合体育館
ドンキホーテ
第二京阪道路
近鉄京都線
伊勢田
東角小
佐山小
陸上自衛隊大久保駐屯地
大久保
81
24
15

京都市青少年科学センター〔科〕

京都市青少年科学センターは、体験型の展示品をとおして、理科・科学を学べる施設です。センターオリジナル番組を「生」で解説するプラネタリウムのほか、太陽表面の観測が楽しめる特別イベント「天文台の公開」もあります。また、大型望遠鏡や双眼鏡などを使って夜間に天体を観望するイベント「市民天体観望会」では、月や惑星、星雲・星団といった様々な天体を観望することができます。季節ごとに替わる魅力的なテーマを通じて天文をより身近なものとして感じていただけることでしょう。

京都聖母女学院短期大学図書館
藤森
竹田
国立病院機構京都医療センター
京阪電車
京都教育大附高
京都教育大学
奈良線
近鉄京都線
墨染
JR藤森

天文台の25cm屈折赤道儀は半世紀の間活躍しています。

望遠鏡
光学系／屈折
口径／25cm
設置年／1969年

DATA

- :京都市青少年科学センター
- :京都府京都市伏見区深草池ノ内町13 TEL 075-642-1601
- :9:00～17:00（入館は閉館の30分前まで）
- 休:木曜日（祝日の場合は翌平日）
- ¥:大人:510円・中高生:200円・小学生:100円・幼児:無料　※プラネタリウムは別料金
- :【京阪電車】「藤森駅」より徒歩5分／【近鉄京都線・地下鉄烏丸線】竹田駅より徒歩15分
- HP:http://www.edu.city.kyoto.jp/science/

〈市民天体観望会〉年7回実施。プラネタリウム解説の後、天体観望。詳細はHPをご覧ください。平成30年台風21号の影響で天文台が破損したため、復旧までの間、公開を中止します（再開の時期は未定です）。

向日市天文館（むこう）〔他（天文館）〕

向日市天文館（むこうしてんもんかん）の天体観測室は口径40cm反射望遠鏡を備え、屋上の星見台には小型望遠鏡や双眼鏡を随時設置し、毎月1回夜間の天体観望会を開催しています。このほかにも館外や昼間の観望会などの特別天体観望会や天文をテーマとした講座や工作教室などいろいろな行事を開催しています。

　また、プラネタリウムも併設されており、ドームいっぱいに広がる星空と様々な全天周映像番組をお楽しみいただけます。最寄り駅から徒歩で来られる当館へぜひお越しください。

天体観望会とプラネタリウム どちらも楽しめる施設です。

DATA

- 向日市天文館
- 京都府向日市向日町南山82-1　TEL 075-935-3800
- 9:30〜17:30（入館は17:00まで）
- 休：月・火曜日、国民の祝日・休日、12/27〜1/4
- ¥：無料　※プラネタリウムは有料
- 【阪急京都線】西向日駅より徒歩15分／【JR京都線】向日町駅より徒歩30分
- HP：http://www.city.muko.kyoto.jp/kurashi/tenmonkan/

観望会：毎月第２土曜日 19:00 〜 21:00、申込み必要　※詳しくは HP でご確認ください。

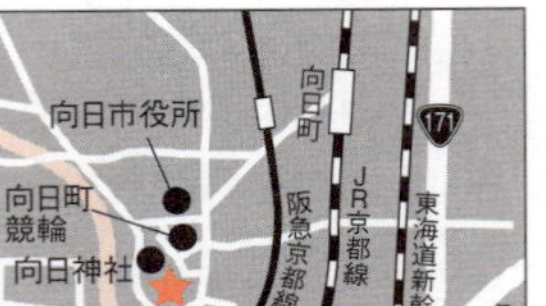

望遠鏡
光学系／反射
口径／40cm
設置年／1993年

大阪府民の森 ちはや園地 ちはや星と自然のミュージアム〔科〕

標高 1000m の金剛山で星空観察ができます。

昼間は、太陽観測用望遠鏡で太陽黒点・プロミネンスの観察、夜間の「星空観察会」（月2〜3回）では40cmの反射望遠鏡や12.5cmの双眼鏡で月・惑星や星雲・星団の観察ができます。「星空観察会」の際は、併設の金剛山キャンプ場または村営の宿「香楠荘」での宿泊となります。館内の展示では、金剛山の野鳥や山野草などの紹介をしています。金剛山山頂（国見城址）へは徒歩で約30分です。園地内では、四季を通じて野鳥や植物観察ができます。冬季は霧氷が見られます。

望遠鏡
光学系／反射/屈折
口径／40cm
設置年／2001年

DATA

- 大阪府民の森ちはや園地 ちはや星と自然のミュージアム
- 大阪府南河内郡千早赤阪村大字千早1313-2　TEL 0721-74-0056
- 10:00〜16:30（4〜11月）※4〜9月土・日・祝は17:00まで、10:00〜16:00（12〜3月）
- 休：火曜日（休日の場合は翌日）、年末年始、夏期キャンプ期間は無休
- ¥：無料　※イベント「星空観察会」参加は料金700円
- 【南海高野線】河内長野駅よりバスで「金剛山ロープウェイ前」下車、ロープウェイ金剛山駅より徒歩10分
- HP：http://osaka-midori.jp/mori/chihaya/index.html

3 月下旬から 11 月下旬に月 2 〜 3 回夜間にイベント「星空観察会」を実施。昼間は太陽観察。

枚方市野外活動センター〔野〕

**みたい星、いっぱい！
大型望遠鏡で見よう。**

大阪府下最大級の60cm反射望遠鏡（カセグレン式）をメインに夜間の天体観望会をおこなっています。学校キャンプでの観望も対応しています。また、昼間の太陽（黒点・プロミネンスなど）・金星・恒星の観望会もおこなっています。3～11月は、「大型天体望遠鏡」で見ようを月に1～2回（8月は宿泊）を実施しています。12～2月は、「天文教室」をおこなっています。要予約です。宿泊者対象に、天体観望のプログラムの提供もしています。

望遠鏡
光学系／反射
口径／60cm
設置年／1992年

DATA
- 枚方市野外活動センター
- 大阪府枚方市穂谷4550
  TEL 072-858-0300
- 9:00～17:00（TEL受付）
- 休：火曜日（GWおよび夏休み期間を除く）、6月第1水曜日、12～2月の平日、12/30～1/4
- ¥：詳細はHPで
- 【京阪】枚方市駅よりバスで約40分／【JR】津田駅よりバスで約20分
- HP：http://hirakata-taikyo.org/hao/

3～11月：「大型天体望遠鏡で見よう」、12～2月：天文教室、10月：キャンプフェスティバル（太陽観望会・モバイルプラネタリウムなど）

姫路科学館〔科〕

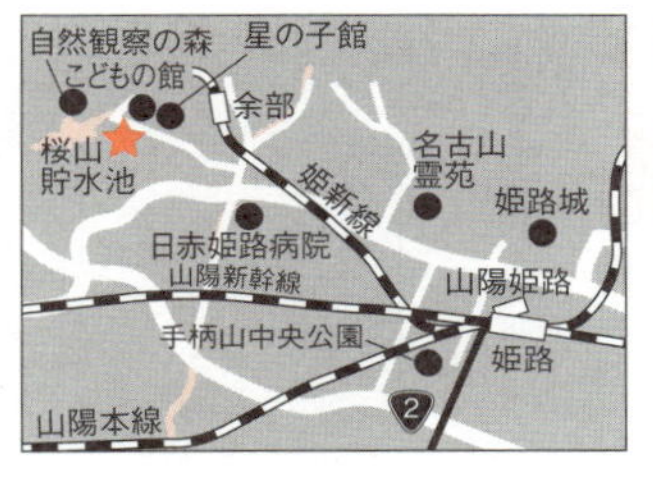

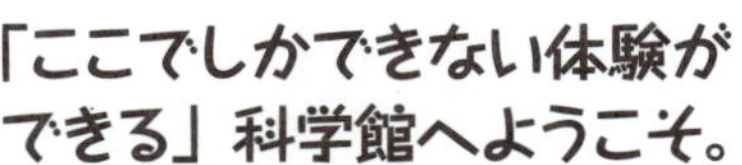

「ここでしかできない体験ができる」科学館へようこそ。

姫路科学館の常設展示は、オリジナル展示装置で「実験体験」し、実物資料で「本物体験」ができます。館内の太陽望遠鏡では、晴天時には直径1.4m（本物の太陽の10億分の1）の太陽像やスペクトルを見て、黒点のスケッチができます。また、内部の光学系も展示物になっていて、室内に導かれた太陽光の一部を使ってレンズや鏡の実験ができるコーナーもあります。

そして、世界有数の直径27mのドームを持つプラネタリウムでは、専門員の個性あふれる解説と満天の星を楽しめます。

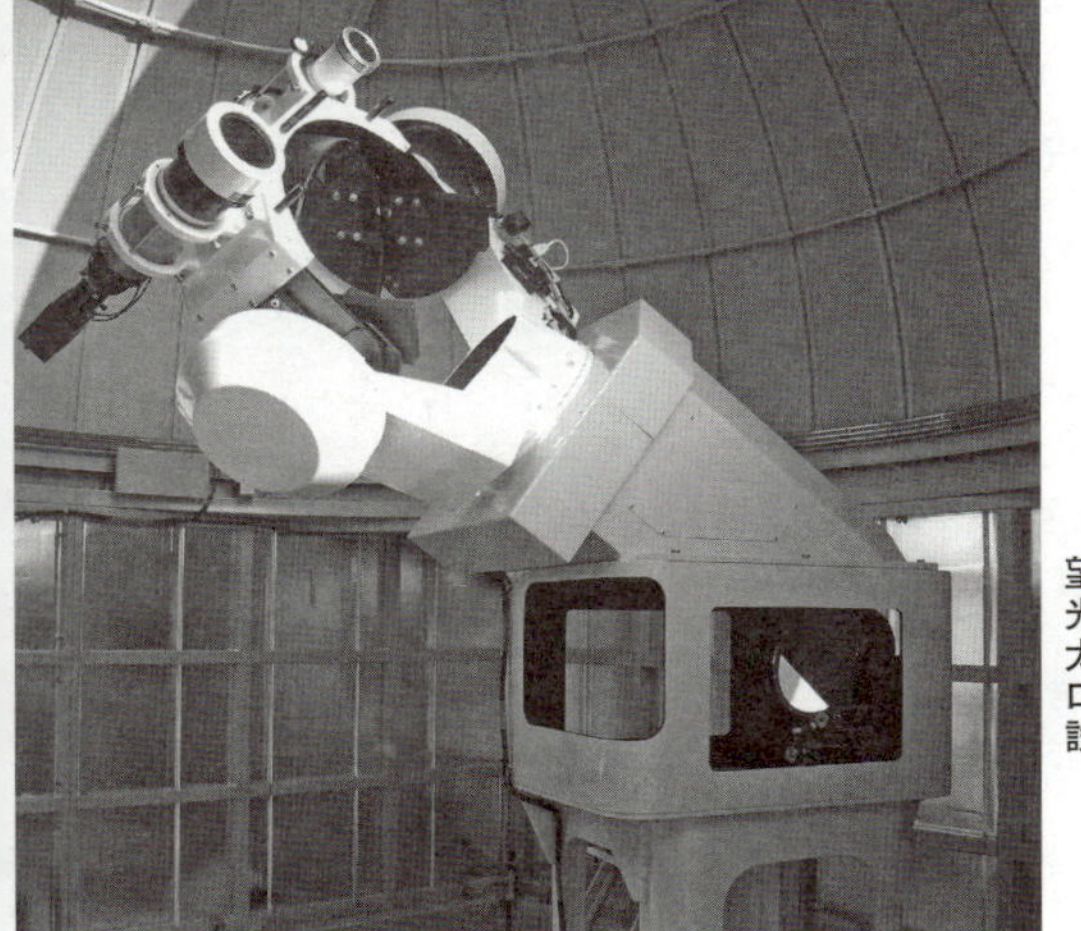

望遠鏡
光学系／太陽望遠鏡
口径／20cm
設置年／1993年

DATA
- 姫路科学館
- 兵庫県姫路市青山1470-15　TEL 079-267-3001
- 9:30～17:00（最終入館は16:30まで）
- 休：火曜日、祝日の翌日（土・日・祝日の場合は開館）、年末年始、設備点検日など
- ¥：一般：500円・小中高生：200円
  ※プラネタリウムは別料金
- 【JR】姫路駅北口よりバスで20分、「星の子館前」下車すぐ
- HP：https://www.city.himeji.lg.jp/atom/

夜間は、口径30cmの反射望遠鏡を積んだ移動天文車で、市内の小学校で出張観望会を開催しています。

電波望遠鏡の仕組み

国立天文台 野辺山宇宙電波観測所 助教
梅本智文

宇宙を観測する

実は宇宙から電磁波というのがやって来ています。そしてそれらは波長によって呼び方が違います。電磁波は波長が短い順に、ガンマ線、エックス線、紫外線、可視光線、赤外線、電波と呼ばれます。可視光線、つまり光も電磁波という波のひとつです。

天体から主に出てくる電磁波の波長は天体の温度によって決まっています。光の波長は短くて、エネルギーが高いので1万度くらいの高温の天体、つまり星をみることになります。一方、電波の波長は長くてエネルギーが低いので、たいていは低温の天体を見ることになります。つまり、異なる波長の電磁波で見ると、異なる宇宙の姿が見えてくるのです。

観測する波長によって使う望遠鏡も違ってきます。可視光では光学望遠鏡、電波では電波望遠鏡で観測します。

電波望遠鏡の構成

電波望遠鏡は大きく分けて、アンテナ、受信機、検波器または分光器、それらを制御しデータを取り込む計算機によって構成されます。

パラボラアンテナは電波を集めるだけでなく、天体を分解したり、天体を追尾する機能を持ちます。天体からの電波は、矢印のように主鏡で反射され副鏡で反射されたのちアンテナ内部の受信機に導かれます。そこでは電波は増幅や周波数変換がなされます。検波器や分光器では電波を電気信号に変えます。検波器は電波の強さに比例した電力を出力し、分光器は電波を周波数ごとに電波の強さを出力します。これらの電気信号をコンピュータに取り込んで最終的に電波画像が作られます。

ところで「どこからのぞくのです

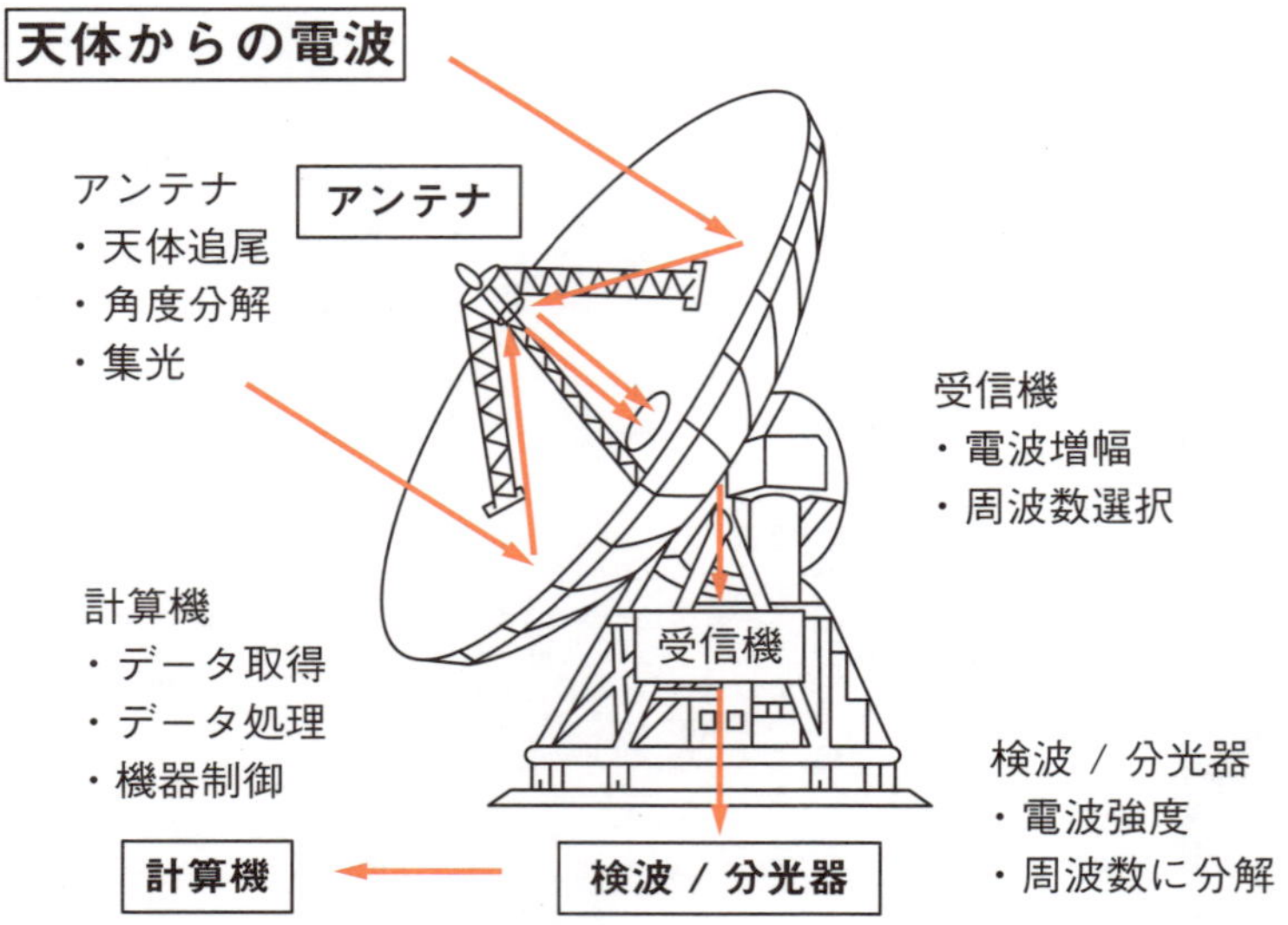

図1　電波望遠鏡の構成。アンテナ、受信機、検波器または分光器、計算機によって構成される。

か？」とよく質問されますが、電波望遠鏡には目でのぞくところはありません。テレビと同じで、電波を目で見ることはできませんが、アンテナで受信して、チューナーで電気信号に変え、テレビで画像を見るという構造です。

図2　単一鏡の例。野辺山45m電波望遠鏡。ミリ波を観測する世界最大級の電波望遠鏡。総重量700トン。

なお、太陽の光にじゃまされないので、電波では昼でも、曇っていても観測できます。

電波望遠鏡の性能

望遠鏡の性能を表すものに空間分解能があります。空間分解能とは、天体の構造を細かく見る能力のことです。空間分解能は観測する波長を望遠鏡の大きさ（口径）でわったものになります。これは人間でいう「視力」に相当します。視力1とは1分角を見分ける能力のことです（90度の90分の1が1度角、1度角の60分の1が1分角、1分角の60分の1が1秒角）。ただし視力＝1／空間分解能、となります。

電波は波長が長いため、空間分解能は光より何桁も悪いです。それではそれを改善するにはどうしたらいいでしょうか？　そうです、望遠鏡の口径を大きくすればよいわけです。そしてもう一つが観測する波長を短くすることです（例：サブミリ波を観測するアルマ望遠鏡）。

色々な電波望遠鏡

電波望遠鏡には野辺山45m鏡に代表される単一鏡と、アルマ望遠鏡に代表される干渉計の2種類があります。

単一鏡は一つのパラボラアンテナで一つの電波望遠鏡を構成しています。この世界最大の電波望遠鏡はプエルトリコのアレシボ３０５ｍ鏡でしたが、最近中国にＦＡＳＴ５００ｍ鏡が建設されました。ただしこれらは地面に固定された球面鏡です。世界最大の可動型の単一鏡は、ドイツのエフェルスブルクの１００ｍ鏡と、米国グリーンバンクのＧＢＴ１００ｍ鏡です。

ではもっと大きなものを作ることができるでしょうか？　実はこれ以上大きくしてしまうと自分の重みで歪んでしまい、パラボラの形を保つことができないので不可能です。では天文学者はあきらめてしまったのでしょうか？　いいえ、実は小さいアンテナを2つ用意して、ケーブルでつないで、同時に観測して信号を混ぜてあげたら、なんとアンテナとアンテナを離した距離と同じ大きさの望遠鏡と同じ「分解能（視力）」が得られることがわかったのです。こういうものを干渉計と呼びます。

アンテナとアンテナの距離を基線長と言います。日本には最大基線長が

図3　干渉計の例。アルマ望遠鏡。ミリ波・サブミリ波を観測する世界最大の電波干渉計。日本を含む22の国と地域が協力して運用。（©NAOJ）

６００ｍの野辺山ミリ波干渉計（ＮＭＡ）がありましたが、現在は稼働していません。超大型の干渉計は、南米チリのアタカマ砂漠の標高５０００ｍに建設され、２０１１年に科学運用を開始したアルマ望遠鏡です。口径12ｍと７ｍのアンテナ66台で最大基線長が16㎞、なんと視力６０００が達成されます。

基線長が数百㎞を超えるとケーブルでつなぐことができません。そこで考え出されたのが超長基線干渉計（ＶＬＢＩ）です。ＶＬＢＩでは遠く離れたアンテナごとに受信した信号と時刻を磁気ディスクなどに記録し、あとで再生して超巨大望遠鏡にします。日本には４つのアンテナを配置してＶＬＢＩ観測する最大基線長２３００㎞のＶＥＲＡという装置があり、視力が10万です。

どんどんアンテナを離していってどこまで離せるかというと、地球の直径までです。それではもうこれ以上大きな望遠鏡は作れないのでしょうか？　そうです、宇宙に電波望遠鏡を持っていけばいいのです。そこで日本の電波天文衛星「はるか」を打ち上げて、地上の望遠鏡とで地球の直径の３倍、３万㎞の巨大な望遠鏡を実現したのがＶＳＯＰです。ＶＳＯＰの視力はなんと70万です。なお現在、世界最大の電波干渉計は、ロシアの電波天文衛星「スペクトルＲ」によるラジオアストロンの35万㎞、視力８００万です。

単一鏡による電波写真の作り方

干渉計については、説明がちょっと難しいので割愛します。ここでは45ｍ鏡のような単一鏡による電波写真の作り方について説明します。

電波望遠鏡ではＣＣＤカメラのようにパシャッと電波写真が撮れる訳ではありません。何百万素子のＣＣＤカメラとは違って電波望遠鏡の受信機には基本的には１素子しかありません。そこで天空の１点１点を、ここは弱い、ここは強い、と順番に観測していって、やっと電波写真が出来上がるのです。このため１枚の電波写真を撮るのに大変な時間がかかっていました。

ところが現在では、天空の４点を同時に観測でき16素子に相当するアレイ受信機、高感度電波カメラＦＯＲＥＳＴが新たに45ｍ鏡に搭載され、効率よく観測できるようになりました。たった16と思われたかもしれませんが、今まで80年、人の一生をかけないとできなかったことが、たった５年でできてしまうというすごい電波カメラなのです。

電波望遠鏡による最新成果

アルマ望遠鏡は、視力と感度がとてもよく非常に細かいものを見ることができるため、惑星形成の現場である原始惑星系円盤や、生まれたばかりの遠い銀河の観測など大きな成果を上げています。しかし視野が狭くどこを観測するのかを探すのは難しいのです。一方、新たに高感度電波カメラＦＯＲＥＳＴを搭載した45ｍ電波望遠鏡は、天空の広い範囲を短い時間で観測することができます。

ところで天の川をよく見ると星が無いように見える黒い場所があります。これは実は背景の星の光を吸収するガスとチリの雲が手前にあるため黒く見

（うめもと　ともふみ）
1961 年、福岡県生まれ。東北大学大学院博士課程修了。理学博士。専門は電波天文学、星形成。星がどのように生まれその質量がどうして決まるかを明らかにするため、野辺山 45 m 電波望遠鏡を用いて、私たちの天の川銀河の分子雲をくまなく観測するレガシープロジェクト「銀河面サーベイ」（FUGIN）に携わっている。2009 ～ 12 年に NHK 教育テレビ高校講座・地学の講師も務めた。

えているのです。これを「暗黒星雲」と呼びます。電波の観測から、温度はなんと摂氏マイナス２６３度、このような雲（主に水素分子ガスなので「分子雲」と呼びます）が、星が生まれる場所であるとわかったのです。私たちの太陽系もこのような雲から生まれてきたと考えられています。

　そこで現在、その電波カメラを用いて、天の川銀河に存在する星の材料となる分子ガスの電波地図を作成する、ＦＵＧＩＮプロジェクト進めています。これまでにない解像度で、ガスの密度が異なる場所を区別できる、３種類の分子が放つ電波を同時に撮像観測するものです。これまでに取得した満月５２０個分に相当する１３０平方度にわたる観測データから、これまで知られていなかった、広範囲にわたる分子ガスの極めて詳細な構造が見えてきて、天の川銀河の中で星の材料がどのような形でどのように分布しているのか、鮮明に描きだすことに成功しました（グラビア）。このように、世界一質の高い天の川の電波地図や、世界一たくさんの銀河の電波写真を作ることができるようになり、アルマに繋がる研究を推し進めていく上で重要な役割を果たすでしょう。

図4　新マルチビーム受信機（電波カメラ）FOREST（フォレスト）。天空の4点を同時に観測できる。（©NAOJ）

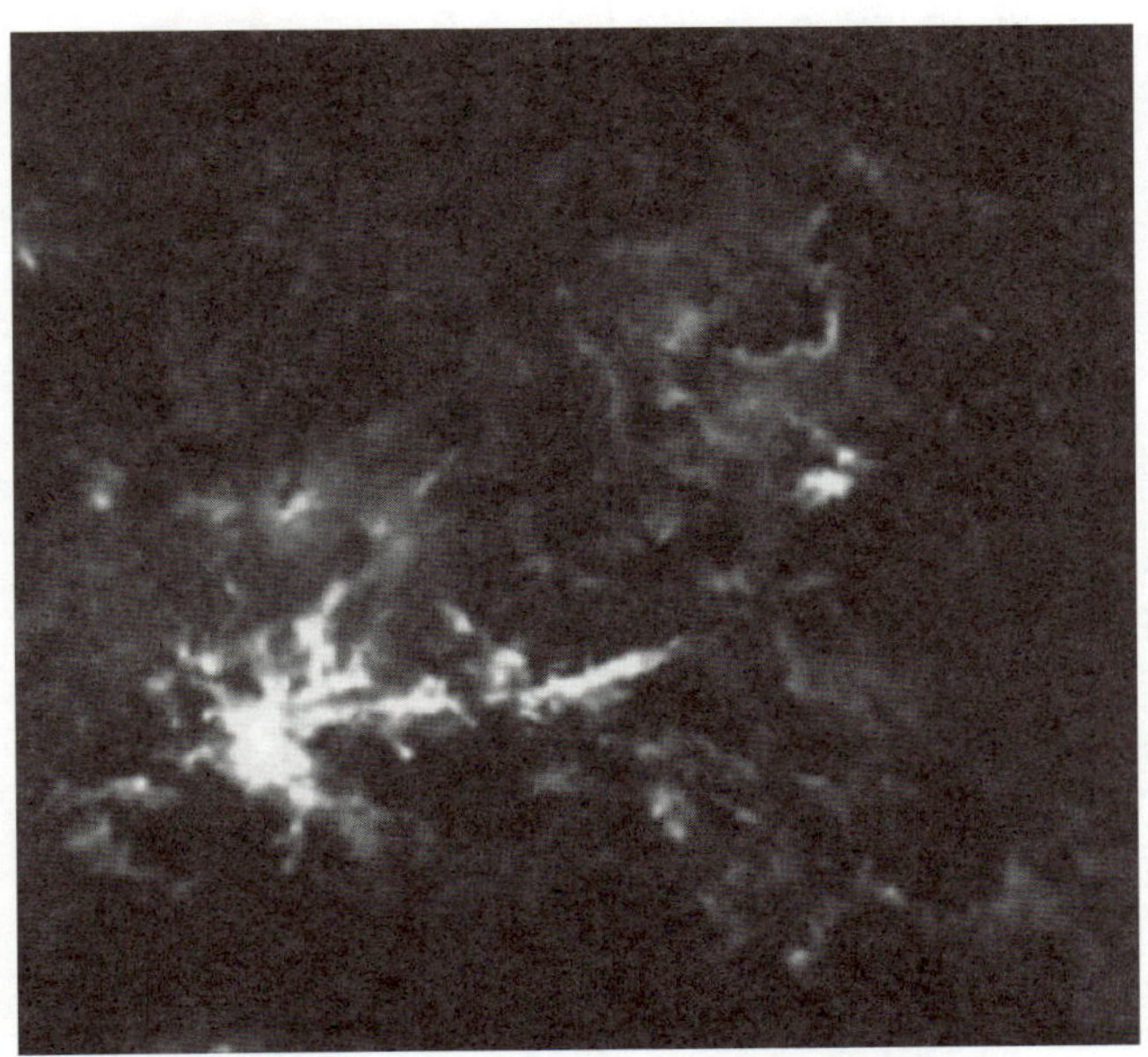

図5　FUGINプロジェクトで得られたW51付近の電波強度マップ（グラビア参照）

宇宙への夢を育む 個人天文台――前川義憲氏

（まえかわ・よしのり）
1947年香川県出身、司法書士、小学5年生の時、望遠鏡で土星を見て宇宙に興味をもつ。1996年日本宇宙少年団茅ヶ崎分団分団長、2001年から茅ヶ崎ゆかりの野口聡一宇宙飛行士の応援事業に携わり、2008年ちがさき宇宙フォーラム会長に。2009年12月、カザフスタン・バイコヌール基地にて、野口宇宙飛行士二度目の宇宙飛行、ソユーズ宇宙船の発射を見守る。

木立に囲まれそびえ立つドーム

本書では、自治体や科学館などに設置された天文台などを紹介してきましたが、ここでは、ご自宅にドームをつくり、子どもたちに開放されている個人天文台を紹介します。作られたのは前川義憲氏。3階建ての建物の一番上がドームで、その下の2階が作業スペースになっています。ドームは直径2・6ｍ、そこに口径40㎝の天体望遠鏡、ミードLX200‐40が収まっています。下の写真はそこで撮影されたオリオン大星雲です。（機材　タカハシFSQ‐85EDP）

小学生の時、天体望遠鏡で見た土星に感動

前川氏が天文に興味を持ち始めたのは小学生の時、口径7㎝の屈折望遠鏡で見た土星の姿に感動したことだそうです。それから、仕事も落ち着いたころ、本格的に天体観測を始めたとのことで、今、ドームにあるミードLX200‐40は国内に導入された第1号機とのことでした。

子どもたちの笑顔がストレス解消

前川氏は、現在、司法書士のお仕事の傍ら、（公財）日本宇宙少年団の分団長を務め、子どもたちに宇宙への案内人として活動されています。この天文台でも子どもたちに星の世界の面白さをおしえています。やはり、実物の惑星、星を見ることは子どもたちに感動を与えるようで、そんな子どもたちを見ると「子どもたちの無邪気な好奇心が新鮮で、彼らの笑顔が私のストレス解消にもなっているんです（笑）」とのことでした。

宇宙飛行士ゆかりの地 茅ヶ崎から宇宙へ

また、前川氏は、宇宙に対する理解と関心を深めながら、宇宙への夢を青少年・市民とともに育むことなどを目的に活動している「ちがさき宇宙フォーラム」を主宰し、観望会や毎年8月9日は茅ヶ崎宇宙記念日（宇宙飛行士野口聡一氏が地球に戻ってきた日を記念したイベント）、そしてちがさき宇宙教室などに多くの子どもたちを招き、宇宙への関心を高める活動をされています。

今後の発展が楽しみです。

（文責　編集部）

中国・四国

鳥取市さじアストロパーク〔天〕

さじアストロパークは宇宙と人をつなぐ「宙の駅」です。

DATA

- :鳥取市さじアストロパーク
- ★:鳥取県鳥取市佐治町高山1071-1
  TEL 0858-89-1011
- :9:00〜22:00(4〜9月)、9:00〜21:00(10〜3月)
  ※最終入館は閉館30分前
- 休:月曜日、祝日の翌日、第3火曜日、12/29〜1/3
- ¥:高校生以上:300円・小中学生:無料
  ※プラネタリウム・天体観察会は別料金
- :【JR因美線】用瀬駅より車で20分／【鳥取自動車道】用瀬ICより車で25分
- HP:http://www.city.tottori.lg.jp/www/contents/1425466200201/index.html

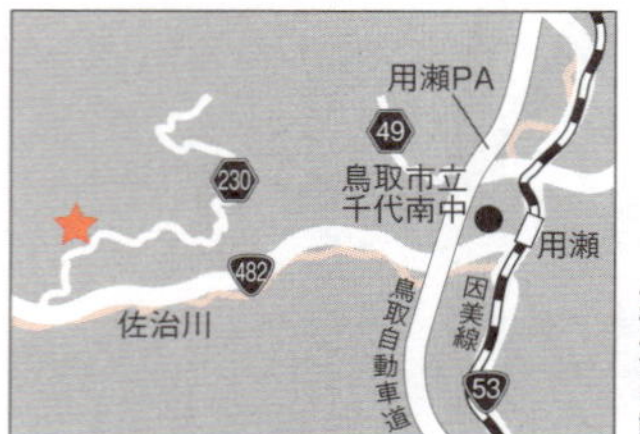

望遠鏡
光学系／反射
口径／103cm
設置年／1994年

さじアストロパークのメイン施設は佐治天文台です。1階と2階のロビーは、星や宇宙に関する展示フロアーです。昼間はプラネタリウム・太陽の観察・大型望遠鏡を使った昼の星観察などをおこなっています。夜間は口径103cm大型望遠鏡(キラット望遠鏡)を使った天体観察会を休館日以外毎夜おこなっています。星や宇宙に関する面白いものがいっぱいあるアストロショップも人気です。

宿泊施設はペンション・コスモスの館、本格的な天体望遠鏡を備えた星のコテージ(サブ天文台)があり、ご家族やサークルなどのグループでのご利用が多いです。

星の広場(園地)では、星座や流れ星の観察、天体写真撮影などで楽しむことができます。

鳥取県は「星取県」を名乗っています。これは夜空が暗い・空気がきれい・光の害が少ないといった自然環境が整っていて県内のどこからでも美しい星空を見ることができるからです。さじアストロパークは「星取県」と連携して鳥取の美しい星空を全国に発信しています。

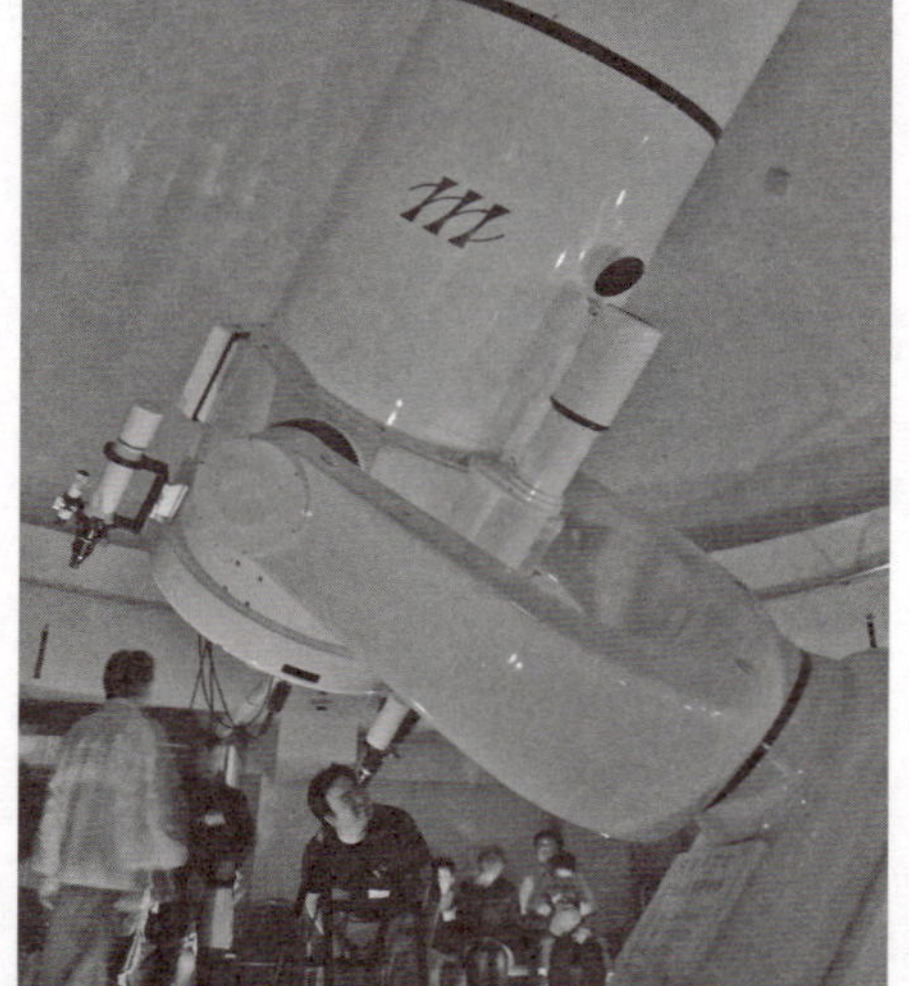

口径103 cm
反射望遠鏡での
天体観察会

大型望遠鏡を使った天体観察会は休館日以外毎夜おこなっています。プラネタリウム・昼の星観察、展示なども体験できます。

当館から見える夏の天の川

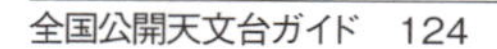

島根県立三瓶自然館サヒメル〔科〕

日本一のスライディングルーフが開くとそこに天の川!

DATA

- 島根県立三瓶自然館サヒメル
- 島根県大田市三瓶町多根1121-8 TEL 0854-86-0500
- 9:30～17:00(天体観察会は夜間)
- 休:火曜(祝日の場合は翌平日、夏休み無休)、年末年始ほか
- ¥:大人:400～1200円(時期によって異なる)・小中高生:200円 ※天体観察会は別料金
- 【JR山陰本線】大田市駅より車で30分/【松江自動車道】吉田掛合ICより車で40分
- HP:http://www.nature-sanbe.jp/sahimel/

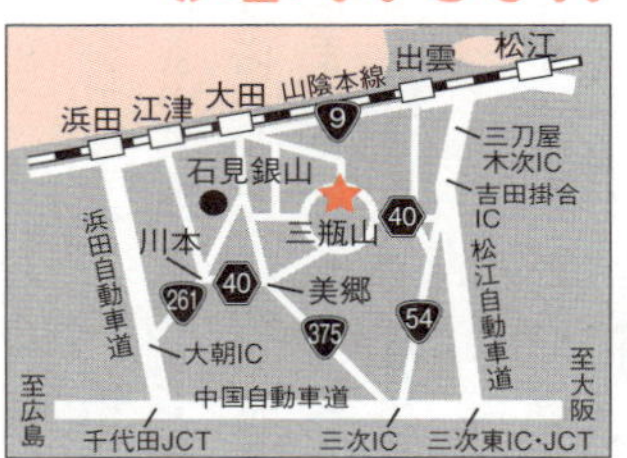

望遠鏡
光学系/反射
口径/60cm
設置年/2002年

大山隠岐国立公園にそびえる標高1126mの三瓶山。その豊かな自然の中にある博物館に、天文台が併設されています。

直径7mのドームに60cm反射望遠鏡が収められているほか、12m四方の観測室には20cmクーデ式屈折望遠鏡が4台あります。クーデ式望遠鏡の部屋は天体望遠鏡用としては日本最大のスライディングルーフとなっており、巨大な屋根が動くところはたいへん人気があります。床はカーペット敷きで、寝転んで星空を眺めることもできます。街明かりが届かず、夏にはくっきりとした天の川が見られます。

昼間は、直径20mのドームスクリーンを持つプラネタリウムで星座の生解説やオリジナル番組が楽しめる以外に、広い館内で、三瓶山や島根県の動物・植物・地質を中心とした充実した展示を1日かけて見学できます。特に4000年前の三瓶山の噴火によって埋もれた「三瓶小豆原埋没林」のスギの巨木は見ものです。

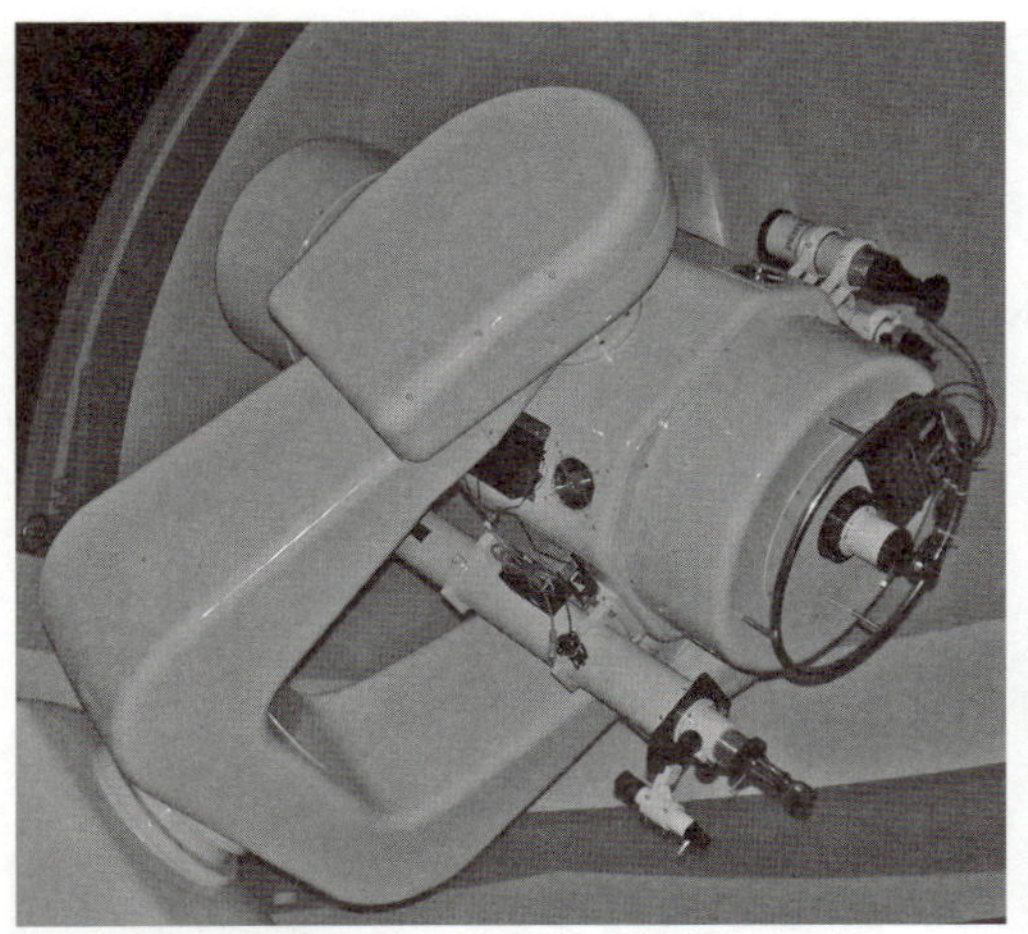

60cm反射望遠鏡

クーデ式望遠鏡と三瓶山

土曜夜の天体観察会は予約不要。10名以上の団体は土曜日以外に実施しますので電話でご予約ください。

赤磐市竜天天文台公園〔野〕

市街地から１時間ほどで天の川も見えます。

DATA

- :赤磐市竜天天文台公園
- :岡山県赤磐市中勢実2978-3
  TEL 086-958-2321
- :15:00～18:00(金曜日)、9:00～18:00(土・日)※夏休みは9:00～18:00(木～月)／観望会 金・土19:00～22:00(11～2月は18:00～21:00)※夏休みは19:00～22:00
- 休:月～木、年末(ただし一部祝日を除く)、夏休み:火・水
- ¥:昼間無料、高校生以上:200円・小中学生:100円・乳幼児:無料(観望会)
- :【山陽自動車道】山陽ICより30分／【JR】岡山駅より車で60分
- HP:https://ryuten-tenmondai.info/

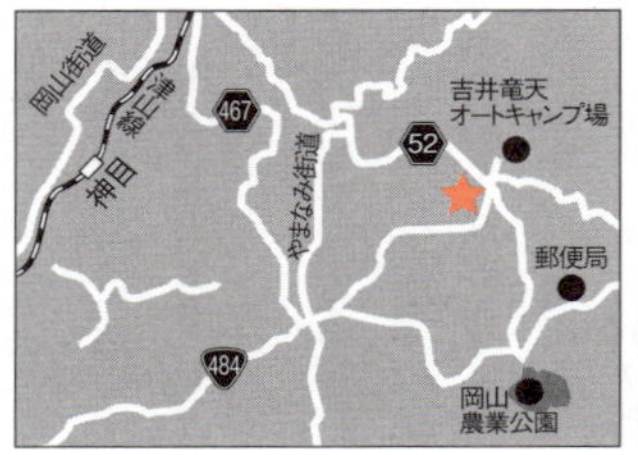

望遠鏡
光学系／反射
口径／40cm
設置年／1991年

赤磐市の前身のひとつ、ツチノコで有名だった旧吉井町において最も空が暗い場所に造られた市教委直営の公園です。４７０mの高台にあり、２階バルコニーからは遠く小豆島や瀬戸内海まで見渡せます。天体観望会は予約不要、自由参加制、日帰り参加可です。

天文台建物内には和室２室や台所、浴室などを併設し、夜通し利用もできます。公園の西半分には小規模なキャンプ場があり、木々の間から見上げる星空は格別と好評です。朝には雲海が広がり幻想的です。

南にある天文台より20mほど高い竜天山によって市街地からの直接光が遮られ、たくさんの星が見えます。

天文台周辺は自然が豊かで、昼間は森林浴をしながらの散策や昆虫採集、野鳥観察もおすすめです。

天文台から徒歩３分の、新しくコテージが完成した「吉井竜天オートキャンプ場」からも観望会へ手軽に参加できます。

竜天の星空や自然とともにお待ちしております。

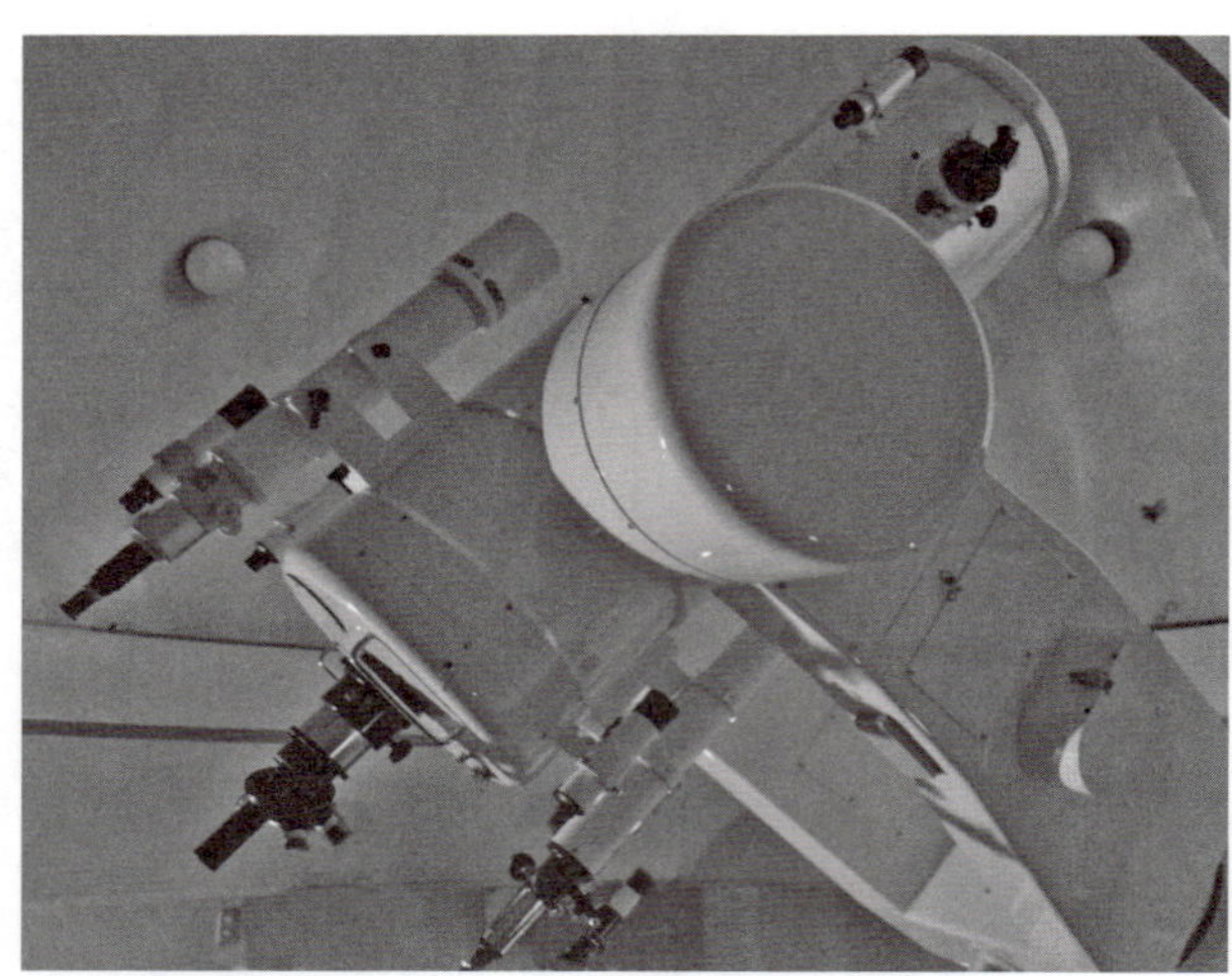
40cm望遠鏡

キャンプ場の様子

第１土曜日：無料観望会、七夕のゆうべ：８月第１土曜日、初日の出を迎える会：元旦 6:00 ～ 8:00　ほか

アストロコテージガリレオ〔天・宿〕

満天の星空をご家族や親しいグループでお楽しみください。

DATA

- 名：アストロコテージガリレオ
- ★：岡山県加賀郡吉備中央町下加茂1506-150
  TEL 0866-54-1301（町協働推進課）
- 時：15:00～翌10:00
- 休：年中無休
- ¥：基本使用料5140円、利用料小学生以上1人につき1030円
  天体大型望遠鏡使用の場合は2060円、小型望遠鏡は1030円
- 交：【山陽自動車道】岡山ICより車で40分／【岡山自動車道】賀陽ICより車で30分
- HP：http://www.town.kibichuo.lg.jp/

望遠鏡
光学系／反射
口径／30cm
設置年／1995年

アストロコテージガリレオは、３６０度見渡せる小高い丘の上に建つ、天体観測室の付いた町営の自然体験宿泊施設です。居住部分にはリビングと４畳半の和室と８畳の洋室を備えています。

天体観測棟にはコンピューター制御による口径30㎝反射型望遠鏡が据えられています。望遠鏡の操作は指導員を派遣してくれるので安心です。食事や飲み物は持ち込み・自炊となっており、キッチンなど自炊設備も完備。１グループの貸切となるため、自分たちで食材を持ち込んで、輝く星空のもとで気兼ねなくバーベキューもできます。

望遠鏡で遠くの星を眺めるのも良いですが、高原に寝そべって、家族や友人たちと満天の星空を見ながら唯一無二の時間を過ごすのもおすすめ。夕焼けから日没まで、また、季節によっては早朝の雲海も素晴らしく見応えがあります。

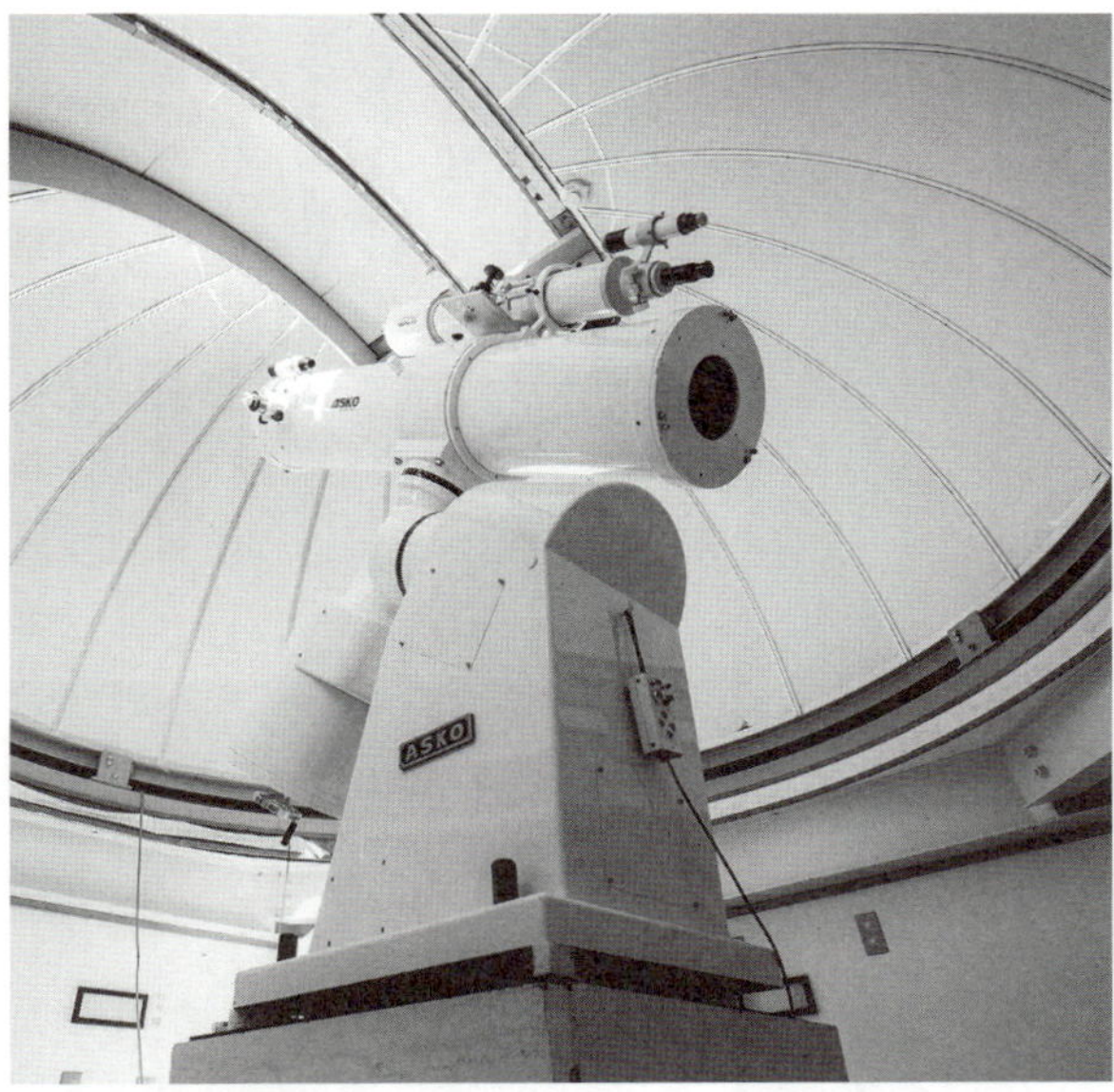

大型天体望遠鏡

宿泊の場合は定員５名までとなります。
※利用は事前予約が必要となりますので１週間前までに協働推進課へご予約してください。

ガリレオのリビング

井原市美星天文台〔天〕

気軽な星空観察から本格的な天体観測まで楽しめます。

DATA

- :井原市美星天文台
- :岡山県井原市美星町大倉1723-70
  TEL 0866-87-4222
- :9:30～16:00／18:00～22:00（金・土・日・月曜日）
- 休:木曜日、祝日の翌日、年末年始
- ¥:小学生以上:300円
- :【山陽自動車道】笠岡ICより約23 km／【JR】倉敷駅から約33 km
- HP:http://www.bao.city.ibara.okayama.jp

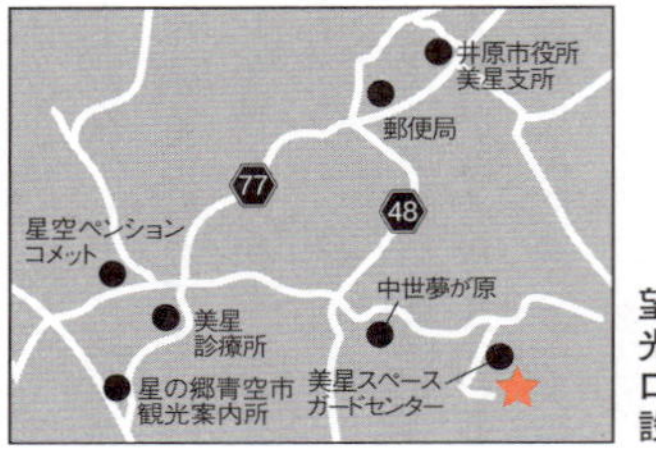

望遠鏡
光学系／反射
口径／101cm
設置年／1993年

標高400mの吉備高原にある公開天文台です。光害防止条例によって守られた美しい星空の下、中国地方最大級の口径101cm望遠鏡でだれでも気軽に天体観察を楽しむことができます。晴れた金・土・日・月曜日の18時から22時まで、随時、口径101cm望遠鏡と口径15cm対空双眼鏡で星空案内をおこないます。昼間のプログラムとして、国立天文台4次元デジタル宇宙（4D2U）プロジェクトのシステムを使った立体映像の鑑賞や101cm望遠鏡で青空の中に輝く1等星の観察があります。また、有資格者が応募できる公募観測は、観望や天体写真の撮影だけでなく、CCDカメラを使った測光や分光といった天体観測が可能で、学校の観測実習にも利用されます。

近隣には美星で生産された野菜や肉、乳製品を販売する「星の郷青空市」があり、県内外から多くの方が訪れます。隣接する中世夢が原は、鎌倉から室町時代にかけての村の様子を時代考証により再現したテーマパークで、昔の生活や遊びが体験できます。

口径101 cm反射望遠鏡。観測機器を備えます。

流星群など天文現象に応じた観察イベントを開催します。日時など詳しくはホームページをご覧ください。

M51子持ち銀河

北海道
東北
関東
中部
近畿
中国・四国
九州・沖縄

美咲町立さつき天文台〔天〕

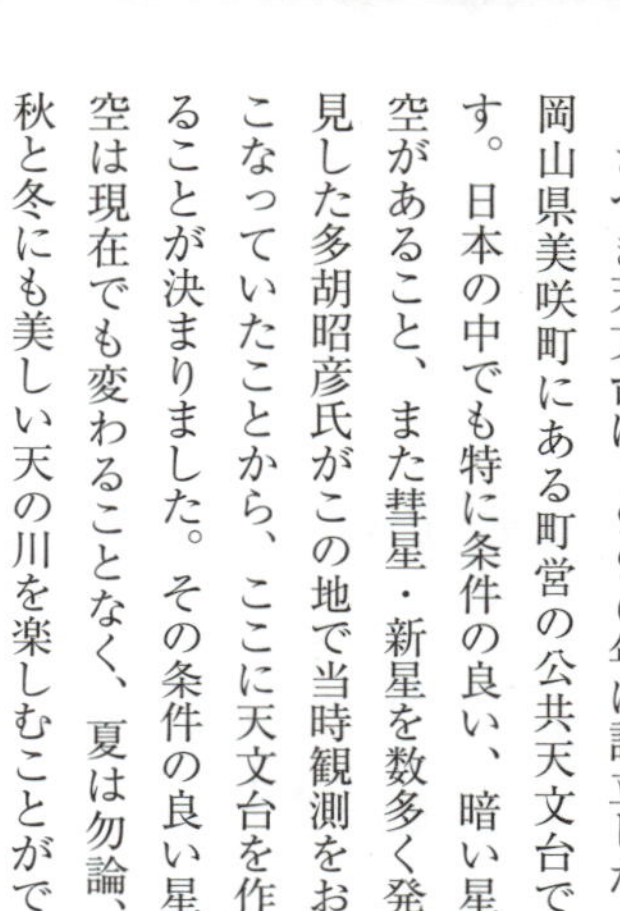

少人数で色々な天体をじっくりと見ることができます。

DATA

- 美咲町立さつき天文台
- 岡山県久米郡美咲町下谷347-6
  TEL 0868-62-0120
- 19:30〜22:00
- 休：開館日：火・土曜日　※ただし火曜日は団体予約のみ
- ￥：個人：200円・団体：2050円　小学生以下：無料
- 【中国自動車道】津山ICより車で30分／岡山から県道美作線経由、1時間10分／津山から県道26号津山柵原線経由、20分
- HP：http://www.watako.okayama.jp/satsuki/

望遠鏡
光学系／反射
口径／50cm
設置年／1996年

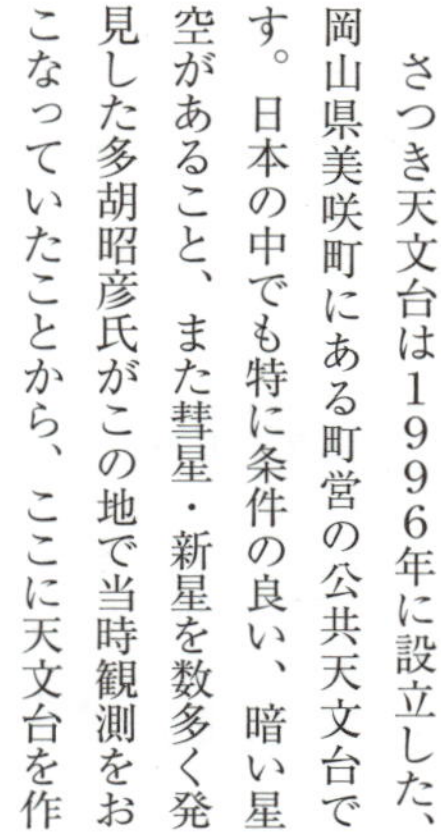

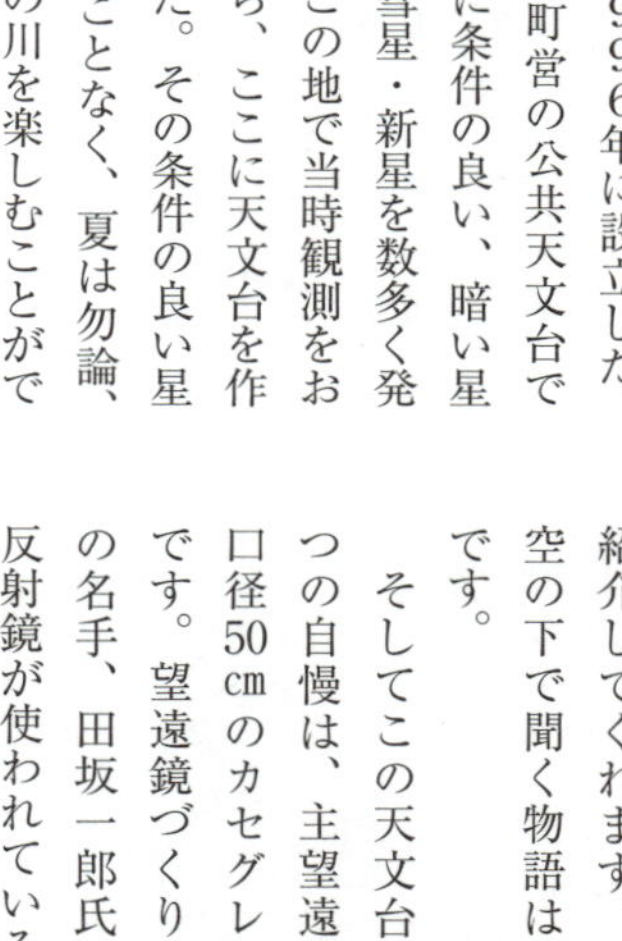

さつき天文台は1996年に設立した、岡山県美咲町にある町営の公共天文台です。日本の中でも特に条件の良い、暗い星空があること、また彗星・新星を数多く発見した多胡昭彦氏がこの地で当時観測をおこなっていたことから、ここに天文台を作ることが決まりました。その条件の良い星空は現在でも変わることなく、夏は勿論、秋と冬にも美しい天の川を楽しむことができます。

その暗い星空を生かして、この天文台では、星空を使った天然のプラネタリウムの解説が一つの売りです。季節ごとの星空をギリシャ神話や新しい天文の情報を交えて紹介してくれます。本物の星空の下で聞く物語はまた格別です。

そしてこの天文台のもう一つの自慢は、主望遠鏡である口径50cmのカセグレン望遠鏡です。望遠鏡づくりの日本一の名手、田坂一郎氏が磨いた反射鏡が使われているのです。そのシャープな見え味と条件の良い空の下で見る星はまた格別といえるでしょう。

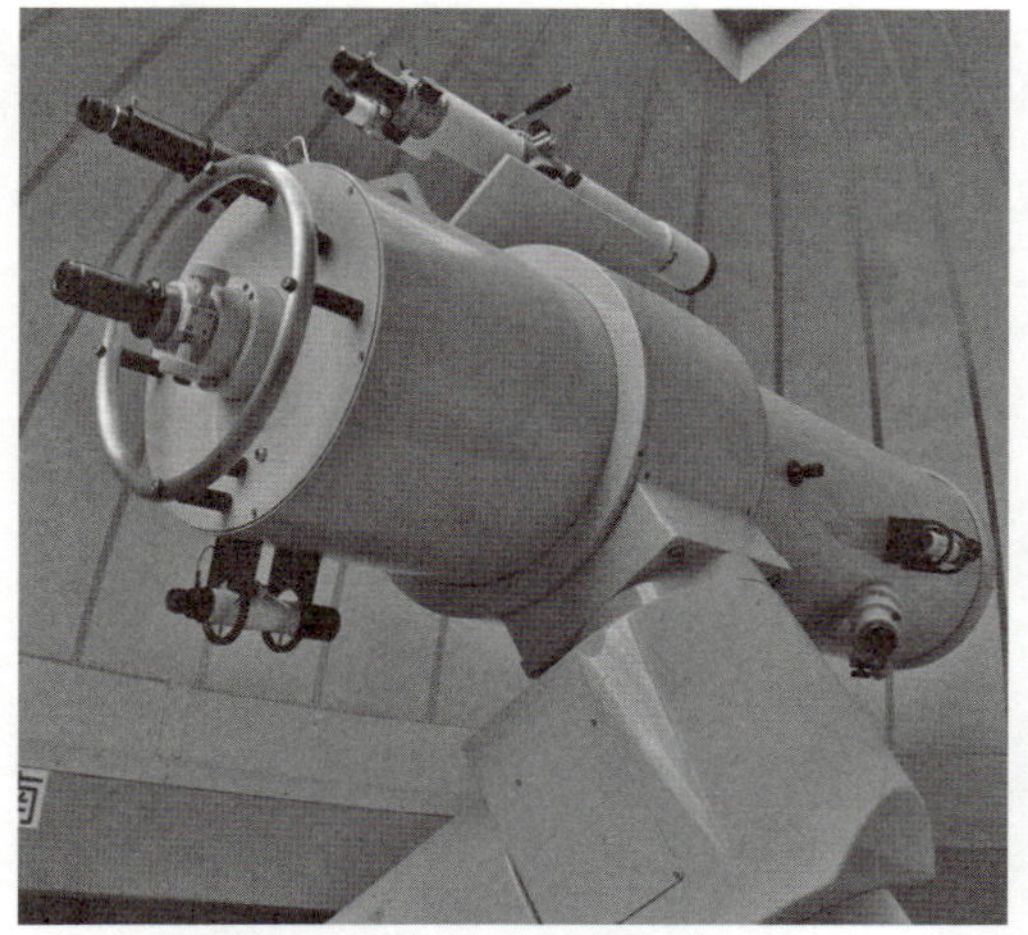

メインの50cmカセグレン望遠鏡

さつき天文台の夜景

特に注目される天文現象（主な流星群、彗星、日食・月食など）がある時は、観望会を開催します。HPをご覧ください。

ライフパーク倉敷科学センター　天体観測室〔科〕

プラネタリウムと大型望遠鏡で楽しむ天体観望会を展開。

DATA

- 名：ライフパーク倉敷科学センター　天体観測室
- ★：岡山県倉敷市福田町古新田940
  TEL 086-454-0300
- 時：9:00〜17:15（観望会は夜間実施）
- 休：月曜日（祝日の場合は翌日）、年末年始
- ¥：天体観望会などの利用は無料　※科学展示室、プラネタリウム、全天周映画の利用は料金が必要
- 交：【JR山陽本線】倉敷駅よりバスで25分、「ライフパーク倉敷西入口」下車、徒歩20分／【瀬戸中央自動車道】水島ICより車で15分
- HP：http://www2.city.kurashiki.okayama.jp/lifepark/ksc/

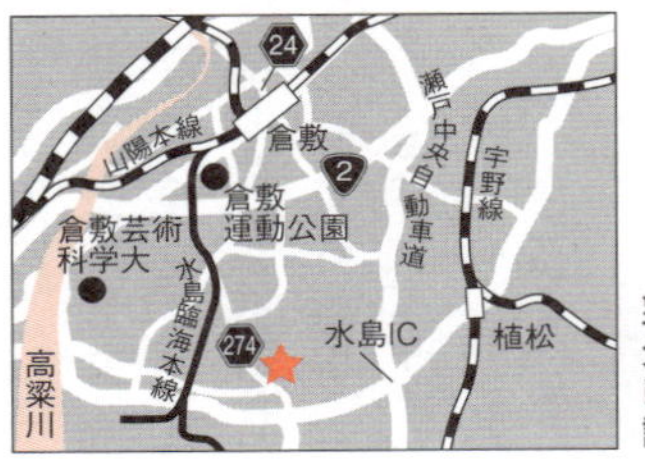

望遠鏡
光学系／反射
口径／50cm
設置年／1993年

プラネタリウムのある科学館・ライフパーク倉敷科学センター屋上に設置された天文台施設。口径50cmの反射鏡を搭載したカセグレン式反射望遠鏡で天体を観測します。観望会は土曜日の夜間を基本に月数回の頻度で開催しています。開催日はWebなどでご確認ください。

２０１４年４月、地元の企業に協力いただき、装飾用マスキングテープで望遠鏡全体を装飾する実験企画を実施しています。当面、カラフルに彩られた望遠鏡をお楽しみいただけます。

また、敷地内に国の登録有形文化財「旧倉敷天文台スライディングルーフ観測室」が移築・復元されています。大正15年（１９２６年）、日本最初の民間天文台として建てられた、非常に珍しい構造の貴重な建物です。年数回程度公開、外観は常時見学できます。

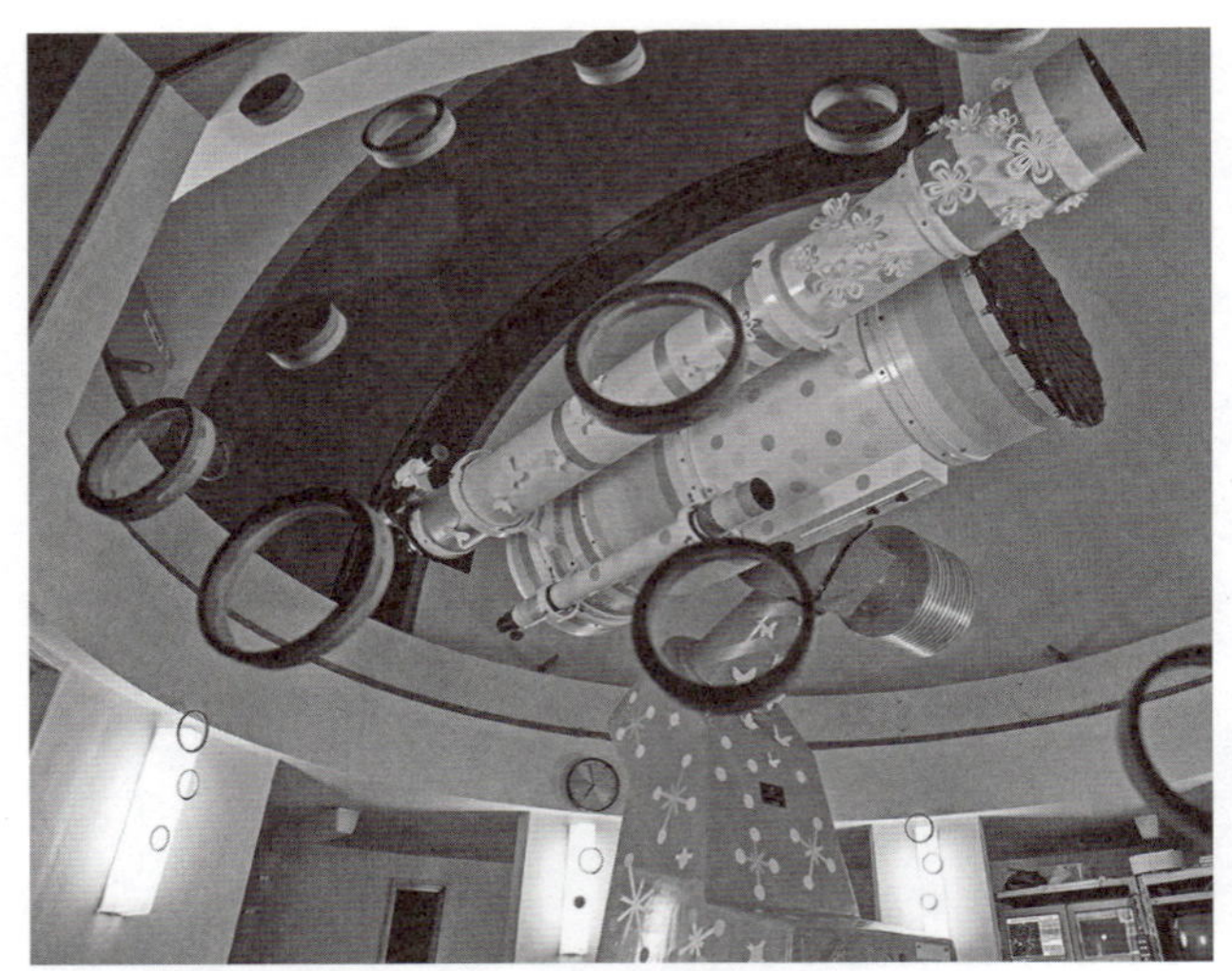

50cm反射望遠鏡（マスキングテープ装飾版）

天体観望会風景

（夜間）天体観望会　年12回。（昼／夜）天文台公開（ミニ観望会・プラネタリウムなし）年12回。
※事前に開催日をご確認ください。

呉市かまがり天体観測館〔天〕

海のすぐそばに建つ、全国でも珍しい天文台です。

DATA

- :呉市かまがり天体観測館
- :広島県呉市蒲刈町大浦8160
  TEL 0823-66-1166
- :9:00～21:00
- 休:月・火曜日、年末年始
- ¥:大人:200円・小人:100円
- :【山陽自動車道】西条ICより70分／【広島県道路（クレアライン）】呉ICより50分／【JR呉線】広駅より車で30分
- HP:http://kamaten.net/

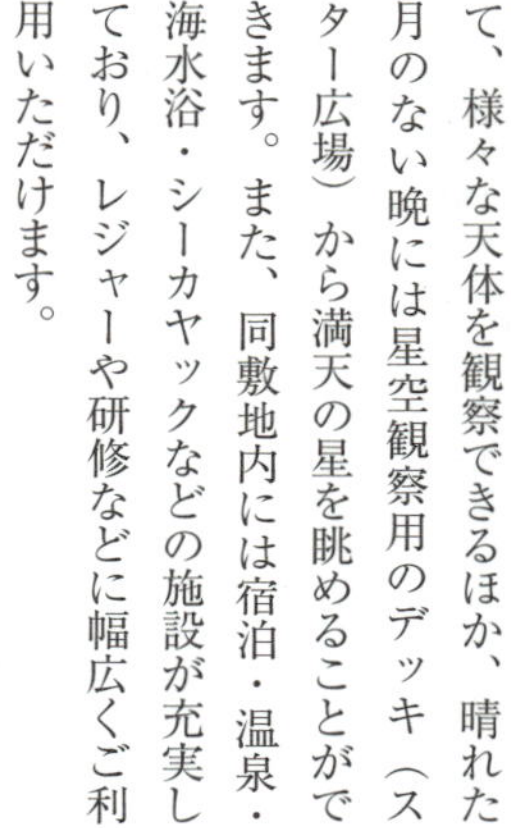

望遠鏡
光学系／反射
口径／42cm
設置年／1989年

天文台には珍しく、海のそばに建っているので、波の音を聴きながら星空観察を楽しむことができます。口径42cmのマクストフカセグレン望遠鏡をメインに口径20cm屈折望遠鏡、口径35cm反射望遠鏡などを使って、様々な天体を観察できるほか、晴れた月のない晩には星空観察用のデッキ（スター広場）から満天の星を眺めることができます。また、同敷地内には宿泊・温泉・海水浴・シーカヤックなどの施設が充実しており、レジャーや研修などに幅広くご利用いただけます。

近隣には戦艦大和を中心とした呉の歴史と科学技術を紹介する「大和ミュージアム（呉市海事歴史科学館）」や日本で唯一実物の潜水艦を展示している「てつのくじら館（海上自衛隊呉史料館）」、江戸時代に風待ち・潮待ちの港町として栄えた伝統的建造物保存地区である「御手洗」など、観光スポットもたくさんあります。

瀬戸内海の多島美を眺めながら、四季折々に変化する自然の魅力をたっぷりと感じてみてはいかがでしょうか。

海を見下ろす天文台からの眺めは最高です。夜には満天の星を楽しむことができます。

定例観望会　毎週土曜日 19:30 ～ 21:00
天文現象や時節（七夕、お月見）に合わせたイベントを開催

三原市宇根山天文台〔天〕

標高 699 m の備南最高峰、宇根山に立つ天文台です。

DATA

- 🔭：三原市宇根山天文台
- ★：広島県三原市久井町吉田370-29
  TEL 0847-32-7145（開館日のみ）、
  0848-64-2137（閉館日）
- 🕘：土・日・祝日の10:00～22:00、もしくは10:00～17:00
- 休：平日
- ¥：一般：310円・中高生：210円・小学生：100円・小学生未満：無料　※団体割引あり
- 🚌：【三陽自動車道】三原久井ICより車で20分
- HP：http://www.city.mihara.hiroshima.jp/site/kyouiku/tenmondaitop.html

望遠鏡
光学系／反射
口径／60cm
設置年／1990年

標高699mの備南最高峰、宇根山に立つ天文台です。

口径60cmの大型反射望遠鏡や、15cm屈折望遠鏡、デジタルプラネタリウムなどでスターウォッチングを楽しむことができます。また、年間を通じてイベントを企画しており、夏、秋、冬には演奏会を開催します。季節ごとに見られる様々な星座の観察時期に合わせて観望会を開いています。詳しい日程と開館日については、三原市宇根山天文台のホームページをご覧ください。

宇根山天文台から少し下山した場所には、宇根山家族旅行村があります。こちらでは、テントを張ってのキャンプや、バーベキューを楽しむことができます。

天文台での星空観察とキャンプの両方を楽しんでみませんか。

みなさまのお越しをお待ちしています。

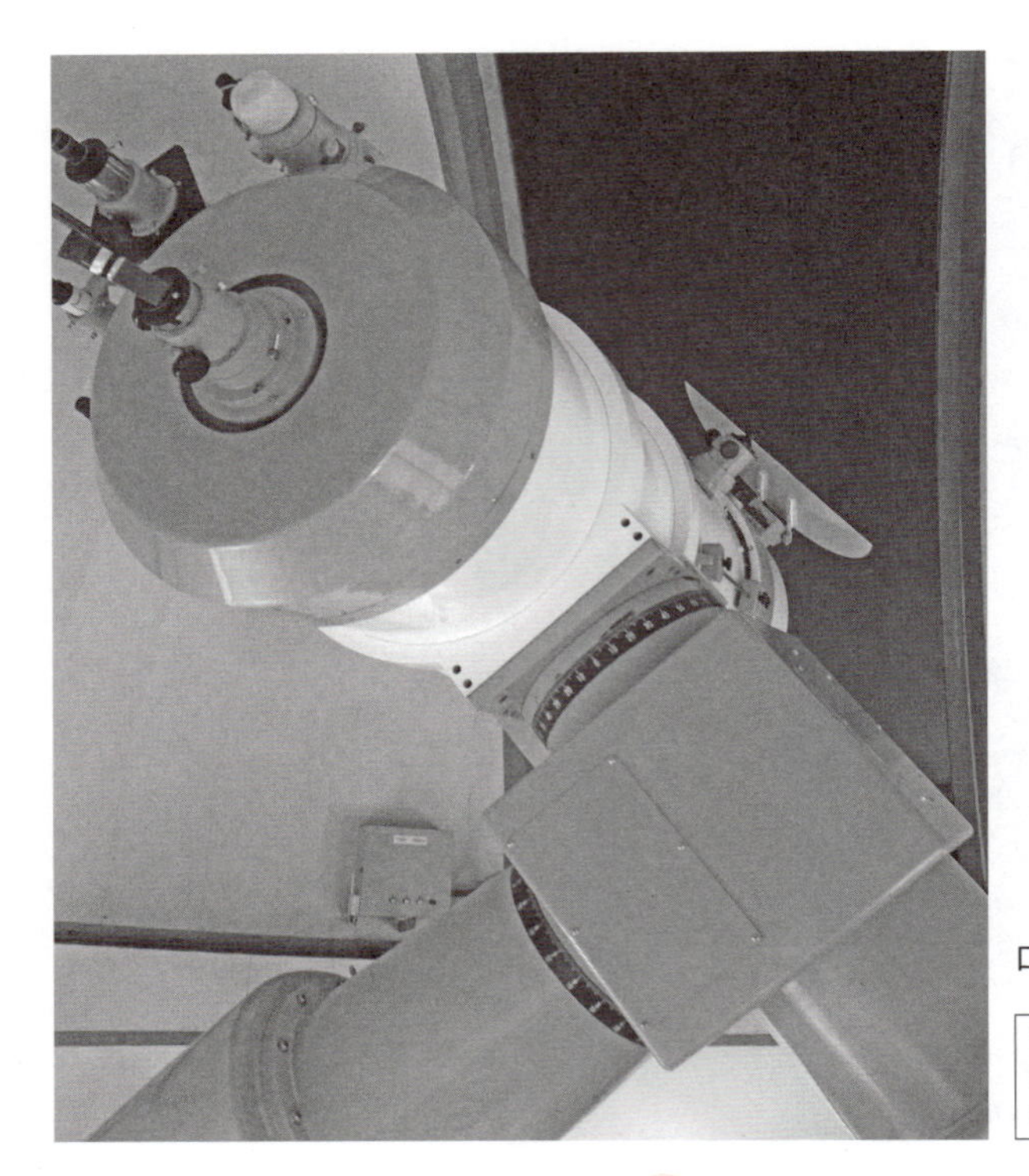

口径60cm反射望遠鏡（ニュートン・カセグレン式）

天文台は土、日、祝日の開館です。
宇根山家族旅行村の利用予約は、三原市教育委員会生涯学習課（0848-64-2137）で電話受付しています。

山口県立山口博物館〔科〕

天文だけでなく自然全般と理工・歴史の博物館です。

DATA
:山口県立山口博物館
:山口県山口市春日町8-2
TEL 083-922-0294
:9:00～16:30（入館は16:00まで）
休:月曜日（祝日の場合は翌日）、年末年始ほか
¥:一般：150円・大学生100円・19歳未満、70歳以上：無料
※特別展は別料金
:【JR山口線】山口駅より徒歩20分、またはバスで「県庁前」下車、徒歩4分
HP:http://www.yamahaku.pref.yamaguchi.lg.jp/

望遠鏡
光学系／屈折
口径／20cm
設置年／1967年

山口博物館は1912年に創立された県立博物館として全国で最も長い歴史を持つ博物館です。天文、地学、植物、動物、考古、歴史、理工の常設展示があり、特別展やテーマ展なども開催しています。

天文展示室では精巧な動きの太陽系の模型や、山口県に落下した隕石などを展示しています。昭和の初めには一般向けの天体観望会を始めており、現在は屋上に設置された天体望遠鏡を使って随時観望会を開催しています。また、博物館敷地内にはD60型蒸気機関車1号機なども展示しています。

博物館の近くには国宝の「瑠璃光寺五重塔」をはじめ、文化財に指定されている寺社や庭園、史跡などが数多くあります。約10km離れた山口市仁保中郷にはKDDI山口衛星通信所があり、その敷地内には国立天文台の32m電波望遠鏡が設置されていて、外観見学が可能です。そこから南東へ約1kmの場所には仁保隕石の落下地もあって、落下地そばの信行寺境内には仁保隕石の記念碑が建っています。

20cm屈折望遠鏡

天文展示室（中央は太陽系模型）

毎年の天文イベントにあわせて、さまざまな天体観望会を開催しています。詳しくはHPをご確認ください。

阿南市科学センター〔科〕

四国最大の望遠鏡で 宇宙の神秘を覗いてみよう。

DATA

- 名称：阿南市科学センター
- 住所：徳島県阿南市那賀川町上福井南川渕8-1
  TEL 0884-42-1600
- 時間：通常：9:30～16:00、天体観望会：19:00～22:00（4～10月）、18:00～21:00（11～3月）
- 休：月曜日（祝日の場合はその翌日）
- ¥：無料　※天体観望会は有料（大人：300円・高校生：250円・小中学生：200円・幼児：無料）
- 交通：【JR牟岐線】阿波中島駅より徒歩25分／徳島県庁より車で40分
- HP：http://ananscience.jp/science/

阿波中島
ホームセンター
那賀川
消防署
191
55
阿南市役所
富岡小

望遠鏡
光学系／反射
口径／113cm
設置年／1999年

阿南市科学センターの天文館には四国最大の口径113cm望遠鏡（カセグレン式）が設置されています。さらに口径25cmの屈折望遠鏡が同架されています。天体観望会は毎週土曜日に実施され、専門家が月や惑星に加え、季節に応じて星雲・星団・銀河などもご案内しています。天体ドームは半分以上開くため、ドーム内から星空案内もおこなえ、夏の月明かりの無い晩であれば天の川を見ることもできます。天文館1階には展示室があり、当館で撮影された天体写真などに加えて隕石の展示などもあります。なお阿南市科学センターではこれまで4つの小惑星を発見しており、「Anan」や「Nakagawa」といった当館の設置されている地名が小惑星に命名されています。

阿南市近辺には四国八十八か所霊場の平等寺や太龍寺があります。昼にお寺を訪れたあと、夜は阿南市科学センターで天体観望会を楽しむのも良いでしょう。さらに市内には四国最東端である蒲生田岬があり、そこで朝日を見るのも旅の楽しみの一つではないでしょうか。

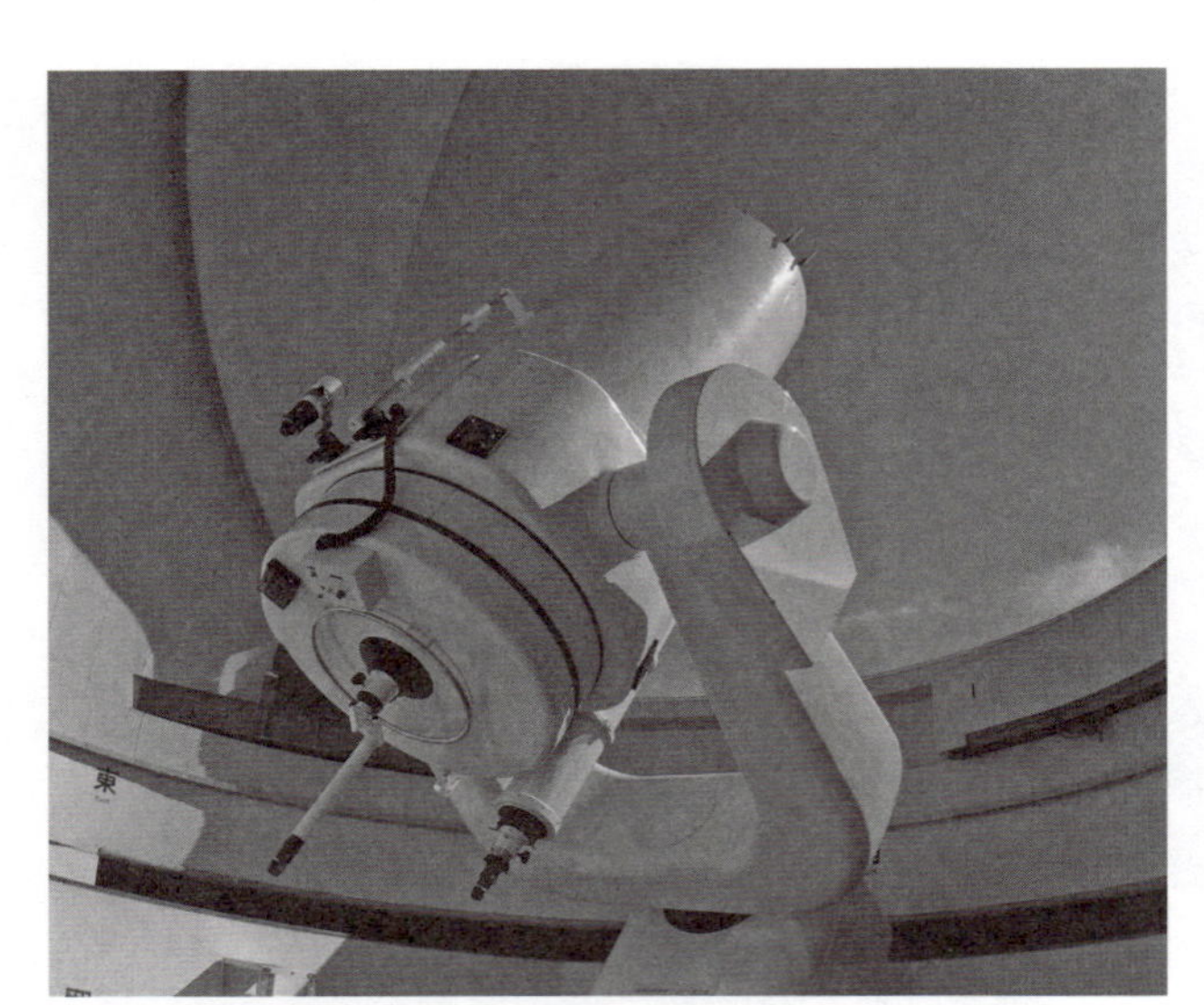

口径113cm望遠鏡

球状星団M13

天体観望会は毎週土曜日実施。流星群の観察会（8月ペルセウス座流星群、12月ふたご座流星群）、夏休み星空教室（星座早見の工作と夏の夜空の観察）など。

西条市こどもの国 天文観測室〔社〕

春、夏、秋、冬、季節の星座をみんなで探しませんか。

DATA
:西条市こどもの国天文観測室
:愛媛県西条市明屋敷131-2
TEL 0897-56-8115
:8:30～17:00
休:月曜日・国民の祝日の翌日（土・日・休日は除く）、年末年始
¥:無料
:【JR予讃線】伊予西条駅より徒歩30分
HP:http://www.city.saijo.ehime.jp/

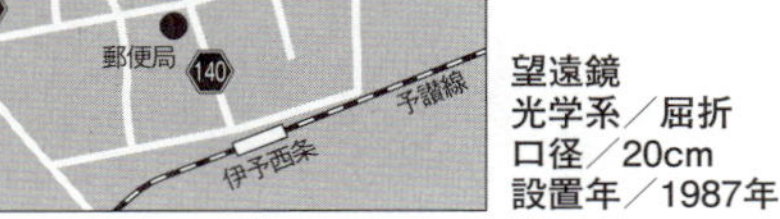

望遠鏡
光学系／屈折
口径／20cm
設置年／1987年

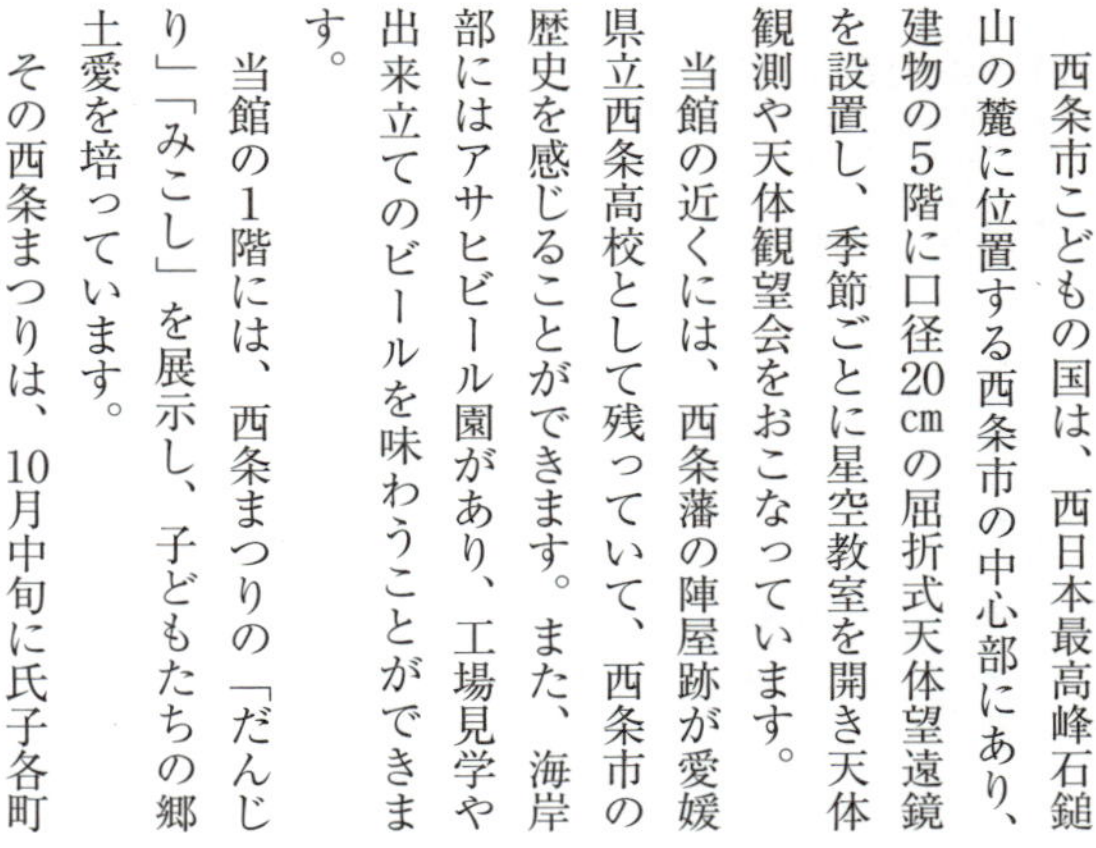

西条市こどもの国は、西日本最高峰石鎚山の麓に位置する西条市の中心部にあり、建物の5階に口径20cmの屈折式天体望遠鏡を設置し、季節ごとに星空教室を開き天体観測や天体観望会をおこなっています。

当館の近くには、西条藩の陣屋跡が愛媛県立西条高校として残っていて、西条市の歴史を感じることができます。また、海岸部にはアサヒビール園があり、工場見学や出来立てのビールを味わうことができます。

当館の1階には、西条まつりの「だんじり」「みこし」を展示し、子どもたちの郷土愛を培っています。

その西条まつりは、10月中旬に氏子各町の屋台（だんじり、みこし、太鼓台）約150台が伊曾乃神社、嘉母神社、石岡神社、飯積神社の各神社に奉納します。その様は、「豪華絢爛」で、地元の神事ながら全国から数多くの観光客が訪れます。皆さんもぜひお越しください。

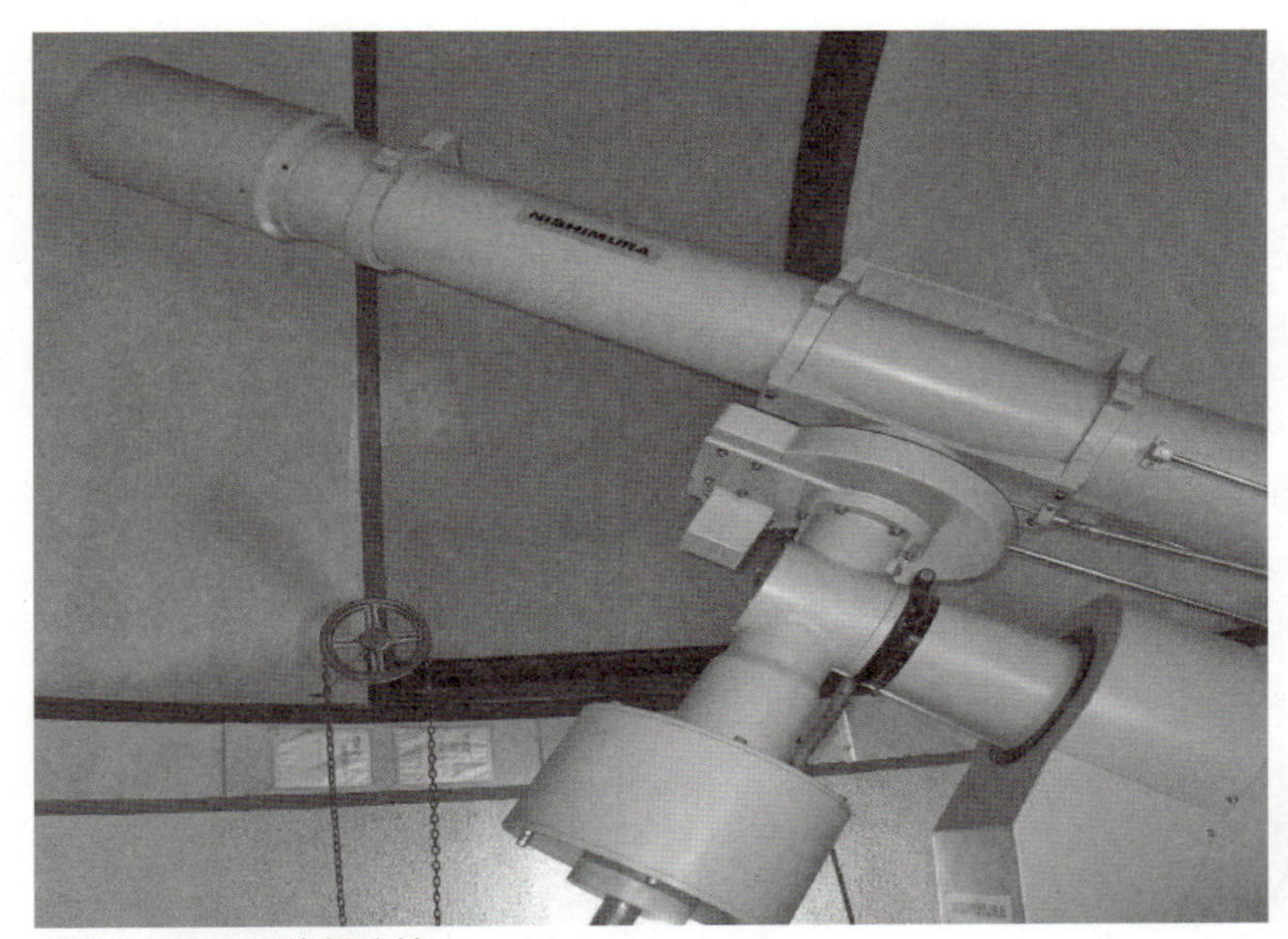

口径20cmの天体望遠鏡

西条まつり

星空教室（春の星座を探そう）2018.4.21、星空教室（夏の星座と惑星たち）2018.9.29、星空教室（秋の星座と月）2018.11.17、星空教室（冬の星座と流れ星）2018.12.14

(C)四万十天文台

四万十市天体観測施設『四万十天文台』〔天〕

天地の大河をつなぐ「星空の街」の小さな天文台です。

DATA

- 四万十市天体観測施設『四万十天文台』
- 高知県四万十市西土佐用井1105-1
  TEL 0880-52-2225（ホテル星羅四万十）
- 20:00〜21:00
- 休：水曜日（臨時休館有）
- ¥：高校生以上：510円・小中学生300円・幼児：無料
- 【高知自動車道】四万十町中央ICより車で70分／【松山自動車道】三間ICより車で40分
- HP：http://www.shimantostar.com/

望遠鏡
光学系／反射屈折
口径／36cm
設置年／2013年

1988年、高知県四万十市（旧西土佐村）は、県内で唯一旧環境庁より「星空の街」に入選されました。これをきっかけに、1990年に今の天文台の前身となる「西土佐村天体観測施設」を開設、当時は地元アマチュア天体観測グループ「オリオン会」が運営していました。20年以上が経過し、ドームの老朽化やメンバーの高齢化などで観望会の開催が難しくなり、2012年に一時閉鎖されました。しかし、当時の観望会担当者の教え子の方より「恩師が関わる事業なら」と、天文台再建を願う「ふるさと納税」によって2013年4月に「四万十天文台」として生まれ変わりました。現在は近隣宿泊施設の「ホテル星羅四万十」が運営し、その時の「旬」の天体を専門アテンダントが紹介しています。また、天文台近隣には四万十川でカヌー体験ができる「川の駅・カヌー館」や、地元野菜や四万十川の幸を購入できる「道の駅よって西土佐」など、1日をとおして「星空の街」を楽しめます。

四万十川と天の川、夏は接し冬は交差します。

観望会：要予約（前日22:00まで）、冬季は防寒対策をした上でご参加ください。詳細はHPをご覧ください。

©四万十天文台

米子市児童文化センター〔科〕

米子市児童文化センターのプラネタリウムは、直径12mのドームに光学式プラネタリウムや全天周デジタル映像などを使い、解説員がそれぞれ毎回生解説で楽しく投影しており、大好評です。通常の投影のほかに、キッズプラネタリウムや、団体向けの投影、家族参加型の学習投影もおこなっています。また、月に一度の天体観測会や出張天体観測会も実施しています。このほかにも、図書室、ホール、クラブ室、プレーパークなどを備え、自然や文化に親しむ場として、幅広い世代の方にご利用いただける施設です。

毎月１回天文現象に応じた天体観測会を開催しています。

望遠鏡
光学系／屈折
口径／15cm
設置年／1983年

DATA
- 米子市児童文化センター
- 鳥取県米子市西町133
  TEL 0859-34-5455
- 9:00～17:00
- 休：火曜日、年末年始（12/29～1/3）
- ¥：無料　※プラネタリウムは別料金
- 【JR山陰本線】米子駅より徒歩20分、またはバスで「湊山公園」下車、徒歩2分
- HP：http://www.yonagobunka.net/jibun/

毎月１回、無料の天体観測会を開催しています。月や惑星、星雲・星団など様々な天体をご覧いただけます。

日原天文台〔天〕

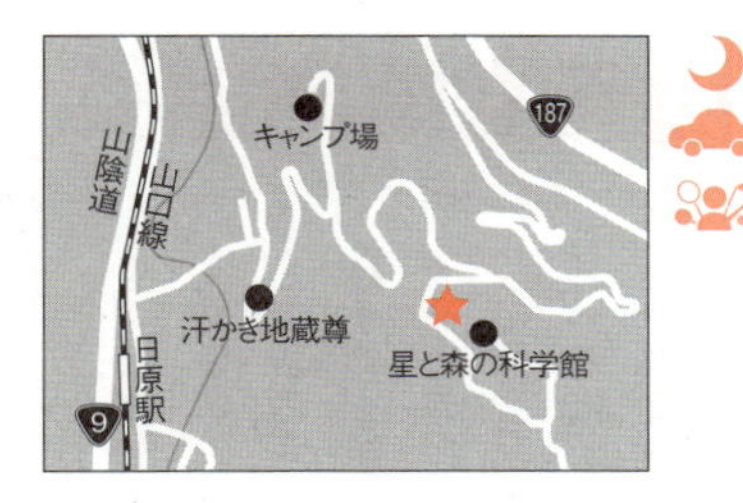

西の小京都津和野より車で 15 分。驚くほど星が見えます。

ここは、星がふるほど美しく、野尻抱影の『日本の星』の中で「日原の大庭良美くんが初めて星の民話を送ってくれ民話を集めるきっかけとなりました。」と紹介されている星の民話の故郷です。大型望遠鏡は、ナスミス焦点で床面から1.5mで観察しやすい高さで見学者に優しい構造となっています。また、昼間太陽フレアや黒点も観察できます。付属の星と森の科学館も環境問題や惑星について知ることができる施設です。

望遠鏡
光学系／反射
口径／77cm
設置年／1985年

DATA
- 日原天文台
- 島根県鹿足郡津和野町枕瀬806-1
  TEL 0856-74-1646
- 13:30～17:00　19:00～22:00（天体観測）
- 休：元旦・火曜日・水曜日（火水が祝日の場合開館）
- ¥：施設見学500円　天体観測500円（19時以降晴天時）
- 【JR山口線】日原駅より徒歩20分
- HP：http://www.sun-net.jp/~polaris/top.htm

2018 年夏は人気の惑星が明るく皆さんを迎えます。望遠鏡での惑星観察はどなたでも楽しんでいただけます。

岡山市立犬島自然の家〔野〕

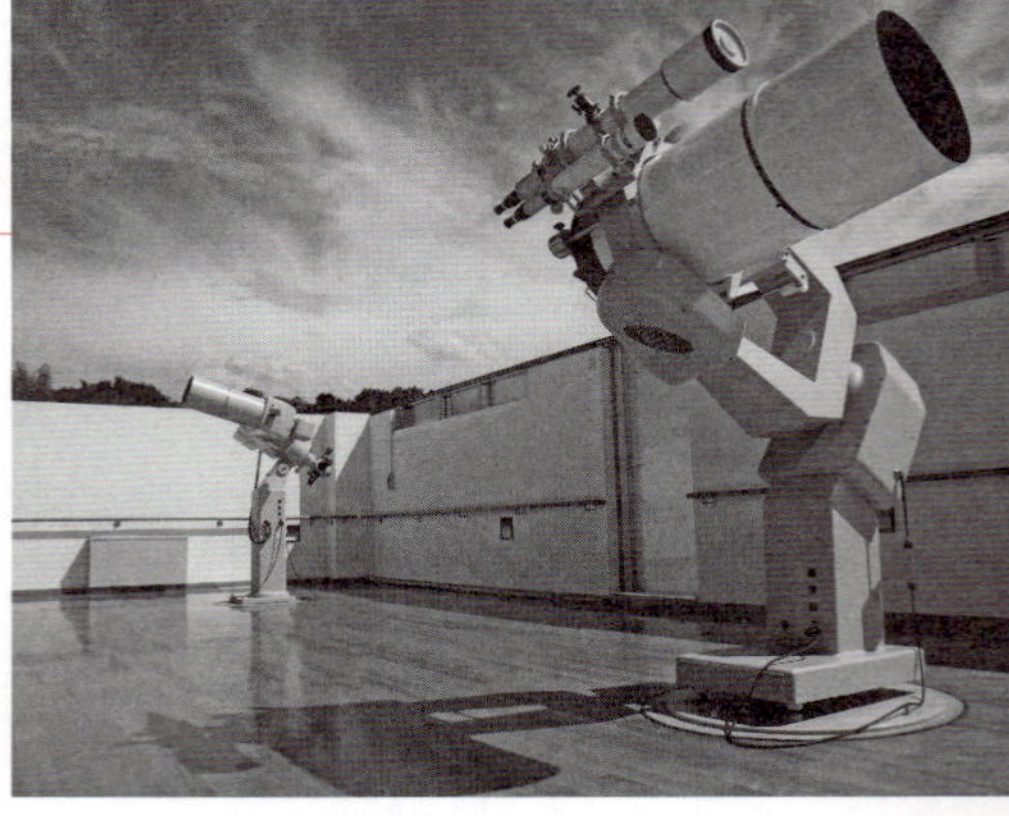

犬島自然の家は、海に囲まれた豊かな自然環境の中で、自然体験活動、文化体験活動をおこなう社会教育施設です。そしてご家族・団体・個人を問わず、どなたでも利用できる自炊型宿泊施設です。宿泊の際には必ず食材を持参してください。

昼はシーカヤック、ストーンクラフト、海釣りなどのアクティビティが体験でき、夜は天体観測ができます。休日の過ごし方に困った時、旅行の際は、犬島自然の家にぜひお越しください。

島なので周りに明かりがなく、星の観測にぴったりです。

望遠鏡
光学系／反射
口径／40cm
設置年／1999年

DATA

- :岡山市立犬島自然の家
- :岡山県岡山市東区犬島119-1
  TEL 086-947-9001
- :8:30〜17:00(宿泊者がいる場合22:00まで)
- 休:火曜日(夏期間中は無休)、年末年始
- ¥:宿泊1人1泊〜2050円、天体観測1人1回200円(宿泊者無料)ほか　※詳細はHPで
- :【JR赤穂線】西大寺駅よりバスで「東宝伝行」下車、約30分／【宝伝港】より定期船で約10分、犬島着
- HP:http://www.city.okayama.jp/kyouiku/shougaigakushuu/shougaigakushuu_0026.html

毎年２回、星空観望実施。星に詳しい講師の先生に学びます（2018年、夏9/1〜2・冬12/8〜9）。

岡山天文博物館〔科〕

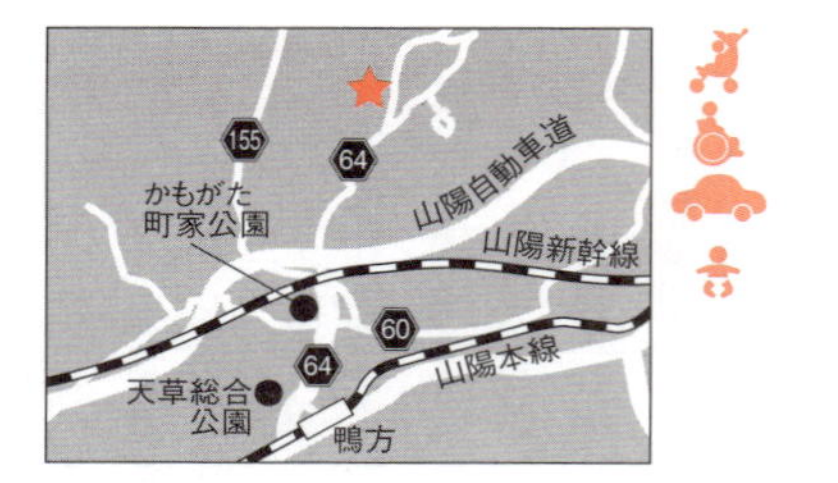

2018年3月にリニューアルオープンしました。

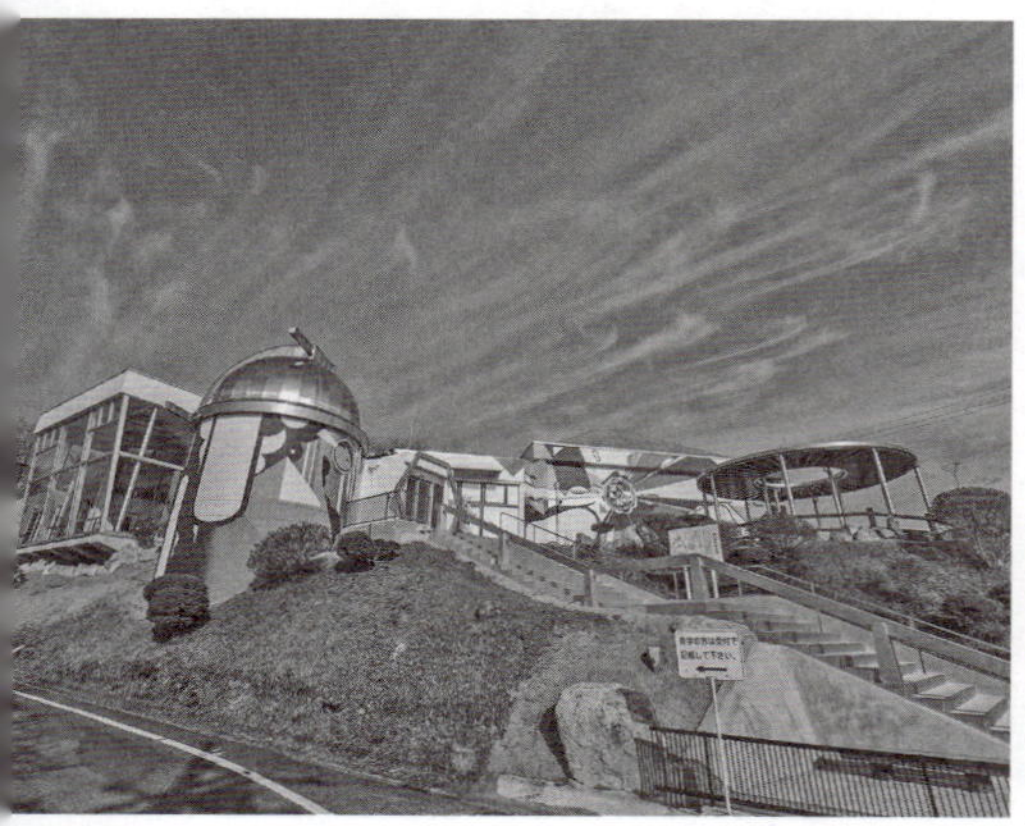

晴れの国、岡山県。その南西部に位置する浅口市にある天文専門の博物館です。

最新の光学式とデジタル式投映機を組み合わせたプラネタリウムは、本物のような美しい星空と迫力ある映像を楽しめるほか、太陽観測の望遠鏡や天文・宇宙に関する展示により、天文の世界に触れることができます。また、この場所は国内でも天体観測に適した地として、アジア最大級の口径3.8m「せいめい望遠鏡」を備えた京都大学岡山天文台や日本最大級の国立天文台188cm反射望遠鏡が設置され、宇宙の謎を解き明かす観測が続けられています。

望遠鏡
光学系／屈折
口径／15cm
設置年／1989年

DATA

- :岡山天文博物館
- :岡山県浅口市鴨方町本庄3037-5
  TEL 0865-44-2465
- :9:00〜16:30
- 休:月曜日、祝日の翌日、年末年始など
- ¥:大人高校生:100円・小中学生:50円
- :【JR山陽本線】鴨方駅より車で25分／【山陽自動車道】鴨方ICより6 km
- HP:http://ww1.city.asakuchi.okayama.jp/museum/

夏季と冬季には観望会をおこなっています。今後は、せいめい望遠鏡や188cm望遠鏡などと連携した事業を進めていく予定です。

倉敷市真備天体観測施設「たけのこ天文台」〔天〕

倉敷市真備町マービーふれあいセンター敷地内、真備図書館屋上に設置された、真備特産品のたけのこの愛称が与えられた天文台です。

天文ボランティア「真備星の会」の協力で運営されています。

ふだんは無人ですが、天候の悪化による観望会中止の情報は、倉敷科学センター（086-454-0300）へお問い合わせください。

名前はかわいいけど、本格的な設備で天体観測！

DATA

- 倉敷市真備天体観測施設「たけのこ天文台」
- 岡山県倉敷市真備町箭田47－1
  TEL 086-454-0300（倉敷科学センター内）
- 観望会実施時のみ開館（基本として毎週土曜日夜間）
- 休：観望会実施時のみ開館　※悪天候時は中止
- ¥：無料
- 【井原鉄道】吉備真備駅より徒歩15分／【JR伯備線】清音駅より車で10分
- HP：http://www2.city.kurashiki.okayama.jp/lifepark/ksc/takenoko.html

望遠鏡
光学系／反射
口径／40cm
設置年／2000年

基本として毎週土曜日に一般観望会（参加自由）を実施。天文講座の開催日は、参加に事前予約が必要となりますのでご注意ください。一般観望会・天文講座の実施日時はWebなどでご確認ください。

5-Daysこども文化科学館〔科〕

1980年に日本で初めて「こどものための博物館」として開館しました。館内には常設展示のほかに各種教室やサイエンススタジオ、ホール、そしてプラネタリウムがあります。

プラネタリウムでは、今夜の星空とあわせて宇宙や星のことを紹介するプラネタリウム番組や、宇宙や自然をテーマにした全天周映画をご覧いただけます。

3階には太陽望遠鏡があり、晴天時にはスクリーンに映し出された太陽表面全体を、常時観察することができます。また、黒点や太陽スペクトル、運が良ければプロミネンスも見ることができます。

太陽を常時観察することができる太陽望遠鏡があります！

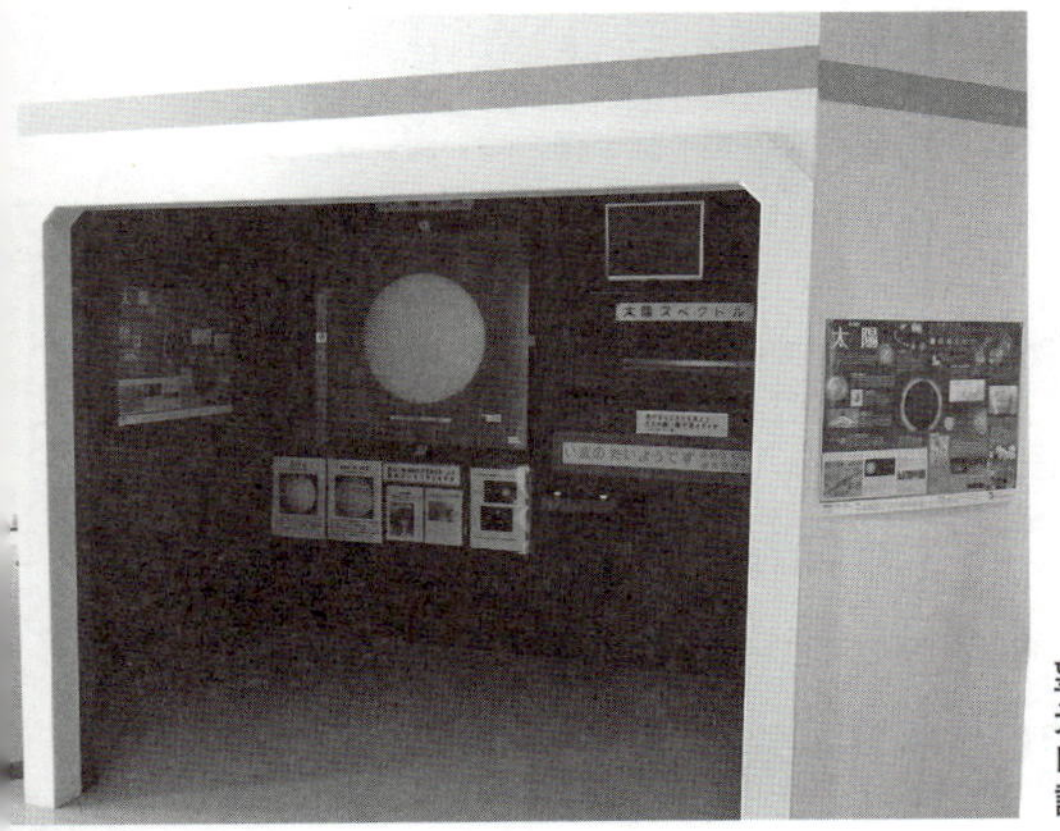

望遠鏡
光学系／太陽望遠鏡
口径／50cm
設置年／1980年

DATA

- 5-Daysこども文化科学館（広島市こども文化科学館）
- 広島県広島市中区基町5-83
  TEL 082-222-5346
- 9:00～17:00
- 休：月曜日（祝日は開館）、祝日の翌日、年末年始ほか
- ¥：無料　※プラネタリウムは別料金
- 【JR山陽本線】広島駅より［広島電鉄］路面電車で「原爆ドーム前」下車、徒歩5分
- HP：http://www.pyonta.city.hiroshima.jp/

年に数回、天体観望会を実施しています。詳しくはHPをご覧ください。

夢天文台　民宿“憩”〔宿〕

観望施設は6棟の簡易ドームがあります。屈折望遠鏡を主体に一部反射鏡があります。ほかに、家庭民宿があり、ペットも泊まれます。夏場にはブルーベリー刈りも楽しめますし、幼児向きのミニ遊園設備があります。周囲は海抜約400mの高原盆地の水田地帯で6月頃はホタルが飛び交います。近くに道の駅「どんぐり村」のスポーツ公園、登山ハイクが楽しめる1000m級の龍頭山もあります。少し離れますが近県でスキー場が多く、温泉も楽しめ、神楽が盛んな地域です。

私設天文台なので、星好きな皆様に気軽に楽しんで頂きたいです。

DATA

- :夢天文台　民宿“憩”
- :広島県北広島町今吉田2519
  TEL 0826-85-1009
- :不定
- 休:特別行事がある場合を除いて不定
- ¥:施設見学 観望:800円（宿泊者無料、割引カード持参500円）
- :【高速広島道】広島北ICより車で15分
- HP:http://www.astro-park.com

望遠鏡
光学系／屈折
口径／20cm
設置年／1985年

出張観望会や講演会、民泊者中心の観望会をおこなっています。
特別な天体現象の際には随時対応しています。

まんのう天文台〔天〕

香川県で1番高い所（標高約1000 m）にある天文台です。

まんのう町は、「星のあるまちづくり」推進のため、天体観測を通して、子どもたちに宇宙への興味を深めてもらうために、2014年4月に大川山頂上付近に「まんのう天文台」を設置しました。1階の展示室には、天文台で撮影した太陽・月・惑星・星雲星団などの写真を展示しています。2階には、20～30人が収容できる研修室があり、天体観望会で星が見えない時には、天文台で撮影した天体動画などを見ることができます。3階には、観測準備室があり、最上階に直径4mの天体観測室があり、中に直径30cmの反射望遠鏡が設置されています。4～11月の毎週金曜日～日曜日には施設見学を実施しています。

望遠鏡
光学系／反射
口径／30cm
設置年／2014年

DATA

- :まんのう天文台
- :香川県仲多度郡まんのう町中通1156-242
  TEL 0877-89-0619
- :10:00～17:00（天体観望会　18:00～22:00）
- 休:月～木曜日、12～3月は冬季積雪により臨時休館
- ¥:施設見学:無料　天体観望会:中学生以上200円
- :琴平から琴南公民館まで25分、琴南公民館から20分
- HP:http://www.tenmon.town.manno.lg.jp/

4～11月の毎週金曜日・土曜日に天体観望会（19:00～）
予約制（FAX）・中学生以上200円。詳しくはHPでご確認ください。

愛媛県総合科学博物館〔科〕

天文クラブのクラブ員募集！
天体観望会を一緒に運営しませんか？

直径30m、最大級の大きさのプラネタリウムがある愛媛県総合科学博物館では、屋上にある天文台で天体観測も楽しむことができます。接眼部の位置が変わらないクーデ式望遠鏡のため、小さなお子さんも観測しやすく、年6回の天体観望会にはたくさんのご家族が来られます。天体観望会の運営は天文クラブがおこなっており、望遠鏡の使い方だけではなく、惑星や星団、最新の宇宙開発の話題も教えてくれます。ただいま、クラブ員も大募集中！　詳しくは当館ホームページをご覧ください。

DATA

- 名称：愛媛県総合科学博物館
- 住所：愛媛県新居浜市大生院2133-2
  TEL 0897-40-4100
- 時間：9:00～17:30（入館は17:00まで）
  ※イベント期間中は開館時間の延長あり
- 休：月曜日　※例外あり、詳細はHPで確認
- ¥：大人：510円・65歳以上：260円・中学生以下：無料
- 交通：【JR予讃線】新居浜駅または伊予西条駅よりバスで20分／【松山自動車道】いよ西条ICより車で5分
- HP：http://www.i-kahaku.jp/

望遠鏡
光学系／屈折
口径／20cm
設置年／1994年

天体観望会、GWやお盆には太陽観測をおこないます。天文クラブに入会すると、キャンプや他施設での天体観望会運営など、より深く天文と親しめる体験ができます。

久万高原天体観測館〔天〕

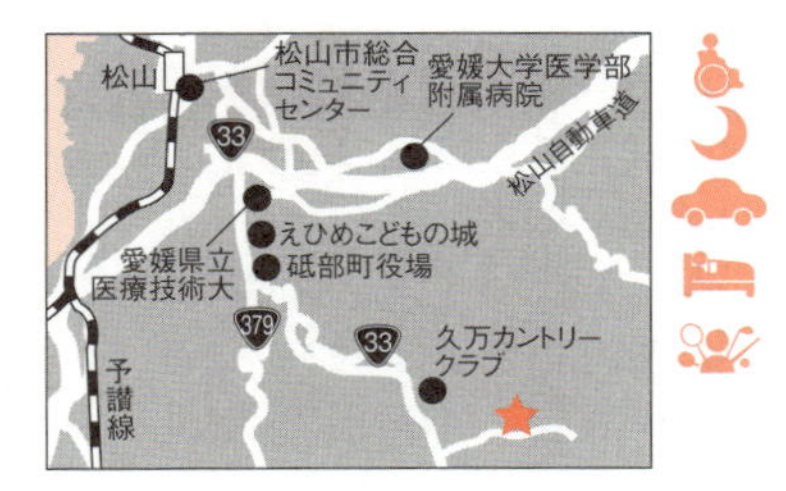

漆黒の夜空が広がり満天の星を楽しむことができます。

久万高原天体観測館は愛媛県最大の口径60cm反射望遠鏡を備えています。観望会は年間を通じ開催しています。恒星や惑星、星雲・星団、銀河など美しい天体の姿を見ることができます。

隣接する星天城のプラネタリウム（ドーム径6m）は毎日投影し、当日の星空を解説します。

近隣の文化施設に町立久万美術館と面河山岳博物館があります。町立久万美術館では近代洋画家たちの作品鑑賞を、面河山岳博物館では石鎚山系の自然と人文を紹介しています。

望遠鏡
光学系／反射
口径／60cm
設置年／1992年

DATA

- 名称：久万高原天体観測館
- 住所：愛媛県上浮穴郡久万高原町下畑野川乙488
  TEL 0892-41-0110
- 時間：13:00～17:00（平日）、10:00～17:00（土・日・祝）
  火・木・土曜日の観望会は19:30～22:30（季節によって変更あり）
- 休：月曜日、祝日の翌日、年末年始
- ¥：大人：500円・高校大学生：400円・幼小中学生：300円　※団体割引あり、天文台は予約が必要です。
- 交通：【松山自動車道】松山ICより車で45分／【JR予讃線】松山駅よりバスで「久万高原下車」、車で10分
- HP：http://www.kumakogen.jp/site/astro/

星の講演会、星のコンサート、宙ガールの観測会、ペルセウス座流星群観察会などを開催しています。

宇宙×旅 宙（そら）ツーリズムで星空体験

国立天文台・准教授／
宙ツーリズム推進協議会・代表
縣　秀彦

（あがた・ひでひこ）
1961年長野県生まれ。専門は天文教育（教育学博士）。国立天文台天文情報センター普及室長、国際天文学連合（IAU）国際普及室長。NHK高校講座やNHKラジオ深夜便にレギュラー出演中。国立天文台4D2Uドームシアターの建設責任者であり、国際科学映像祭の生みの親でもある。

星空体験を天文台で

「上を向いて歩こう」、「見上げてごらん夜の星を」……世界中の多くの人がつらい時や悲しい時に夜空を見上げています。私自身、信州（信濃大町）で過ごした青春に何度か星空に救われました。一方、その後、家族や親しい仲間と満天の星空を見上げ、幸せな気持ちを味わえたことも多々あります。一人で対峙して自分の過去や未来と語り合う時間も、友と共感しあう瞬間も、満天の星空ほどかけがえのない存在はありません。日常を離れ、星を見ながら自分自身や他者と対話する素敵な「星空体験」を全国の公開天文台でしてみませんか？

素敵な星見スポットがたくさん

満天の星空を眺める。街中に住んでいるとなかなかそんな機会がありません。日本を離れて、星空が綺麗なことを目玉にしているニュージーランドなどに出掛けようという人もいるかもしれません。しかし、国内には素敵な星見ポイントが沢山あります。高原や人里離れたところに大型公開天文台があり、街中の科学館やプラネタリウム館も週末などに天体観望会を開催しています。まずは、お住まいの地域にある身近な施設を訪ねてみましょう。天体望遠鏡で天体が見られるのみならず、星座の探し方や望遠鏡の使い方、疑問だった宇宙の謎解きなど、何処の天文台でも個性溢れるスタッフが親切に教えてくれることでしょう。そして星好きの仲間に出会うチャンスにも。

公開天文台を巡ろう

日本は小国のイメージが強いと思います。ところが、どうしてなかなか広い国土です。北海道から沖縄まで、およそ3000㎞の長さがあります（北緯45度から北緯20度まで約25度の南北差。東経123～154度の約30度の差）。

私が訪ねたことがあるなかで、最北端の公開天文台は、なよろ市立天文台「きたすばる」（北緯44度21分）。一番驚いたことは、はくちょう座の1等星デネブが、1年通じて、地平線の下に沈まないことです。夏の大三角のこと座のベガ（織姫星）が、日本の多くの地域では、夏の夜空で真上を通過するのですが、北海道ではデネブが真上を通過します。デネブを含めて、はくちょう座の星の並びは「北十字」と呼ばれています。秋になると、北十字は西の空に沈んでいきます。しかし、北緯の

©宙ツーリズム推進協議会

星空を見上げてごらん

宙ツーリズムとは？

天文台を訪ねる旅のほか、星空や天文現象を目的とした旅、オーロラやご来光、ロケット打ち上げなどを体験する旅、さらには宇宙旅行も含めて「宙ツーリズム」と総称しています。

高い名寄市では、北十字の先端のデネブが「周極星」なのです。

一方、訪ねたことがある最南端の公開天文台は石垣島天文台です。地元石垣市と国立天文台などが共同で運用しているユニークな天文台です。北緯24度22分。名寄からは20度も緯度が下がります。春には、石垣島で南十字星を見ることができます（6月前半までがチャンス）。日本で南十字星全体を見るには沖縄も石垣島まで南下しないと無理なのです。太陽系に一番近い恒星ケンタウルス座α星も見ることができます。

このように旅の楽しみの一つとして、そこでしか、その季節でしか、またはその暗い環境でしか見えない天体を楽しむことは人生を豊かにしてくれるに違いありません。

いま、宇宙が熱い？

実は眠る暇がないほど、いま宇宙は旬を迎えています。光や電波といった古くからの文（ふみ）に加わって、新しい天からの文、「重力波」が検出されました。重力波天文学は、ブラックホール同士の合体・消滅や中性子星の合体を観測し、さらには宇宙の始まりインフレーションの謎を解くカギともなることでしょう。一方、宇宙人探しもその大捜査時代が幕を開けました。２０１８年７月現在、太陽系外に見つかった惑星の数は３８００個を超えます。２０２０年代になると、これらの系外惑星の表面の特徴を調べられる性能を持つＴＭＴ（30ｍ望遠鏡）やＥ－ＥＬＴなどの超大型地上望遠鏡が複数完成し、専用宇宙望遠鏡との共同探査によって、近隣の系外惑星に住む生命の可能性が真剣に議論される時代に入ることでしょう。21～22世紀中（すなわち今後１００年ぐらい）には、地球以外に住む知的生命体との文通（コミュニケーション）が始まっているかもしれません。つまり、天からの文のみを50世紀以上かけて読み取ってきた人類が、ついに天に向かって「文」を送る時代が訪れようとしています。

宇宙×旅＝宙ツーリズム始まる

近年「宙ガール」がブームになり、京都嵐山の「宙フェス」を始め気軽に楽しめる多くの天文・宇宙イベントが全国で開催されるようになりました。そして次にブームが来るのは「宙ツーリズム」ではないでしょうか？　そもそも天文・宇宙への関心は、スポーツや音楽、芸術と同じように一つの文化活動です。子どもの頃に好きになったスポーツを大人になっても続けるように、ピアノやギターを習っていた子が、大人になっても趣味で演奏を続けていたり、演奏会を聴きに行ったりするように、子どもの頃の星や宇宙への関心が大人になっても継続していく。そんな文化環境を育て維持していけたらと願っています。私たち現代人には、実際に自分の目で星を見るという日常がほとんどありません。綺麗な星空を見るとなると、どこか遠くの特別な場所に行かなければならないと考えがちですが、地域・地域で素敵な星空体験ができる公開天文台が日本には沢山あります。天文・宇宙の敷居を低くして、星や宇宙を身近に感じる人を増やしたい。人類が皆、星や宇宙を身近に感じて生きていけたらと「この時代」だからこそ、強く願っています。

九州・沖縄

石垣島天文台（国立天文台）〔天〕

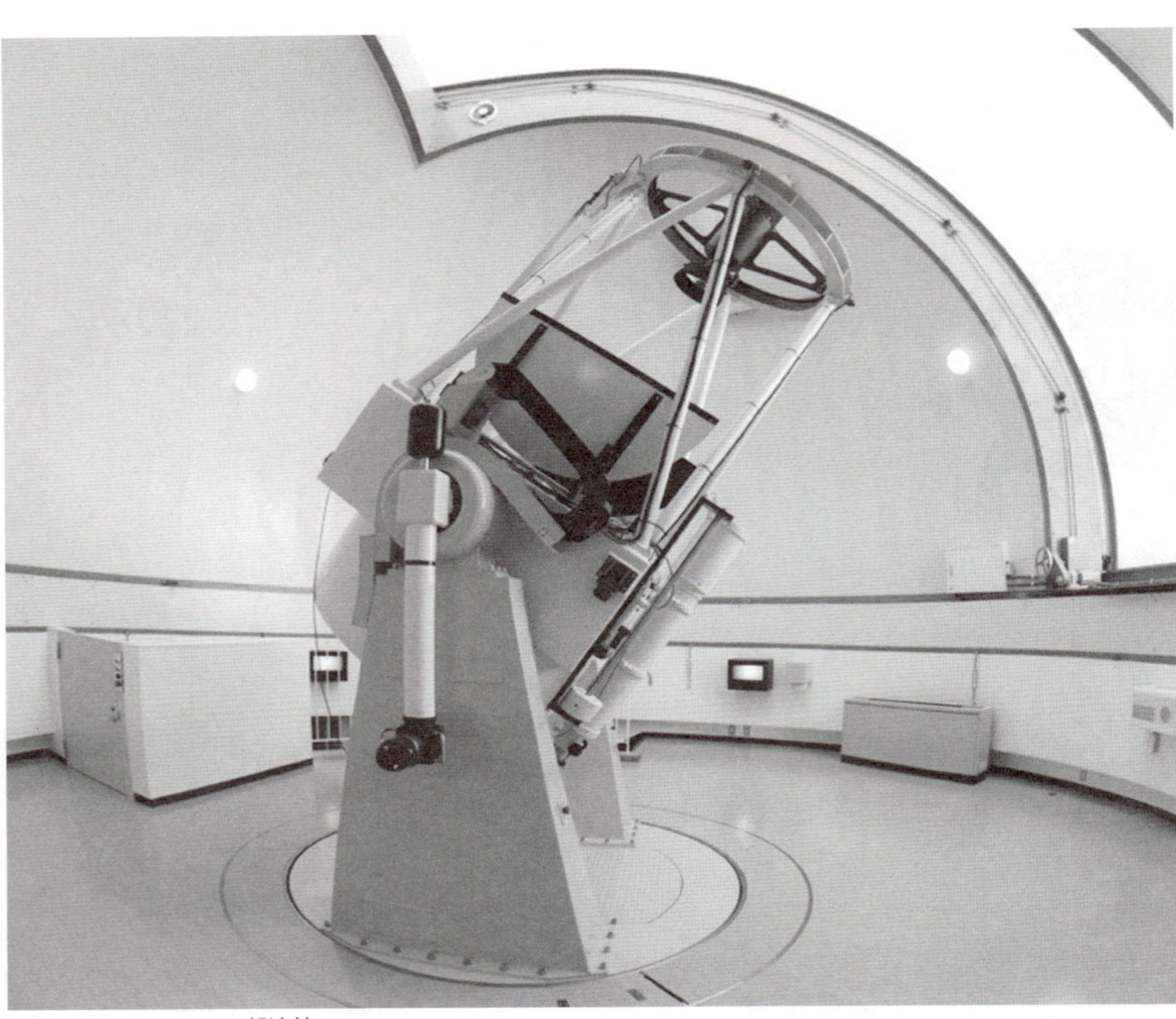
口径105cmむりかぶし望遠鏡　©NAOJ

望遠鏡
光学系／反射
口径／ 105cm
設置年／ 2006 年

大口径の望遠鏡で観望する惑星は迫力満点　©NAOJ

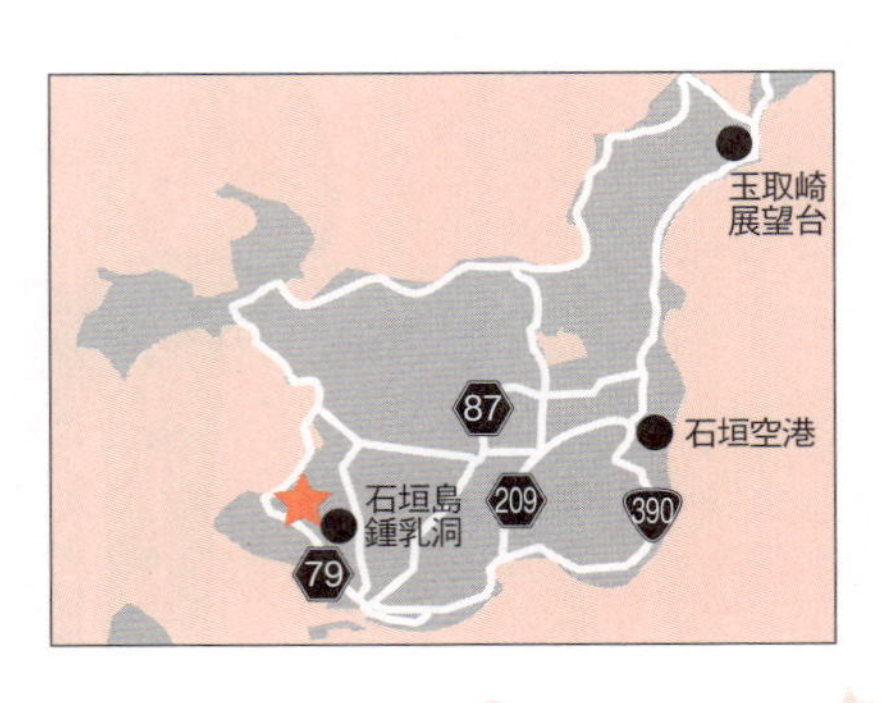

口径105㎝むりかぶし望遠鏡による天体観望会を開催

石垣島は北緯24度、日本の西南端にあり、国内でも最も多くの星が見える地域です。88の星座のうち一部見えるものを含めると84が見え、全天で21ある1等星すべてを見ることができます。南半球で見える星座としても有名な南十字星や、都会ではなかなか見ることができない天の川を肉眼で観察することができます。また、ジェット気流の影響が少なく大気が安定しており、望遠鏡で木星や土星などの惑星を見ると細かい構造までくっきりと見ることができます。

石垣島天文台は九州・沖縄で最大となる口径１０５㎝の光学・赤外線反射式望遠鏡「むりかぶし（プレアデス星団［すばる］の八重山の方言名）」を備える国立天文台の観測研究施設です。昼間は望遠鏡などの施設見学ができるほか、土日祝日の夜には望遠鏡で実際に天体を観察する天体観望会が開催されています。また、併設されている石垣市星空学びの部屋では国立天文台が開発した４Ｄ２Ｕ（４次元デジタル宇宙）シアターで立体的な宇宙を楽しむことができます。

石垣島天文台は年間1万人を超える見学者が訪れる施設で、天体観望会や４Ｄ２Ｕシアターなどを通して天文学の広報普及活動がおこなわれています。また、地理的な条件の良さを活かした太陽系天体や突発天体の観測が実施されており、観測史上最大級のガンマ線バースト研究に貢献するなど多くの成果が挙がっています。毎年夏には太陽系の新天体探査をおこなう高校生向けの観測体験企画や大学生向けの観測実習が開催され地域の教育にも役立てられています。

石垣島天文台と夏の天の川　©NAOJ

天体観望会：土日祝日の夜（1回30分　1日2回開催、定員30名、要電話予約）
4D2Uシアター：開館日の15:00～（1回30分　1日1回開催、定員30名、要電話予約）

DATA
：石垣島天文台（国立天文台）
：沖縄県石垣市新川1024-1
TEL 0980-88-0013
：10:00～17:00（入館は16:30まで）
休：月・火曜日（月曜日が祝日の場合は火・水曜日）
¥：無料
：【南ぬ島石垣空港】より車で40分、または市街地から車で20分
HP：http://www.miz.nao.ac.jp/ishigaki/

春日市白水大池公園　星の館〔天〕

（かすがししろうずおおいけこうえん　ほしのやかた）

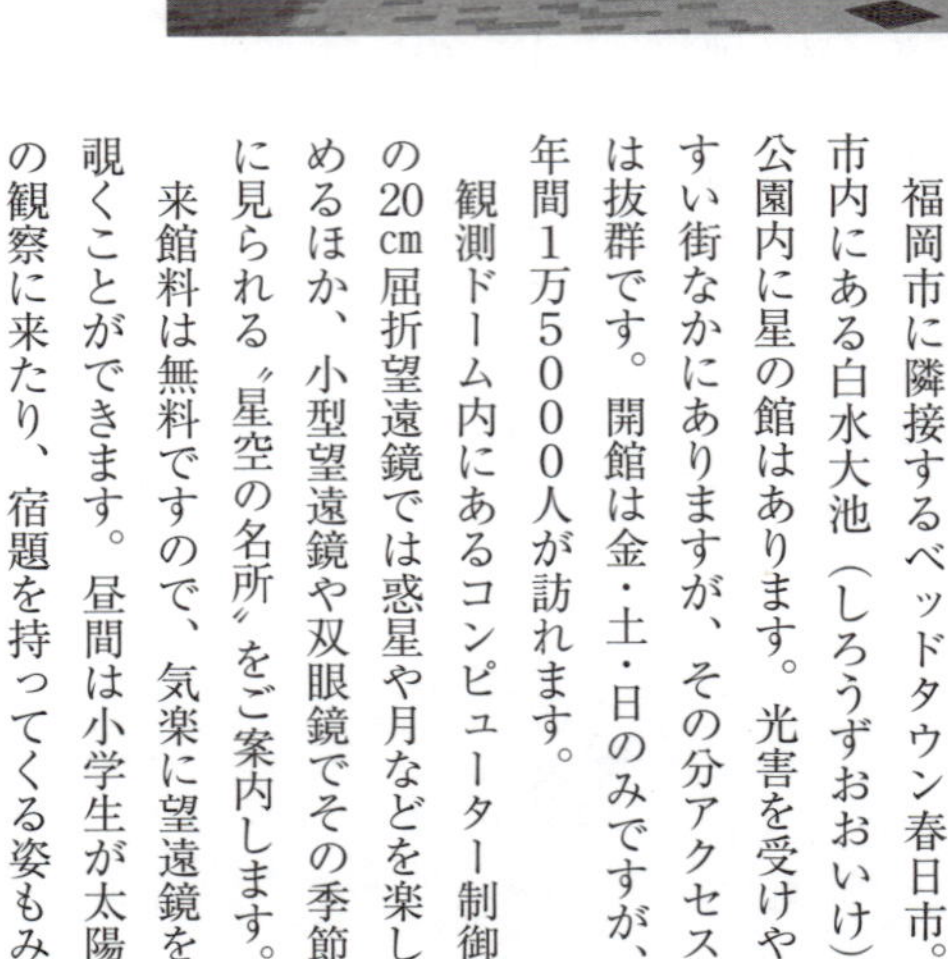

街なかで星に出会える、かよいたくなる天文台です。

DATA

- ：春日市白水大池公園　星の館
- ：福岡県春日市下白水209-171 TEL 092-558-9099
- ：14:00〜21:00(6/1〜9/15は21:30まで)
- 休：月〜木曜日、12/28〜1/4
- ¥：無料
- ：【JR鹿児島本線】春日駅よりバスで「松ヶ丘入口」下車、徒歩5分
- HP：http://www.hoshinoyakata.com/

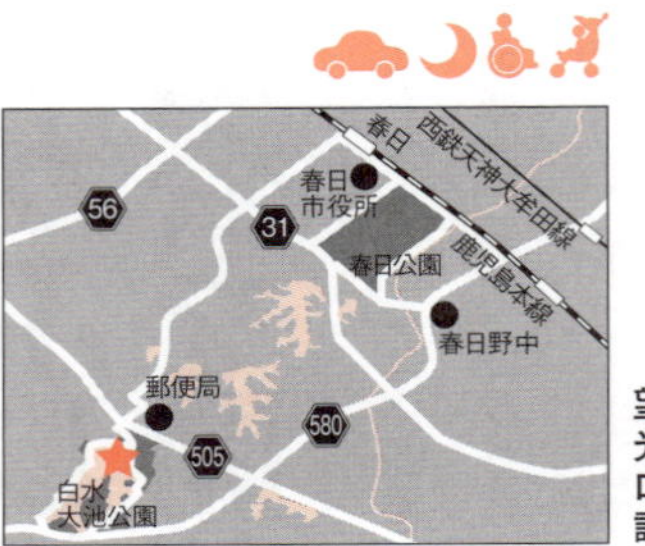

望遠鏡
光学系／屈折
口径／20cm
設置年／2011年

福岡市に隣接するベッドタウン春日市。市内にある白水大池（しろうずおおいけ）公園内に星の館はあります。光害を受けやすい街なかにありますが、その分アクセスは抜群です。開館は金・土・日のみですが、年間1万5000人が訪れます。

観測ドーム内にあるコンピューター制御の20cm屈折望遠鏡では惑星や月などを楽しめるほか、小型望遠鏡や双眼鏡でその季節に見られる〝星空の名所〟をご案内します。

来館料は無料ですので、気楽に望遠鏡を覗くことができます。昼間は小学生が太陽の観察に来たり、宿題を持ってくる姿もみられます。

星のことを覚えながら1年かけて集める星空スタンプラリー、毎月の工作教室、星空と共に楽しむ音楽会、星にまつわる仮装パーティなど、1年を通して来館者が楽しめるイベントを企画しているのも人気の秘訣です。

市民から募った星好きのボランティアの登録は50名を超え、来館者目線の星の解説やおはなし会は年齢層を問わず多くのリピーターを生んでいます。

太陽プロミネンスや惑星の姿に感動

ボランティアスタッフが観察をサポート

毎週のイベントや工作などの詳細はHPをご覧ください。

福岡市立背振少年自然の家（せふり天文台）〔野〕

透明度の良い夜は、天の川を肉眼で見ることができます。

DATA

- 福岡市立背振少年自然の家（せふり天文台）
- 福岡県福岡市早良区板屋530
  TEL 092-804-6771
- 9:00～17:00（星空観察会は通常19:00～20:30）
- 休：12/29～1/ 3、12～3月の毎週月曜日
- ¥：星空観察会（SW）の参加は無料、宿泊する場合は有料（HP参照）
- 天神から那珂川町経由29 km、車で80分
- HP：http://www.fukuoka-shizennoie.jp/sefuri/

望遠鏡
光学系／屈折
口径／25cm
設置年／1999年

福岡市立背振少年自然の家は、人口157万人余の大都市、福岡市の南西、脊振山の中腹、標高560mの高さにあり、脊振山系の山々と豊かな自然に恵まれた場所です。

せふり天文台は、5mドームの中に25cmフローライト屈折赤道儀が設置されています。観望デッキがあり、10cmクラス小型屈折望遠鏡などで天体を観察することができます。敷地内の運動広場では、夏になるとペルセウス座流星群の観察会も、行っています。

天文台のご利用に関しては、事前に施設の利用と有料講師の申し込みが必要となりますが星空の楽しいお話や、惑星・季節の星空をじっくり観察することができます。学校などの少人数の団体から、ご家族などの少人数まで幅広いご利用がございます。また、3月下旬～11月の隔週土曜日（不定期）は、スターウオッチング（星空観察会）を開催しており、どなたでも星空を観察することができます。こちらは事前の申し込み不要で、無料で参加することができます。

ぜひ一度、背振少年自然の家へお越しください。

星空観察会では、スタッフのお話と、星空の観察ができます。

深夜のペルセウス座流星群は、たくさんの流星を肉眼でみることができます。

星空観察会（スターウォチング）：3月下旬～11月の間、隔週ごとに開催（夏休み期間中は毎土曜日）。ペルセウス座流星群観察会（8月12～13日実施）

星の文化館〔天・宿〕

九州本土最大！口径100cmの天体望遠鏡を使って、はるか遠くの星たちを、自分の目で覗いてみましょう！

DATA

- :星の文化館
- :福岡県八女市星野村10828-1
  TEL 0943-52-3000
- :月・土・日・祝：10:30～22:00（最終入館は21:30まで）／水・木・金：13:00～22:00（最終入館は21：30まで）
  ※天候不良の場合は、20：30にて一般受付を終了
- 休:火曜日（年末年始、祝日、春・夏休み・GW期間中は開館）
- ¥:大人：500円・小学生：300円・4～6歳：100円※プラネタリウムは別料金（セット券あり）
- :【九州自動車道】広川IC、または八女ICより車で50分／【大分自動車道】杷木ICより車で50分
- HP:http://www.hoshinofurusato.com/

望遠鏡
光学系／反射
口径／100cm
設置年／2017年

九州本土最大の１００cm天体望遠鏡と65cm天体望遠鏡のツインドームを備えた天文台です。休館日の火曜日を除き、土・日・祝日そして平日でも昼間から望遠鏡が公開されています。

昼の部は65cm望遠鏡で太陽やお昼に見える星を、夜の部は１００cmの望遠鏡でその時期に見えるメジャーな天体を専門の係員がご案内いたします。

最新プラネタリム投影機は、雨の日や曇りの日でも美しい星空をスクリーンに映し出します。

併設するプチホテルは、木造りのぬくもりのある客室で、和室やロフト付きのファミリールーム、シンプルなツインルームやカプセルルームとバリエーションが豊かです。宿泊者には21時過ぎよりプラネタリウムと22時からの天体観測会をそれぞれ宿泊者専用回でご案内いたします。

星野村は八女茶の産地でもあり、近くの茶の文化館では伝統本玉露を「しずく茶」として味わうことができます。穏やかな風景に浸りながら、茶そばや茶飯、抹茶アイス、大福やおまんじゅうなどもお楽しみいただけます。

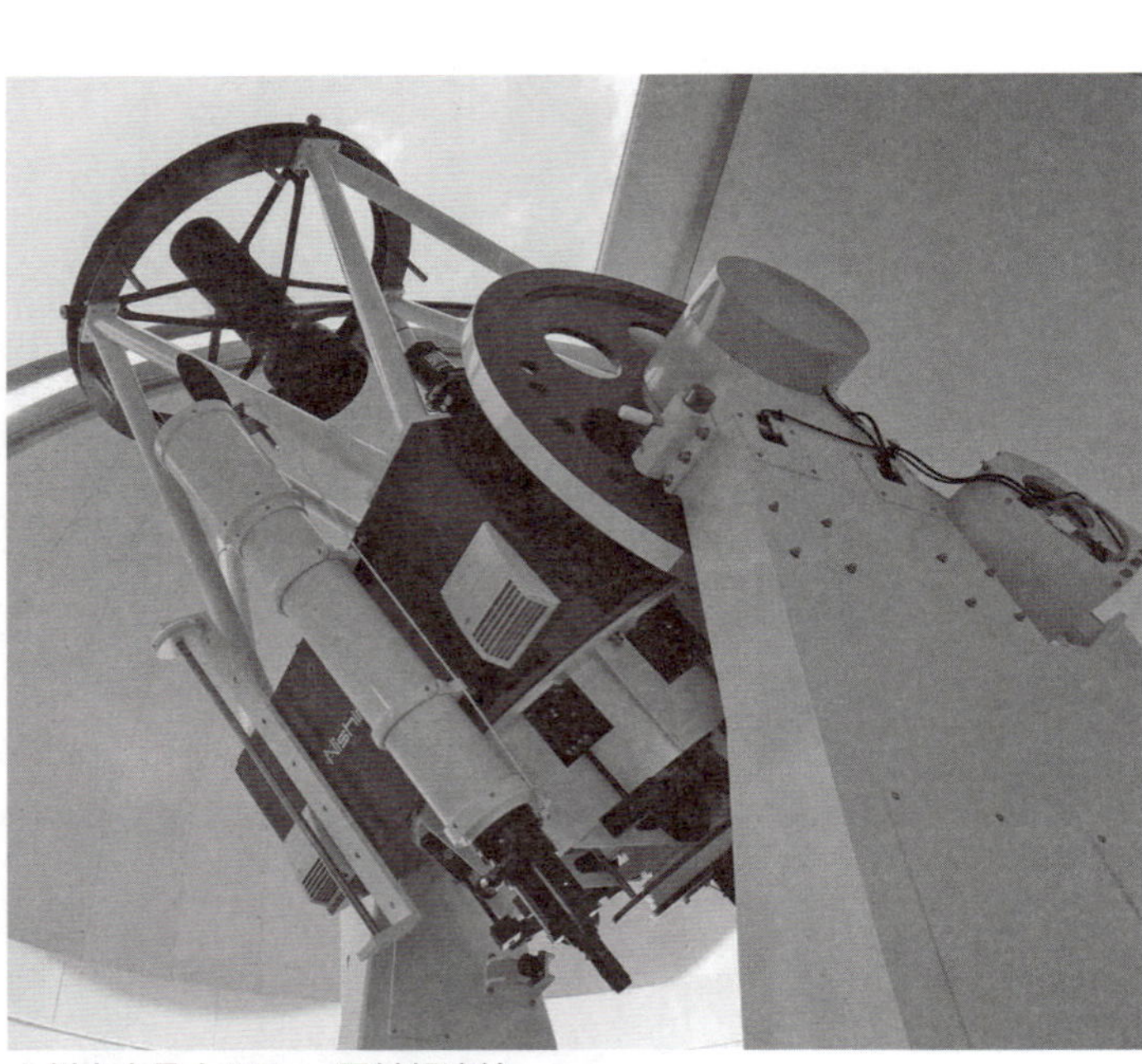

九州本土最大100cm反射望遠鏡

> 併設ホテルへご宿泊の方限定のプラネタリウム上映と特別観望会を毎日おこなっています。

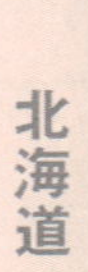

佐賀市星空学習館〔社〕

星と科学を楽しく学べるイベントをおこなっています。

DATA

- :佐賀市星空学習館
- :佐賀県佐賀市西与賀町大字高太郎328
  TEL 0952-25-6320
- :9:00～22:00
- 休:月曜日（祝日の場合は翌日）、年末年始
- ¥:無料（貸館利用の場合は有料）
- :【佐賀駅バスセンター】よりバスで「ブルースタジアム前」下車、徒歩5分
- HP:http://saga-hoshizora.com/

望遠鏡
光学系／屈折
口径／20cm
設置年／1992年

北に背振山地が広がり、南には有明海が広がる自然豊かな佐賀市にある天文台付の施設です。最寄り駅から車で10分ほどの距離にありますが、周りに大きな商業施設がなく、街明かりが少ないため、条件の良いときは天の川がみえることもあります。また、東・南・西の見晴らしが良いため、低空の星空の観察に最適です。水星観望会や冬のカノープス観望会は毎年恒例の行事となっています。施設内での星空観察だけでなく、学校や地域に出向いての、出前教室もおこなっています。また、年間を通して体験して楽しく学べる科学イベントも盛りだくさんです。

また近隣には、佐賀の歴史が学べる「佐賀城本丸歴史館」や「吉野ヶ里遺跡」、熱気球の仕組みについて学べる施設「バルーンミュージアム」、ラムサール条約湿地に登録され野鳥やシチメンソウ観察の場所として人気の「東よか干潟」、たくさんの動物と触れ合える「どんぐり村」があります。38℃のぬるめの泉温とぬるぬるした心地良い肌触りが特徴の「古湯・熊の川温泉街」でゆっくり体を休めるのも良いかもしれません。

佐賀の自然を満喫しにぜひ遊びにいらしてください。

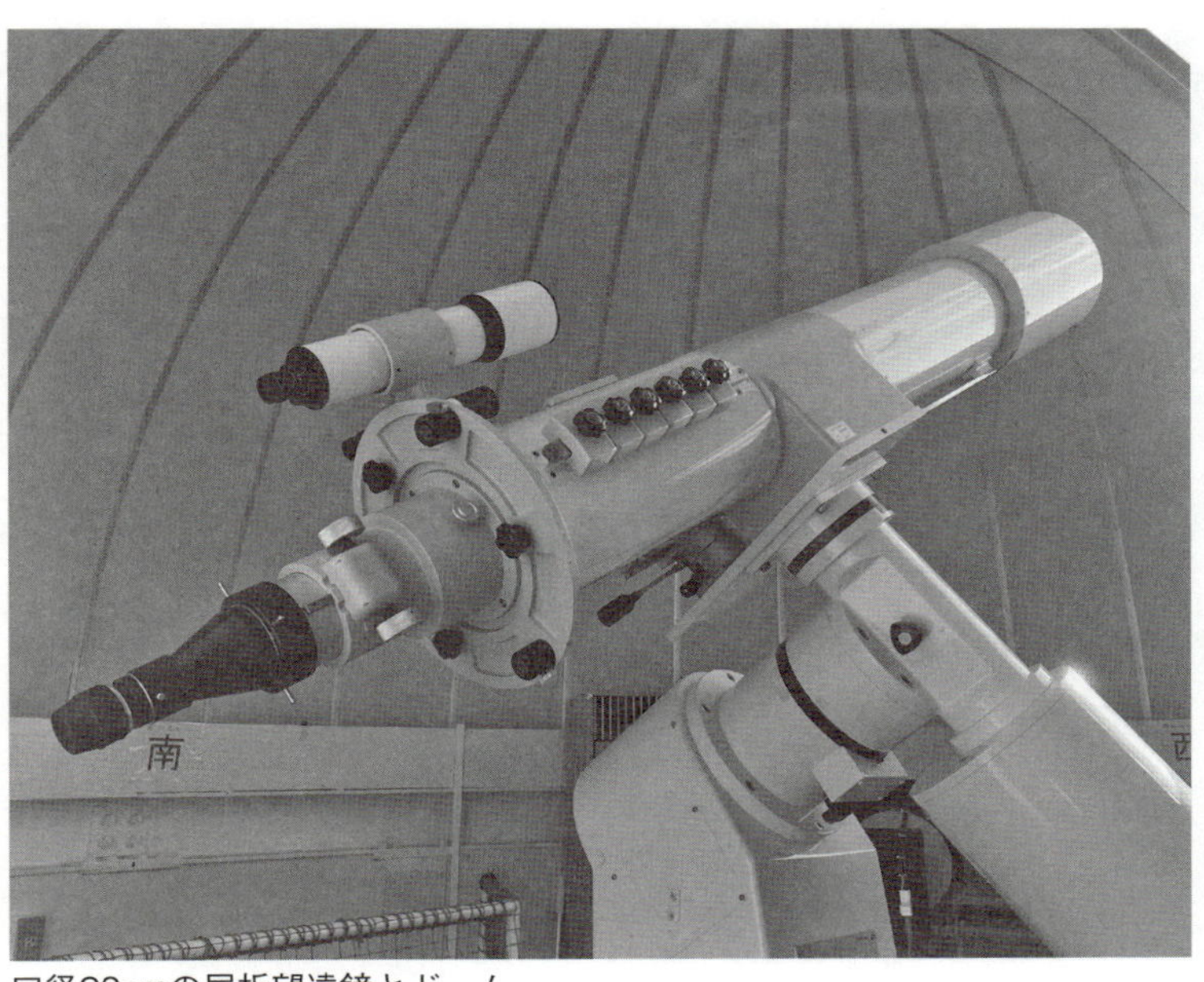

口径20cmの屈折望遠鏡とドーム

毎週金曜・土曜日の夜と土曜・日曜日の昼に観望会をおこなっています（無料・予約不要）。詳しくは、星空学習館HPをご覧ください。

熊本県民天文台〔天〕

市民への公開活動を毎週続けているアマチュア天文台です。

DATA

- :特定非営利活動法人　熊本県民天文台
- :熊本県熊本市南区城南町塚原2016（塚原古墳公園内）
  TEL 0964-28-6060
- :毎週土曜日19:00～22:00（受付は21:00まで）
- 休:日～金曜日
- ¥:無料
- :【九州自動車道】城南スマートICより車で5分／熊本市塚原歴史民俗資料館より徒歩3分
- HP:http://www.kcao.jp/

望遠鏡
光学系／反射
口径／40cm
設置年／2018年

熊本市南区城南町にある国指定史跡「塚原古墳群」の中にあります。城南スマートインターチェンジが開通し、高速道路から降りて5分で到着する好立地です。春は桜、秋はコスモスが咲き乱れ観光の名所です。古墳群には児童公園もあり、温泉施設も近くにあります。塚原歴史民俗資料館では1500年以上前からの歴史を感じることができます。昼間から夜まで楽しめるところです。

古墳公園内は照明がなく開発もできませんので、夜間の観測には最適です。毎週土曜日の晴れた日に開館しています。予約不要で無料での公開です。40cmの望遠鏡での観望や星空解説など、スライディングルーフの観測室で満天の星空の下、楽しめます。

メインの望遠鏡が熊本地震で倒壊しましたが、2018年6月24日に新しい望遠鏡の寄贈式がおこなわれ、安全で見やすい望遠鏡として公開中です。

満天の星の下で星空を堪能！

観望会　毎週土曜日の晴れた日 19:00 ～ 22:00、予約不要、無料。特別公開あり、詳しくはHPで確認ください。

北海道
東北
関東
中部
近畿
中国・四国
九州・沖縄

さかもと八竜天文台〔天〕

公開天文台では日本最大口径の屈折望遠鏡です。

DATA

- :さかもと八竜天文台
- :熊本県八代市坂本町中谷は335-2
  TEL 0965-45-3453
- :13:00〜22:00
- 休:火・水曜日（夏休みは火曜日のみ）、年末年始
- ¥:大人:300円・高校生まで:150円・幼児:無料
  ※団体割引あり
- :【九州自動車道】八代ICまたは八代南ICより車で35分／【JR肥薩線】坂本駅より車で20分
- HP:http://www.astro.city.yatsushiro.kumamoto.jp/

八代南IC
3
九州新幹線
九州自動車道
球磨川
肥薩線
GS
坂本
坂本中

望遠鏡
光学系／屈折
口径／30cm
設置年／1997年

八代市街地を見下ろし、遠く雲仙島原まで見渡せる、視界良好な標高500mの八竜山山頂にある天文台です。反射望遠鏡とはひと味違う、大口径屈折望遠鏡で見る星空は、非常にすっきりした見え方が特徴です。

観測室ドームの外には360度見渡せる回廊が一周し、各種対空双眼鏡や望遠鏡を操作し、自由に星を眺めることができます。星座観察用の高視野低倍率双眼鏡を使っての星空教室も実施しています。昼間の太陽観測機器も充実。展望台として眺望も抜群。

日本最小のプラネタリウムも併設。絨毯に寝っ転がっての鑑賞はカップルや家族連れにぴったり。係員自ら解説致しますので楽しい会話も弾みます。

敷地内にはロッジやコテージがあり、夜景や星空を眺めながらお過ごしいただけます。

周辺には鮎やな、ジビエ料理を提供する施設や温泉もあり、日本三大急流の一つ、球磨川でのラフティングも楽しめます。

天文台のチケットは当日有効ですので昼間来て夜に再入館することができます。

30cm屈折望遠鏡と観測ドーム

四季折々の星座や星雲、太陽系の惑星などを観察します。特別な天体現象の際には開館時間を延長したり、特別開館をおこないます。

南阿蘇ルナ天文台・オーベルジュ「森のアトリエ」〔天〕

星を思いっきり楽しむことに特化した体験型のお宿です。

DATA
:南阿蘇ルナ天文台・オーベルジュ「森のアトリエ」
:熊本県阿蘇郡南阿蘇村白川1810
TEL 0967-62-3006
:8:00～23:00
休:火・水曜日（長期休暇中、GWは毎日開館）
¥:ご宿泊:1人14000円～、外来:中学生以上:1000円・小学生:500円、3歳～未就学児:300円
:【九州自動車道】熊本ICより車で1時間／【JR】熊本駅より車で1時間40分／【阿蘇くまもと空港】より車で40分
HP:https://www.via.co.jp/

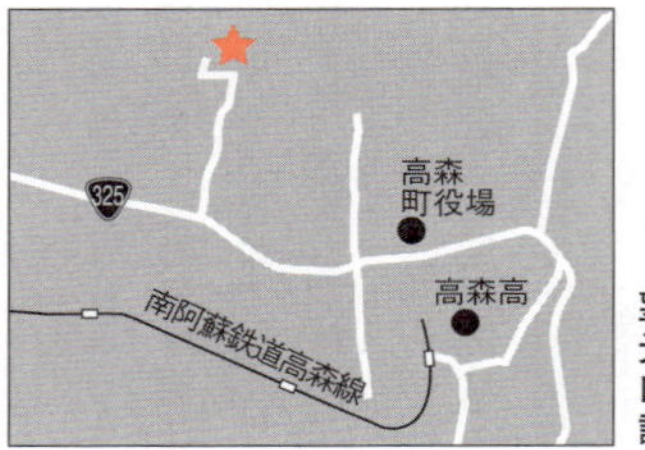

望遠鏡
光学系／反射
口径／82cm
設置年／1996年

阿蘇カルデラの大自然の中にある天文台併設の体験型宿泊施設。九州最大級の口径82㎝の天体望遠鏡や、4K投影システムを使ったプラネタリウムを備えています。また、敷地内の草地に寝転がりながら満天の星空を快適に長時間楽しめるユニークな体験プログラム「星見ヶ原」も人気です。

星空体験プログラム「4つの星空ツアー」は、独自に養成する星空解説の専門家「星のコンシェルジュ®」によるものです。専門知識はもちろん、来館者を引き込むスキルや経験を積んだプロのご案内は、国内外から高い評価を受けています。小さなお子様からご高齢の方まで、天文の知識や経験を問わず、宇宙の神秘の世界を満喫できることでしょう。

また、「第4世代型公開天文台構想」に基づく専門解説員向けの研修活動、国際会議などでの研究発表など、新たな施設・サービスの開発をおこなっています。社会が進展していく中で、その時代が求める「学びの質・学び方」に対して、公開天文台の視点からアプローチを続けています。

自由に、心ゆくまで星空を楽しめる星見ヶ原

九州最大級の口径82cm反射望遠鏡

「4つの星空ツアー」は毎日開催中。宿泊でも、外来でも利用可（予約制、詳しくはHPをご覧ください）。

北海道 東北 関東 中部 近畿 中国・四国 九州・沖縄

せきざきかいせいかん
関崎海星館〔天〕

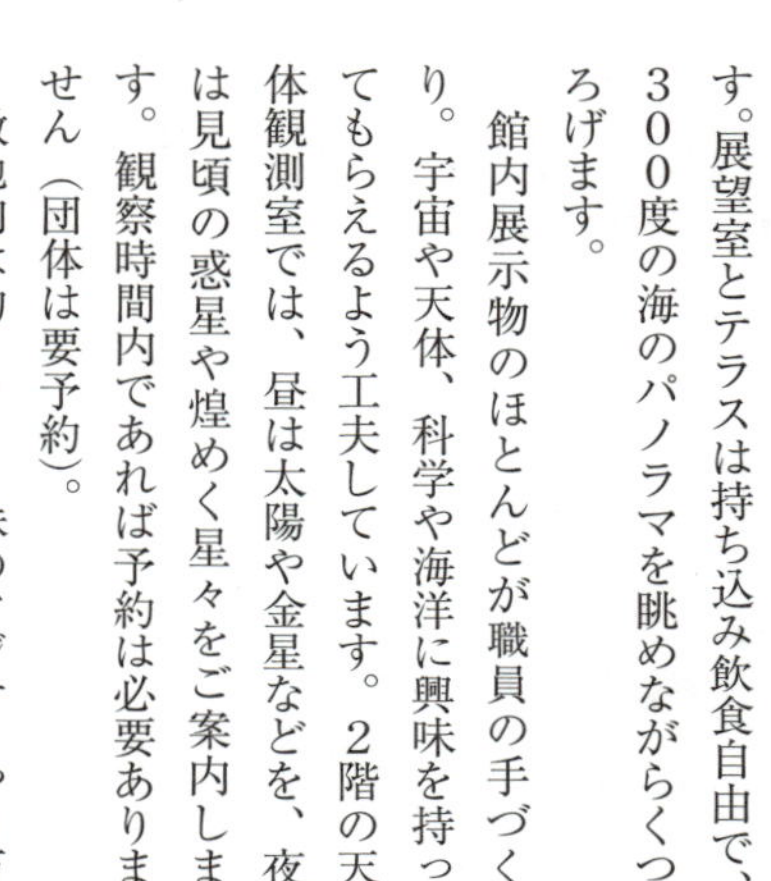

豊かな海と果てしない空を体感しませんか？

DATA

- :関崎海星館
- :大分県大分市佐賀関4057-419 TEL 097-574-0100
- :10:00～18:00（金～日曜・祝日と8月は、22:00まで）
- 休:火曜日（祝日の場合は翌平日）、12/29～1/3
- ¥:無料、天体観測室観覧料は一般：420円・高校生：210円・中学生以下：無料
- :【東九州自動車道】大分宮河内ICより車で50分／【JR日豊本線】幸崎駅よりバスで「佐賀関市民センター」下車、タクシーで10分
- HP:http://www.kaiseikan.jp/

635
黒ヶ浜
パンパシフィック・カッパー佐賀関製錬所
635
217
早吸日女神社
佐賀関市民センター

望遠鏡
光学系／反射
口径／60cm
設置年／1995年

日豊海岸国定公園に位置する当館は、大分県のブランド魚「関あじ関さば」を育む豊予海峡が見渡せる展望・天体観測施設です。展望室とテラスは持ち込み飲食自由で、300度の海のパノラマを眺めながらくつろげます。

館内展示物のほとんどが職員の手づくり。宇宙や天体、科学や海洋に興味を持ってもらえるよう工夫しています。2階の天体観測室では、昼は太陽や金星などを、夜は見頃の惑星や煌めく星々をご案内します。観察時間内であれば予約は必要ありません（団体は要予約）。

敷地内は約5000株のアジサイや4万球のスイセンなど四季折々の草花が彩り、渡り蝶のアサギマダラが飛来します。半島特有の自然に包まれて「幸せの鐘」や大分県最古の灯台「関崎灯台」をめぐる散策コースもあります。

新年の「初日の出観望会」（1月1日6～9時・雨天中止）や、こどもの日の「ドリームロケット打ち上げ」などのイベントは、多くの方々に海星館を楽しんでいただける魅力の一つとなっています。

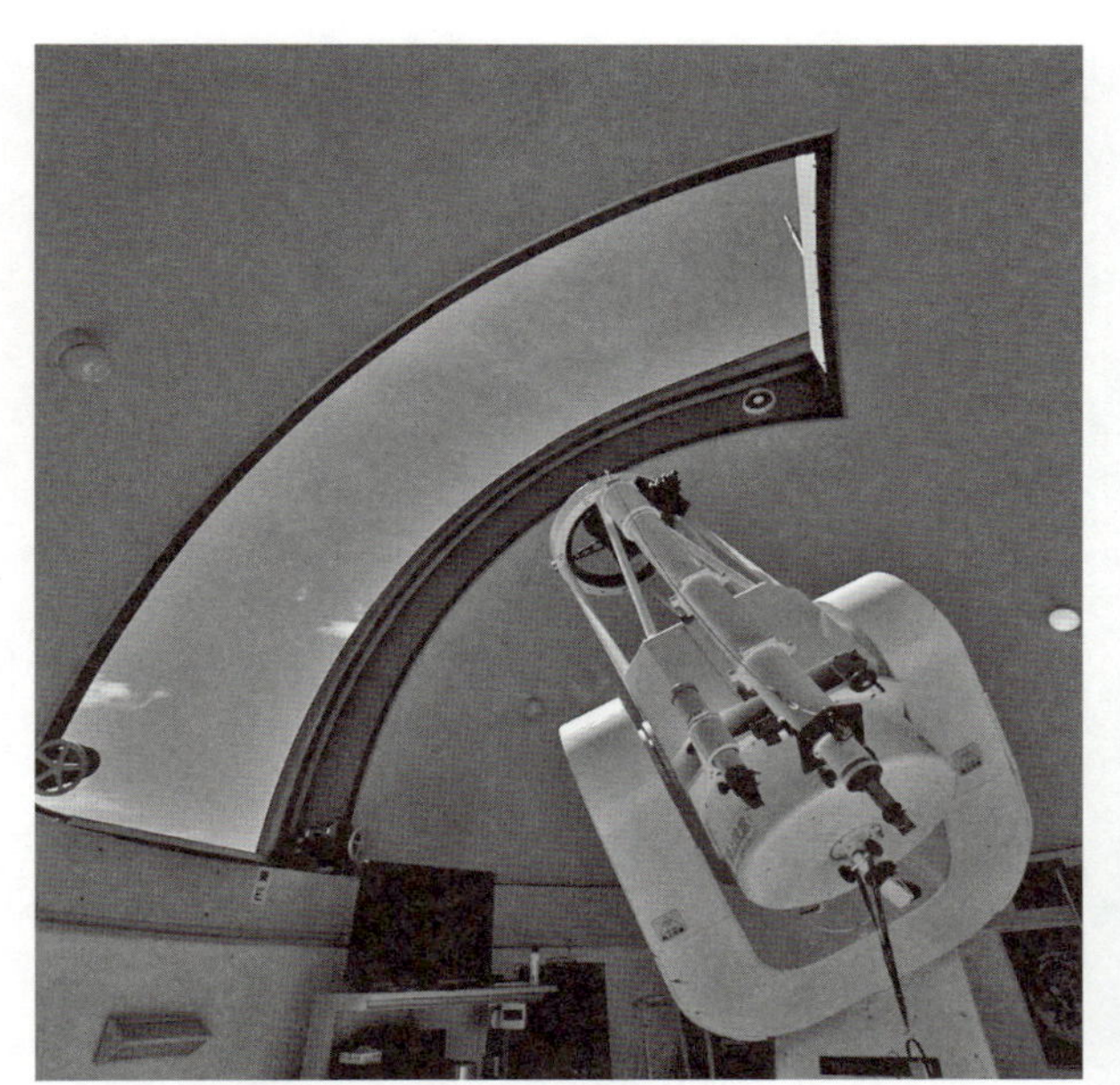

天体観測室で青空・星空散歩を楽しんで

天文講座や工作教室など、宇宙や自然科学を楽しく学ぶイベントを開催。詳しくはHPをご覧ください。

海星館から望む豊予海峡と関崎灯台

九重青少年の家〔野〕

360度パノラマの抜群のロケーションです。

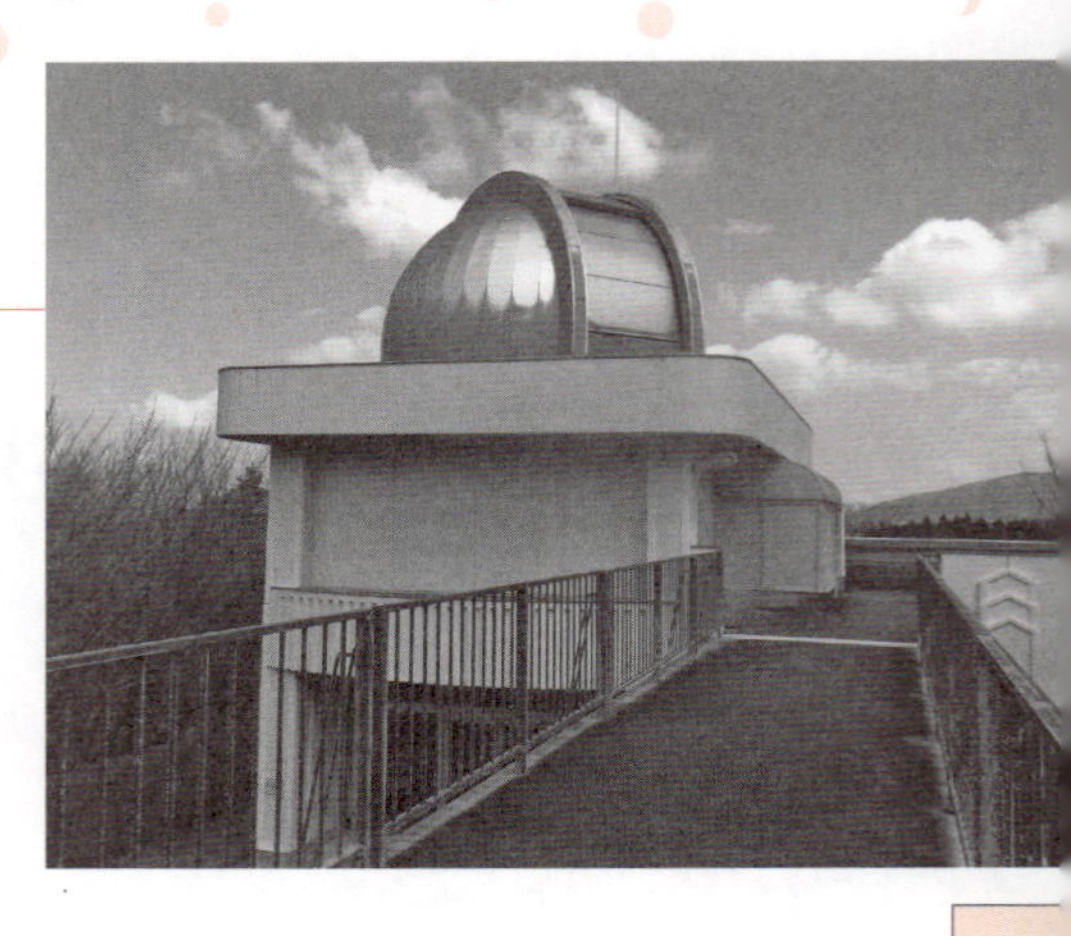

DATA
- :大分県立九重青少年の家
- :大分県玖珠郡九重町大字田野204-47
  TEL 0973-79-3114
- :13:00～22:00（必ず事前に電話で確認してください。）
- 休:年末年始
- ¥:無料
- :【JR久大線】豊後中村駅より車で40分、またはバスで「九重青少年の家」下車、徒歩1分
- HP:http://www.pref.oita.jp/site/kokonoe/

望遠鏡
光学系／屈折
口径／20cm
設置年／1993年

当施設は、くじゅう山系泉水山のふもと標高約１０００mの位置にあり、好条件での天体観測が可能です。

ドーム内の主鏡のほかにも、屋上テラスに設置された16基のピラーを使って、ED６・５cm屈折望遠鏡で来場者がそれぞれ独自に操作・観測することが可能です。さらにミヤウチ10cm双眼鏡３台、タカハシ８cm屈折２台、タカハシ６・５cm屈折５台を移動用として常備しています。

本館には３０４人収容の宿泊棟と、食堂、プラネタリウム、視聴覚室、研修室、体育館、工作室を備えた研修棟を配置し、各種学校からご家族まで様々な団体が活動できるよう設備を整えています。

屋外にもキャンプ場、フィールド・アスレチック場、多目的広場があるほか、近隣にはくじゅう連峰の登山口、トレッキングコース、クロスカントリーコース、乗馬牧場、地熱発電所、地獄温泉、湧水池などがあり、様々なアクティビティが可能です。

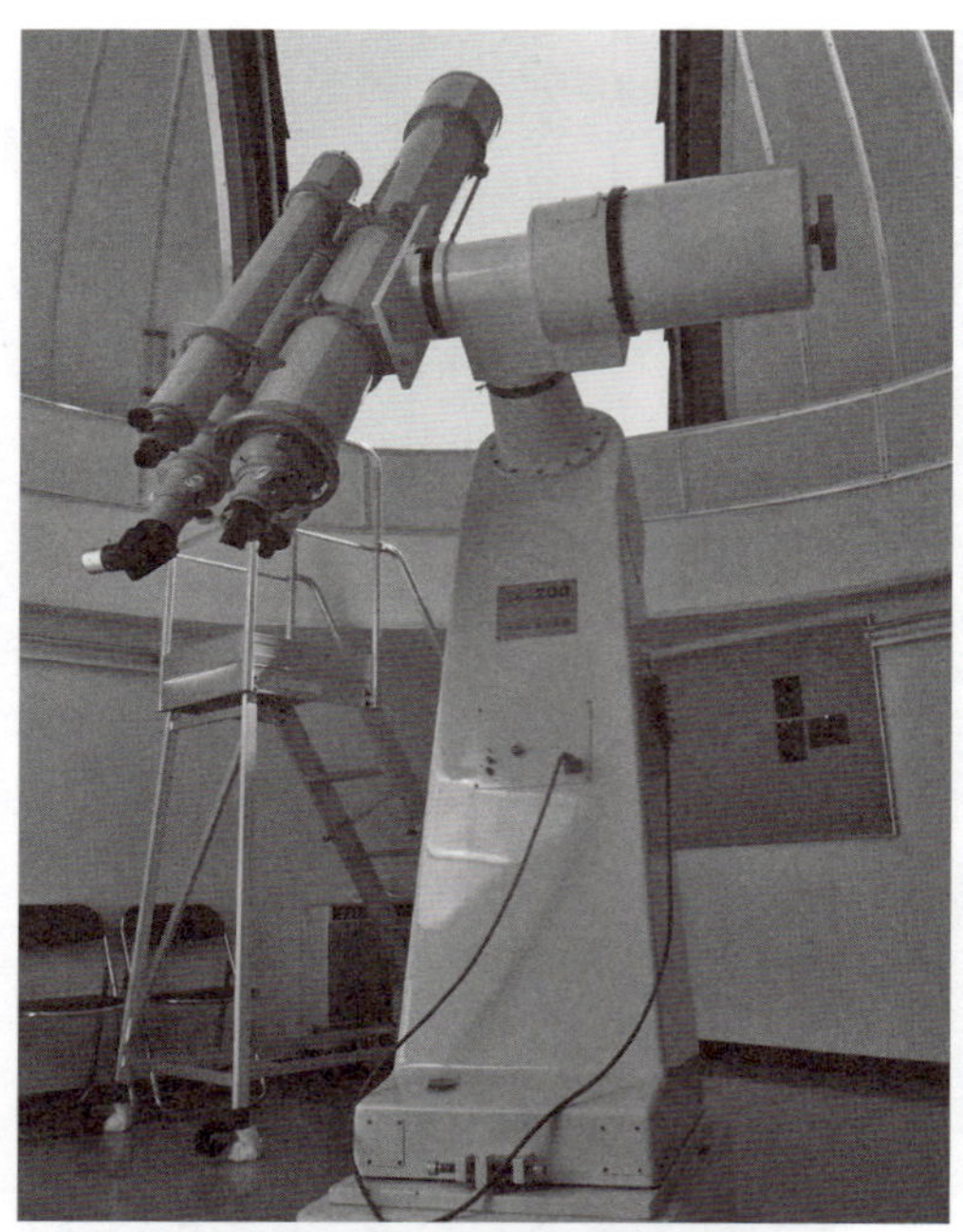
20cm屈折望遠鏡

施設主催の各事業において観測などをしています。
日程・申込方法はHP、Facebookなどでお知らせしています。

たちばな天文台〔天〕

年間通して多数のイベントを開催しております。

DATA

- たちばな天文台
- 宮崎県都城市高崎町大牟田1461-22
  TEL 0986-62-4936
- 昼間10:00～15:00、夜間19:00～22:00（15:00～19:00は閉館）
  ※夜は金・土・祝前日のみ、平日・日曜日の夜間は要予約、臨時開館あり
- 休：木曜日
- ¥：中学生以上：310円・小学生：100円・未就学児：無料
  ※ラスパ温泉宿泊者割引、団体割引あり
- 【JR九州吉都線】高崎新田駅から徒歩20分／【宮崎自動車道】高原ICより車で15分、または都城ICより車で20分
- HP：http://www.laspa-takazaki.jp/tenmondai/tachibana-tenmondai-index.html

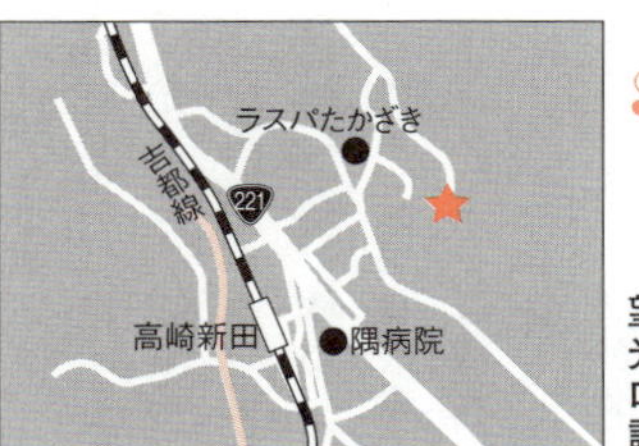

望遠鏡
光学系／反射
口径／50cm
設置年／1991年

当天文台は、霧島連山の東麓に広がる自然豊かな田園の小高い丘の上にあり、360度見渡せる眺望は絶景です。施設の3階のドームに50cm大型反射望遠鏡、20cm屈折式望遠鏡、1階の観測室に40cmシュミットカセグレン望遠鏡、20cm反射望遠鏡があり、惑星や月、季節の星々を、また、昼間は、太陽や、惑星、主な1等星などをご案内しております。

雨天、曇天時には、プラネタリウムを使って、その日の見える星空を投影し解りやすく面白い解説しています。

さらに年間を通して、星空教室はもちろん様々な実験、体験、工作などの教室、コンサートなどを実施しております。

詳しくはホームページをご覧ください。

たちばな天文台から望む雲海に浮かぶ霧島連山

季節ごとの星空教室・月の撮影会・伝統的七夕の夕べ・十五夜お月見・年越し星見会・各流星観望会など

中小屋天文台「昴ドーム」〔天〕

頭上注意！ 星が降ってきます。満天の星空がお迎えします。

DATA

- 🔭：中小屋天文台「昴ドーム」
- ★：宮崎県東臼杵郡美郷町北郷宇納間7579-2
  TEL 0982-68-2522（一般社団法人美郷町観光協会）
  ※受付は火曜日を除く9:00～17:00
- 🕘：13:00～21:00（原則2日前までの完全予約制）
- 休：火曜日、年末年始　※その他都合により休館あり
- ¥：大人：510円・3歳以上小学生以下：310円
- 🚌：【東九州自動車道】日向ICより車で80分、延岡ICより70分／美郷町役場北郷支所より車で県道210号線経由25分
- HP：http://www.town.miyazaki-misato.lg.jp/3254.html

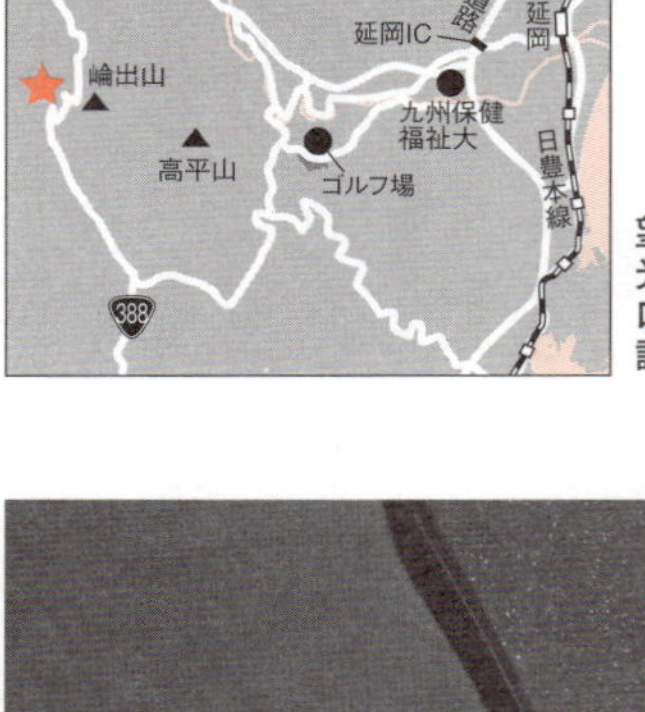

望遠鏡
光学系／反射
口径／60cm
設置年／1988年

「星降る地蔵の里」美郷町北郷地区、中小屋峠山頂標高約1000mに位置する昴ドーム。空気が澄み、光害もない観測環境の良さから全国星空継続観察「夜空の暗さ部門」で日本一に選ばれた実績を持つ、星空観望の絶好スポットです。県内最大級の口径600㎜リッチー・クレチアン式反射望遠鏡と自動導入追尾システムを備え、星のソムリエ®の資格を持つスタッフが星空をご案内します。併設する管理研修棟には、手芸加工品の販売コーナー、近隣市町村の観光案内コーナー、会議・イベントができる研修スペースを備えています。

天文台から車で約5分。標高約900mのクヌギ林の中にある素敵なコテージ・キャンプ場「スカイロッジ銀河村」は、自然豊かで夏でも冷涼な気候、快適にお過ごしいただけます（冬期休館）。木の温もりあふれるロッジには、星の名前が付けられています。両施設共に原則2日前までの予約が必要になります。

日本一の星空観望スポットで満天の星空をお楽しみください。

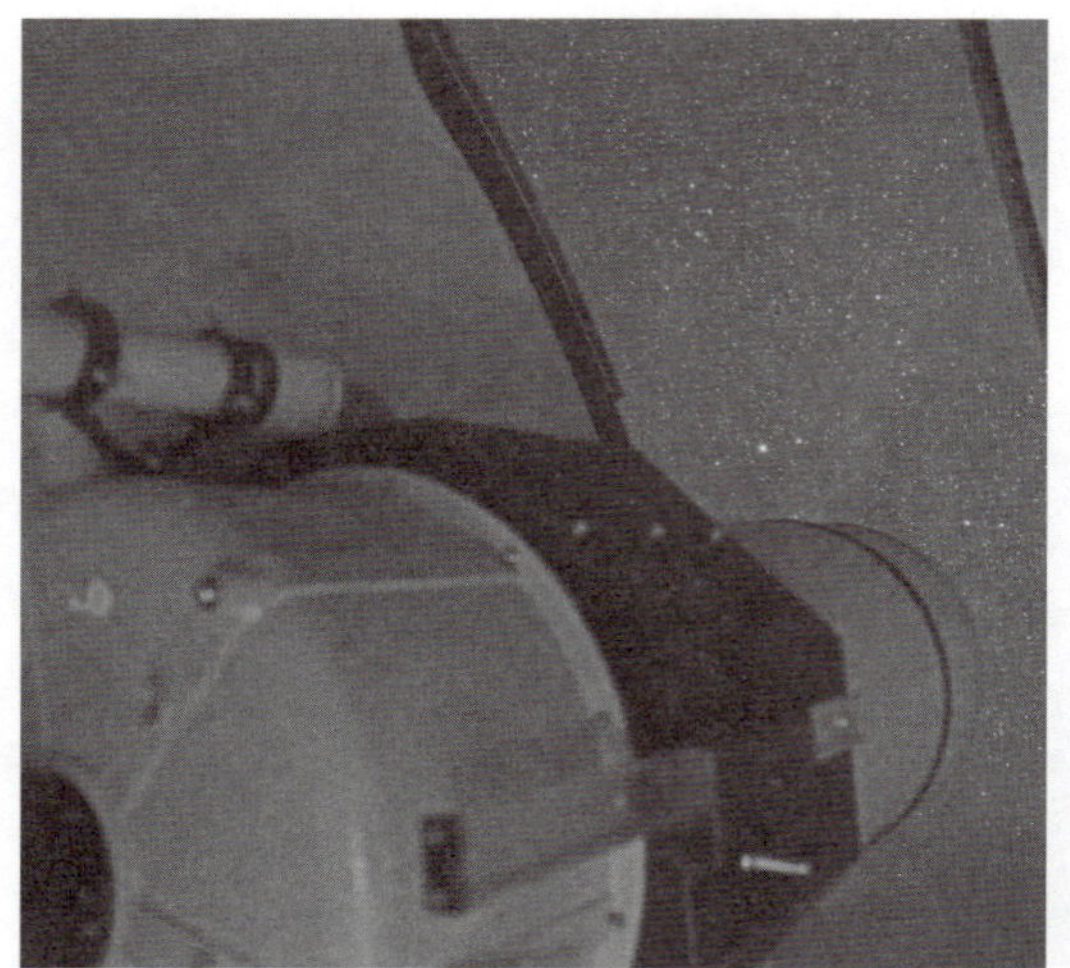

県内最大級600mmの大型反射式望遠鏡

売店・観光案内ブース・研修棟を備えています。

年に数回、観望イベントなどを実施（詳細は美郷町HPおよびFacebookでご案内します）。

薩摩川内市せんだい宇宙館〔天〕

当館は、天文台と展示施設が融合した体験型の天文施設です。

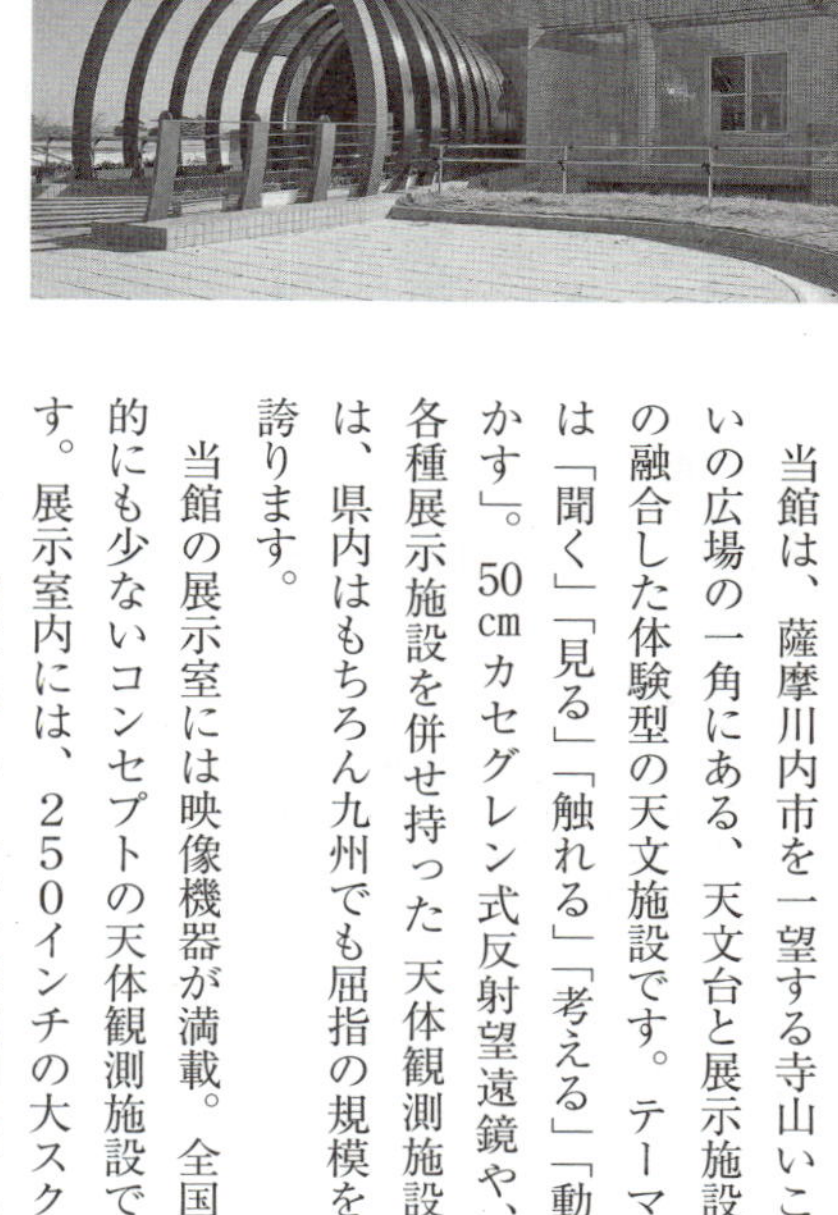

DATA

- :薩摩川内市せんだい宇宙館
- :鹿児島県薩摩川内市永利町2133-6
TEL 0996-31-4477
- :10:00〜21:00(最終入館20:30)
- 休:月曜日(祝日の場合は翌日)
- ¥:高校生以上:500円・小中学生:300円・未就学児:無料　※年間入館券 高校生以上:1000円・小中学生:500円
- :【JR】川内駅より車で20分
- HP:http://sendaiuchukan.jp/

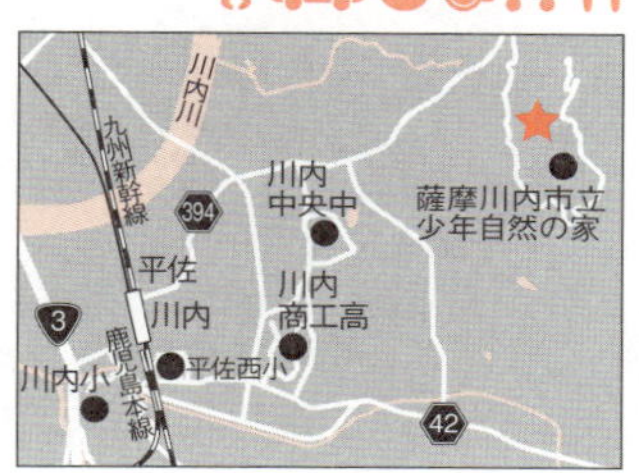

望遠鏡
光学系／反射
口径／50cm
設置年／1998年

当館は、薩摩川内市を一望する寺山いこいの広場の一角にある、天文台と展示施設の融合した体験型の天文施設です。テーマは「聞く」「見る」「触れる」「考える」「動かす」。50㎝カセグレン式反射望遠鏡や、各種展示施設を併せ持った天体観測施設は、県内はもちろん九州でも屈指の規模を誇ります。

当館の展示室には映像機器が満載。全国的にも少ないコンセプトの天体観測施設です。展示室内には、250インチの大スクリーンも設置しています。天体観測は晴れた日にしかできません。しかし、宇宙館なら天候の悪い日でも展示室を　お楽しみいただけます。いつ来ていただいても宇宙との出会いが待っています。

また、当館では毎年の話題に合わせた「企画展示」を実施し、最新の話題と情報を提供しています。現在のイベント情報は当館ホームページでチェックしてください。

発見と感動にあふれた、宇宙夢空間を体験し、宇宙の存在を身近に感じてください。併せて公園内併設のレストランや四季を彩る花園もお楽しみください。

スライディングルーフ式の観測室が特徴です。

ここは、日本一観察できる天文台。晴れてさえいれば毎日が観察会です。夜間だけでなく、昼間でも明るい星を観察できます。

小郡市天体ドーム〔天〕

筑後平野の北部に位置し、
360度の星空が楽しめます。

当館は九州自動車道鳥栖JCTが近くにあり、福岡市からのアクセスも良いわりには空も暗くて星がきれいに見えます。

ドームでは40cm反射望遠鏡などを使って惑星を観測したり、太陽専用望遠鏡で太陽を観測（年4回）します。

天文台の近くを流れる宝満川の両岸には織姫をまつる七夕神社と牽牛社があり、古来より七夕伝説として親しまれ、2013年には恋人の聖地として認定されました。

江戸時代には薩摩街道が通っていて、松崎宿に現存する旧旅籠「油屋」は西郷隆盛が宿泊したとの言い伝えが残っています。

DATA

- 🔭:小郡市天体ドーム
- ★:福岡県小郡市大板井1180-1　TEL 0942-73-2084
- 🕘:19:00～21:00（毎週土曜日、第5土曜日は除く）のみ開館
- 休:日～金曜日
- ¥:無料
- 🚌:【西鉄】小郡駅より徒歩20分、または【甘木鉄道】大板井駅より徒歩3分／【大分自動車道】筑後小郡ICより車で5分、または鳥栖JCTより車で10分
- HP:www.city.ogori.fukuoka.jp

望遠鏡
光学系／反射
口径／40cm
設置年／1993年

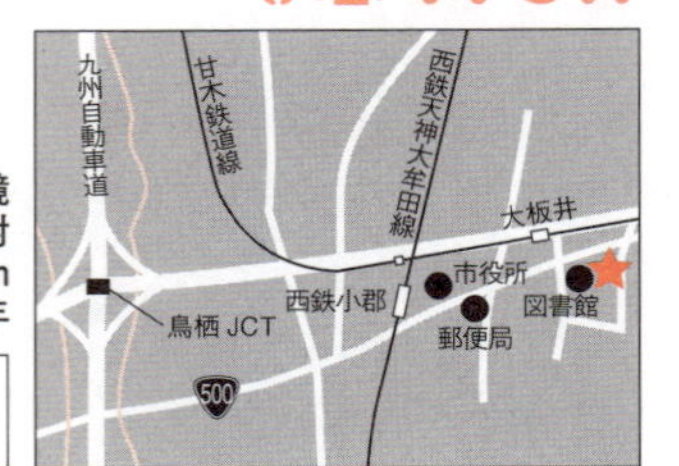

第３土曜日は月例市民観望会をおこなっており、今月のテーマの資料を配布しています。また、流星群が出現するときには臨時に観測会をおこなっています。

北九州市立児童文化科学館〔科〕

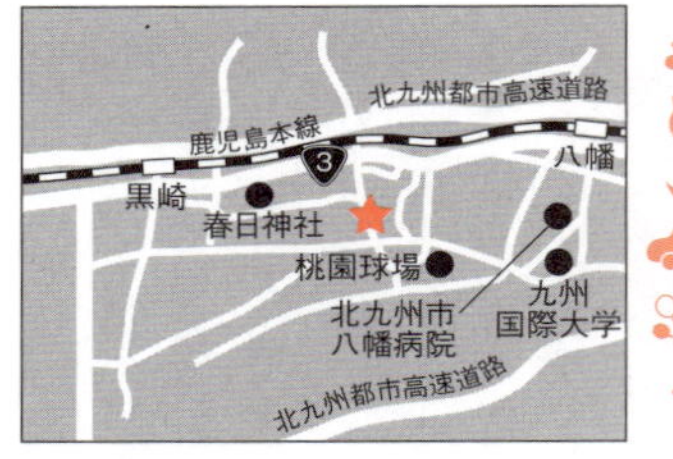

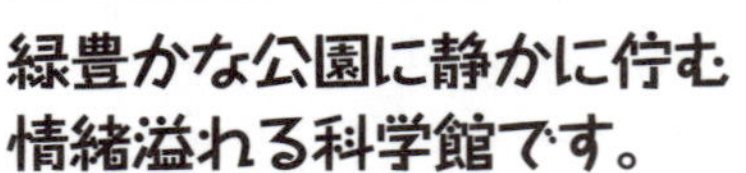

緑豊かな公園に静かに佇む
情緒溢れる科学館です。

当館は1960年に開館し1970年に当時としては日本最大級の直径20mドームを持つ天文館を増築しました。投影機は国内初の大型国産プラネタリウムL-2でしたが、1992年にG1920Siに更新しました。

日本最大級（直径7m）の太陽系運行儀を備え、また観測室には20cmクーデ型屈折式望遠鏡があり、星の観望の夕べや昼間の星を見る会で市民に開放しています。

当館のプラネタリウム番組は、必ず生解説をおこなっていることが特徴となっています。

DATA

- 🔭:北九州市立児童文化科学館
- ★:福岡県北九州市八幡東区桃園3-1-5　TEL 093-671-4566
- 🕘:9:00～17:00
- 休:月曜日（祝日の場合は火曜日）、12/29～1/3
- ¥:大人:300円・中高校生:200円・小学生:150円
- 🚌:【JR鹿児島本線】黒崎駅よりバスで「桃園」下車、徒歩15分
- HP:http://www.city.kitakyushu.lg.jp/shisetsu/menu06_0013.html

望遠鏡
光学系／屈折
口径／20cm
設置年／1983年

【星の観望の夕べ】：毎月土曜日に１回、夏休みは毎土曜日に開催。
【昼間の星を見る会】：季節ごとに１日（２回／日）開催。

久留米市城島ふれあいセンター〔天・社・宿〕

福岡県の西南部、雄大な筑後川のほとりで静かな環境に恵まれた施設です。

毎月第1～第3土曜日19時～20時30分（夏季19時30分～21時）は久留米市主催で観望会を実施しています。お申込不要で参加費は無料です。天文のボランティアスタッフがお待ちしていますので、天文初心者の方でも安心です。

久留米市城島町は酒どころ、酒蔵が数多く軒を並べています。毎年2月は恒例イベント「城島酒蔵びらき」が好評。イベント時などの酒蔵見学もいかがですか？

公共の社会教育・研修施設で宿泊も可能です。

DATA

- ：久留米市城島ふれあいセンター
- ★：福岡県久留米市城島町浜293　TEL 0942-62-6226
- ：9:00～22:00（日曜日は17:00まで）
- 休：月曜日、国民の祝日の翌日（その日が土・日曜の場合は除く）、12/28～1/4
- ¥：入館料無料、宿泊・貸室・望遠鏡等設備有料（お問い合わせください）
- ：【西鉄電車】大善寺駅よりバスで「城島中町」下車、徒歩15分
- HP：https://www.facebook.com/KurumeCityjoujimabunsupo

望遠鏡
光学系／反射
口径／40cm
設置年／1988年

2017年から「城島天文台こども宇宙塾」を開催（小中学生親子対象）。久留米市HPやJAXA宇宙教育センターコズミックカレッジHPなどでご確認ください。

佐賀県立宇宙科学館〔科〕

自然豊かな中にあり、佐賀、地球、宇宙の3つのゾーンとプラネタリウム、天文台からなる、九州最大級の総合科学館で、宇宙、地球、佐賀と私たちのつながりを感じることができます。

展示物のほとんどが参加体験型となっており、科学を楽しく体験しながら学ぶことができます。また、太古の佐賀や、佐賀の生き物や自然についても学ぶことができます。体験することにより、科学の面白さを感じ、科学を学ぶきっかけを見つけてほしいと願っています。

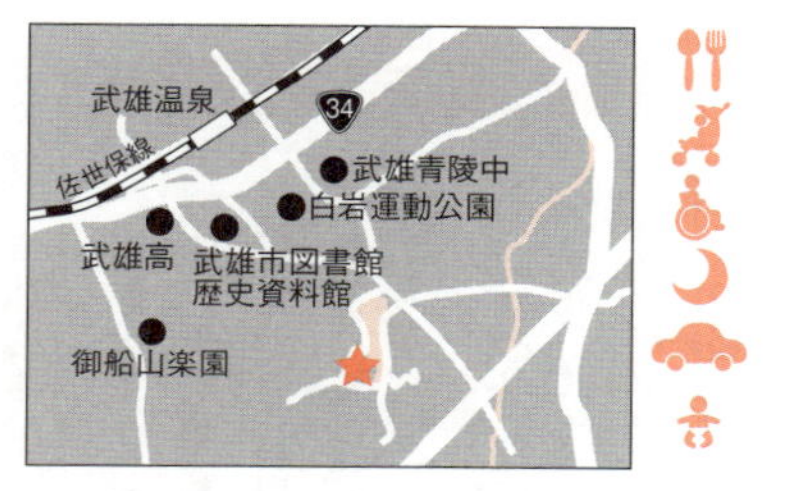

昼間は太陽や金星を、夜は月や星を見ることができます。

望遠鏡
光学系／屈折
口径／20cm
設置年／1999年

DATA

- ：佐賀県立宇宙科学館
- ★：佐賀県武雄市武雄町永島16351　TEL 0954-20-1666
- ：9:15～17:15（平日）、9:15～18:00（土・日・祝）
- 休：月曜日（祝日の場合は翌日）
- ¥：大人：510円・高校生：300円・小中学生：200円・幼児4歳以上：100円
- ：【JR佐世保線】武雄温泉駅より車で10分／【長崎自動車道】武雄北方ICより車で15分
- HP：http://www.yumeginga.jp/

天体観望会を毎週週土曜日（悪天候の場合は中止）に開催しています。
3～9月（夏時間）20:00～21:30、10～2月（冬時間）19:00～20:30

長崎市科学館（スターシップ）〔科〕

天文台と展示室、プラネタリウムを有する科学館です。天文台の50cm反射望遠鏡は、毎日の昼の観望と毎週土曜日の夜の観望会で公開いたします。昼は太陽や惑星、1等星などの明るい星を、夜は季節に応じた星々を観察することができます。プラネタリウムがありますので、プラネタリウムでその日の星空のことを学習した後に、実際の星空を望遠鏡で観察することもできます。

昼間の惑星や1等星も見ることができます。

DATA

- 長崎市科学館（スターシップ）
- 長崎県長崎市油木町7-2
  TEL 095-842-0505
- 9:30〜17:00
- 休：月曜日（原則）、年末年始
  ※学校の長期休業中休館なし
- ¥：高校生以上：410円・3歳〜中学生：200円）
  ※プラネタリウムは別料金
- 【JR長崎本線】長崎駅よりバスで「護国神社裏」下車すぐ、または路面電車「大橋」下車、徒歩10分
- HP：http://www.nagasaki-city.ed.jp/starship/

昼間の観望を毎日、夜の観望会を毎週土曜日に開催。ペルセウス座流星群やふたご座流星群の観望会を開催。

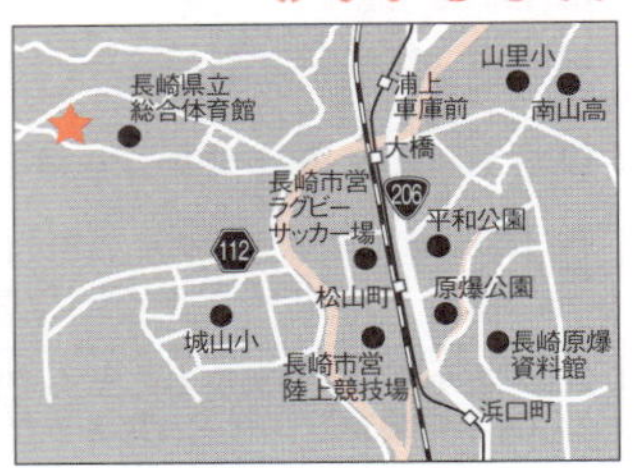

望遠鏡
光学系／反射
口径／50cm
設置年／2017年

西合志図書館天文台〔社〕

市街地なので安全気軽に通える地域密着の天文台です。

当天文台は市街地の市立図書館屋上に設置しております。予約や利用料が不要で何方でも利用していただけます。4.5m天体ドーム内に、フォーク式赤道儀に40cmカセグレン式反射望遠鏡と15cm屈折式望遠鏡を同架しており、パソコンで天体ソフトにより星空案内を上映しております。屋上に星空観察スペースを設けており15cm双眼鏡や小型望遠鏡を使い星空・星団や星座の案内をおこないます。運営は天文台指導員を地域の天文愛好家に委嘱しおこなっております。

望遠鏡
光学系／反射
口径／40cm
設置年／1995年

DATA

- 西合志図書館天文台
- 熊本県合志市御代志1661-1
  TEL 096-242-5555
- 10:00〜18:00（図書館）　毎週土曜日：夏時間19:30〜21:30、冬時間19:00〜21:00（天文台）
- 休：月曜日、年末年始、特別整理期間（図書館）
- ¥：無料
- 【熊本電気鉄道】御代志駅より徒歩13分
- HP：www.koshi-lib.jp/

特別観望会（七夕特別観望会、夏休み星空教室（要予約）、火星大接近特別観望会、お昼の星空観望会（in 図書館祭り）、ふたご座流星群特別観望会など）

ミューイ天文台〔天〕

昼はプラネタリウム、
夜は天体観測を楽しめます。

「星空日本一」に選ばれたこともある、標高470mの龍ヶ岳山頂に建つミューイ天文台は、気軽に星空を楽しめる施設です。山頂は一帯が自然公園となっており、公園内にはキャンプ場も併設されています。山頂展望所からの景色はまさに絶景です。ミューイ天文台には大型望遠鏡を備えており、天体観測では恒星や二重星、惑星、星団、星雲など、その日に見頃の天体をご覧いただけます。昼間や、天候不良で天体観測ができない場合には、職員生解説のプラネタリウム上映をおこないます。

DATA
- :ミューイ天文台
- :熊本県上天草市龍ヶ岳町大道3360-47
  TEL 0969-63-0466
- :13:00～21:00
- 休:月曜日（祝日の場合は翌日）、年末年始
- ¥:大人:400円・小中学生:200円
- :【九州自動車道】松橋ICより車で2時間／熊本市から車で2時間30分
- HP:http://ryugatake.net/

望遠鏡
光学系／反射
口径／50cm
設置年／1990年

天体観測は空が暗くなってから開始　※天候不良時は中止（予約不要）
昼のプラネタリウム上映開始時間は 14:00、15:00、16:00（予約不要）

鹿児島市立科学館〔科〕

鹿児島中央
鹿児島本線
鹿児島大
鹿児島市電谷山線
甲突川
鹿児島大学
水産学部
鴨池
郡元
鴨池公園
鴨池市民球場

もっと科学がおもしろくなる、
もっと鹿児島が好きになる。

鹿児島市の市制施行100周年記念事業の一環で、鹿児島市立図書館との複合施設として建設されました。「もっと科学がおもしろくなる、もっと鹿児島が好きになる」をテーマに、鹿児島のシンボルである活火山「桜島」や「ロケット」をはじめとする鹿児島ならではの地域資源を題材に、参加体験型の展示が充実しており、大人から子どもまで楽しみながら科学の不思議を体験できる施設です。

望遠鏡
移動式：屈折8.5cm

DATA
- :鹿児島市立科学館
- :鹿児島県鹿児島市鴨池2-31-18
  TEL 099-250-8511
- :9:30～18:00（入館は17:30まで）
- 休:火曜日（祝日の場合は翌平日）、12/29～1/1
- ¥:高校生以上:400円・小中学生:150円　※宇宙劇場は別途観覧料が必要
- :【JR鹿児島本線】鹿児島中央駅より市電2系統「郡元電停」下車、徒歩10分
- HP:http://www.k-kagaku.jp/

7/31 の火星大接近に合わせた観望会や、「星と音楽の夕べ」では、CD 音楽に合わせた季節の星空紹介をプラネタリウムでおこなった後、野外にて観望会を実施。

輝北天球館〔天・宿〕

宇宙をイメージして造られた特徴的な天文台です。

口径65㎝のカセグレン式反射望遠鏡はコンピュータ制御により天体をすばやくとらえることができ、晴天時、昼間の天体観測も可能です。

天文台のある輝北うわば公園は標高550mの高台にあり、桜島や霧島連山、太平洋、高隈山など360度の大パノラマが眺められます。

キャンプ場も併設しておりバンガロー宿泊も可能。夜間観測におすすめです。

錦江湾を望む雄大なロケーションでの天体観測が可能。

望遠鏡
光学系／反射
口径／65cm
設置年／1995年

DATA

- :輝北天球館
- :鹿児島県鹿屋市輝北町市成1660-3
  TEL 099-485-1818
- :10:00～18:00(水・木)、10:00～22:00(金～日、祝日)
- 休:月・火(祝祭日の場合は水)
- ¥:高校生以上:520円・小中学生:310円
- :鹿児島市内より車で国道10号線牧之原経由し90分／鹿屋市街地より車で40分
- HP:http://www.kihokuuwaba.jp/

昼の観望会は毎日、夜の観望会は週末および祝祭日におこなっております（予約不要）。天候不良の場合は中止。

リナシティかのや　情報プラザ〔社〕

コンパクトなプラネタリウムでお子様も楽しめます。

リナシティかのや1階にある情報プラザには、コンパクトなプラネタリウムがあります。月ごとに投影する作品が変わり、ほかのお客さんがいない時は投影作品のリクエストにお答えします。また、天体望遠鏡もあり、月に1回程度(夏休み期間は週1回程度)観測会を開催しています。また、年に数回、実験・工作教室を開催します。情報プラザには、リナちゃんというロボットがいます。また、建物内に、ホールやギャラリー、映画館などもある複合施設です。

望遠鏡
光学系／反射
口径／25cm
設置年／2007年

DATA

- :リナシティかのや　情報プラザ
- :鹿児島県鹿屋市大手町1-1
  TEL 0994-35-1002
- :9:00～22:00
- 休:無休、(年末年始は17:00閉館)
- ¥:無料　※プラネタリウム観覧料は別料金
- :【東九州自動車道→大隅縦貫道】笠野原ICより車で15分
- HP:http://www.info.kanoyashimin.jp/

種子島や内之浦からのロケット打上げが肉眼で確認できたりします。天体観測は月1回（夏休み期間は週1回）

都道府県名	施設名	住所	光学系	口径(cm)	設置年
三重県	四日市市立博物館〔科〕	四日市市市安島 1-3-16　059-355-2700	屈折	20	1996
		9:30～17:00（土曜日は1階、5階のみ19:30まで）／休：月曜日（祝日の場合は翌平日）、年末年始／入館無料、プラネタリウムは別料金			
	移動天文車「きらら号」での観望会。毎月第４土曜日（博物館前市民公園） ※時間などはお問い合わせください。				
岡山県	国立吉備青少年自然の家〔野〕	加賀郡吉備中央町吉川 4393-82	反射	31	1984
		宿泊団体のみ指導者がついて利用可能 ※指導者有料（年末年始のみ休館）			
	四季に応じた天体観察を行っています。恵まれた吉備の大自然の中、宇宙のもつ神秘や星空の美しさを楽しんでみませんか？　お問い合わせの上、宿泊利用をお申込みください。				
愛媛県	東温市立図書館〔社〕	東温市見奈良 509-3　089-964-3414	屈折	20	1985
		9:00～19:00／休：毎月末・年末年始・3月図書整理期間 入館無料			
	図書館主催で年５回の観望会をおこなっています。プラネタリウムの投影は５名以上からとなっており、１週間前までに申し込みが必要です。				
福岡県	大将陣スタードーム〔天〕	飯塚市天道 225	反射	40	2001
		4～9月：20:00～21:30・10～3月：19:00～20:30 開館日：毎月第2・第4土曜日／入館無料			
	季節に応じた天体観望をおこなっています。月２回の定例の観望会のほかに、グループでの観望のお申し出があれば実施します。				

その他の公開天文台、観望会を開催している施設一覧

都道府県名	施設名	住所	光学系	口径(cm)	設置年
北海道	小樽市総合博物館〔科〕	小樽市手宮 1-3-6　0134-33-2523	屈折	15	2007
		9:30〜17:00／休:火曜日(祝日の場合は翌日)年末年始(12/29〜1/3) 中学生以下無料、一般400円、高校生・市内在住70歳以上200円			
	天文台の施設はありませんが、夏場を中心に天文現象などに合わせて、その都度天体望遠鏡をセッティングして観望会を開催しています。観望会の前には、プラネタリウムでの事前学習もあります。				
青森県	十和田市生涯学習センター〔社〕	十和田市西三番町 2-1　0176-22-5200	反射	30	1986
		9:00〜22:00／休:12/29〜1/3 入館料特になし			
	星空観望会を 6 月から明年 2 月までの隔月ごとに原則として第 2 金曜日に開催する予定です。(参加費無料) 開催時刻：6・8 月：19:30 〜、10・12・2 月：19:00 〜　天体観測などの予定時間は 90 分位です。				
栃木県	宇都宮市立田原中学校天文台〔他(学校)〕	宇都宮市下田原 1722　028-672-0008	屈折	20	1993
		19:00〜21:00／開館日:月2回土曜日			
	中学校の 4 階に天文台とプラネタリウムがあり、屋上を利用し星の観望ができます。ほかにプロジェクターを使用し、国立天文台ソフト「Mitaka」で星や宇宙の案内などもしています。				
千葉県	白井市文化センター・プラネタリウム〔社〕	白井市復 1148-8　047-492-1125	反射	30	2000
		9:00〜17:00／「星を見る会」17:30(冬)・18:30(春・秋)・19:3(夏)開始 休:月曜日、年末年始／星見会大人200円、高校生以下無料			
	月 1 回、昼と夜間に「星を見る会」を開催。プラネタリウムで観望する天体を解説した後、屋上で観望。曇天雨天時はドームで、解説のみ行います。大きな天文現象時には観望会を開催。「火星を見る会」「日食を見る会」など。				
東京都	コニカミノルタ サイエンスドーム (八王子市こども科学館)〔科〕	八王子市大横町 9-13　042-624-3311	反射	28	1989
		12:00〜17:00(土・日・祝・市立学校長期休業期間　10:00〜17:00)／休:月曜日(祝日の場合は火・水曜日)、祝日の翌日／4歳〜中学生100円、大人200円　※プラネタリウムは別料金。			
	夜の星空観望会:年 7 回、プラネタリウムで約 30 分、その日の星空や観望する天体を解説した後、天体望遠鏡で観望。曇天雨天時は解説のみおこないます。昼間の太陽観望会：年 2 回（観望会は参加費無料）				
新潟県	自然科学館星の家〔科〕(須原スキー場山頂)	魚沼市須原 5060-57　025-797-2122	反射	40	1989
		観測会開催時のみ(5〜10月のうち、月間1〜2回)／通常時休館 高校生以上200円、小中学生100円、5歳幼児70円			
	月や土星、季節ごとの星座をテーマとした天体観測会を開催しています。日程は魚沼市 HP でご確認ください。				
長野県	山形村ミラ・フード館〔社〕	東筑摩郡山形村 2061-1　0263-98-3033	反射	40	1992
		9:00〜22:00／休:月曜日、年末年始 入館料無料			
	天体観測会は毎月第 2・4 土曜日におこなっています。天候により実施しない場合があります。				
岐阜県	各務原市少年自然の家〔野〕	各務原市鵜沼小伊木町 4-213　058-370-5280	屈折	15	1980
		事務所問合せ時間(8:30〜17:15)／休:月曜日、国民の祝日・休日(月曜日の場合はその翌日)／天体観察会は無料			
	年 9 回天体観察会をプラネタリウム一般公開とあわせて開催します。詳しくは各務原市の HP でご確認ください。				

掲載館索引

ア行

カ行

サ行

白井市文化センター・
プラネタリウム……（千葉県）167
城里町総合野外活動センター
「ふれあいの里天文台」……（茨城県）54
スカイワードあさひ　天体観測室……（愛知県）91
関崎海星館……（大分県）155
仙台市天文台……（宮城県）22

タ行

大将陣スタードーム……（福岡県）166
胎内自然天文館……（新潟県）67
ダイニックアストロパーク天究館……（滋賀県）102
たちばな天文台……（宮崎県）157
多摩天体観測所……（神奈川県）61
田村市星の村天文台……（福島県）29
津市スカイランド
おおぼら天体観測施設……（三重県）93
ディスカバリーパーク
焼津天文科学館……（静岡県）79
東温市立図書館……（愛媛県）166
東京駿台天文台……（東京都）52
栃木県子ども総合科学館……（栃木県）56
栃木県立太平少年自然の家……（栃木県）45
鳥取市さじアストロパーク……（鳥取県）124
富山市科学博物館附属
富山市天文台……（富山県）86
十和田市生涯学習センター……（青森県）167

ナ行

中小屋天文台「昴ドーム」……（宮崎県）158
長崎市科学館（スターシップ）……（長崎県）162
長野市立博物館……（長野県）74
名古屋市科学館……（愛知県）82

ハ行

マ行

ヤ行

ラ・ワ行

ぜんこくこうかいてんもんだい
全国公開天文台ガイド

2018年10月20日　初版発行

にほんこうかいてんもんだいきょうかい
日本公開天文台協会　監修
こうせいしゃこうせいかくへんしゅうぶ
恒星社厚生閣編集部　編

発　行　者　片　岡　一　成
印刷所・製本所　株式会社　シ　ナ　ノ
発　行　所　株式会社　恒星社厚生閣

〒160-0008　東京都新宿区四谷三栄町3番14号
TEL：03（3359）7371（代）
FAX：03（3359）7375
http://www.kouseisha.com/

（定価はカバーに表示）

ISBN978-4-7699-1618-5　C0076